"十四五"职业教育国家规划教材

国家职业教育电气自□□□□□□□□□□类课程
教学资源库配套教材□□□□□□□□□□材

U0560432

PLC技术应用

（S7-200 SMART）

（第2版）

▶主编　王芹　王浩　王文华

中国教育出版传媒集团

高等教育出版社·北京

内容简介

本书是"十四五"职业教育国家规划教材,也是国家职业教育电气自动化技术专业教学资源库配套教材。

本书从高等职业教育的教学特点出发,以实际的 PLC 控制项目构建教材体系。全书通过 13 个 PLC 控制项目的设计、安装与调试,将西门子 S7-200 SMART PLC 的工作原理、系统构成、硬件接线、指令系统、编程软件使用、程序设计方法、模拟量及 PID 控制、高速计数及高速脉冲输出、网络通信以及变频器、触摸屏应用等知识和技能贯穿在各项目实施的过程中。

本书配套丰富的数字化教学资源,包括微课、教学课件、源程序、教学大纲、授课计划等,教师如需获取本书授课用教学课件等教学资源,请登录"高等教育出版社产品信息检索系统"(https://xuanshu.hep.com.cn)免费下载。

本书适合作为高等职业教育电气自动化技术、机电一体化技术等机电类专业的教材,也可供相关工程技术人员学习参考。

图书在版编目(CIP)数据

PLC 技术应用:S7-200 SMART/王芹,王浩,王文华主编.--2 版.--北京:高等教育出版社,2024.7

ISBN 978-7-04-062129-7

Ⅰ.①P… Ⅱ.①王… ②王… ③王… Ⅲ.①PLC 技术-高等职业教育-教材 Ⅳ.①TM571.6

中国国家版本馆 CIP 数据核字(2024)第 083262 号

PLC JISHU YINGYONG(S7-200 SMART)

策划编辑 曹雪伟	责任编辑 曹雪伟	封面设计 赵 阳		版式设计 李彩丽
责任绘图 于 博	责任校对 刘丽娴	责任印制 耿 轩		

出版发行	高等教育出版社	网 址	http://www.hep.edu.cn
社 址	北京市西城区德外大街 4 号		http://www.hep.com.cn
邮政编码	100120	网上订购	http://www.hepmall.com.cn
印 刷	山东韵杰文化科技有限公司		http://www.hepmall.com
开 本	850mm×1168mm 1/16		http://www.hepmall.cn
印 张	19.75	版 次	2017 年 12 月第 1 版
字 数	420 千字		2024 年 7 月第 2 版
购书热线	010-58581118	印 次	2024 年 7 月第 1 次印刷
咨询电话	400-810-0598	定 价	49.80 元

本书如有缺页、倒页、脱页等质量问题,请到所购图书销售部门联系调换

版权所有 侵权必究

物 料 号 62129-00

"智慧职教" 服务指南

"智慧职教"（www.icve.com.cn）是由高等教育出版社建设和运营的职业教育数字教学资源共建共享平台和在线课程教学服务平台，与教材配套课程相关的部分包括资源库平台、职教云平台和 App 等。用户通过平台注册，登录即可使用该平台。

● 资源库平台：为学习者提供本教材配套课程及资源的浏览服务。

登录"智慧职教"平台，在首页搜索框中搜索由本教材主编主持的"可编程控制器"课程（主体内容与本教材配套），加入课程参加学习，即可浏览课程资源。

● 职教云平台：帮助任课教师对本教材配套课程进行引用、修改，再发布为个性化课程（SPOC）。

1. 登录职教云平台，在首页单击"新增课程"按钮，根据提示设置要构建的个性化课程的基本信息。

2. 进入课程编辑页面设置教学班级后，在"教学管理"的"教学设计"中"导入"教材配套课程，可根据教学需要进行修改，再发布为个性化课程。

● App：帮助任课教师和学生基于新构建的个性化课程开展线上线下混合式、智能化教与学。

1. 在应用市场搜索"智慧职教 icve"App，下载安装。

2. 登录 App，任课教师指导学生加入个性化课程，并利用 App 提供的各类功能，开展课前、课中、课后的教学互动，构建智慧课堂。

"智慧职教"使用帮助及常见问题解答请访问 help.icve.com.cn。

党的二十大报告中提出,"坚持把发展经济的着力点放在实体经济上,推进新型工业化,加快建设制造强国、质量强国、航天强国、交通强国、网络强国、数字中国。实施产业基础再造工程和重大技术装备攻关工程,支持专精特新企业发展,推动制造业高端化、智能化、绿色化发展"。本书本次修订围绕智能制造装备、智能制造示范工厂、企业数字化转型和智能化改造中"PLC技术应用"这一核心能力,针对实际职业岗位所需并不断变化的知识、能力、素质,对内容进行了更新。

本书的编写对接生产一线及岗位技能要求,以项目引领、任务驱动,选择不同的项目载体,全面介绍了西门子S7-200 SMART PLC的工作原理、系统构成、硬件接线、指令系统、编程软件使用、程序设计方法、模拟量及PID控制、高速计数及高速脉冲输出、网络通信以及变频器、触摸屏应用等。

基于高等职业教育所适应的职业岗位需求,采用工学结合的项目式教学模式,基于工作过程的课程建设及改革的指导思想,根据自动化技术岗位的能力要求,结合编者多年从事PLC教学、培训及科研的经验,在校企合作基础上编写了本书。本书基于"项目引领""任务驱动"的行动导向教学模式,参照企业实际项目开发步骤,引导学生一步步学习;针对高职学生的认知规律,将理论知识渗透在项目实施的过程中,强调"学以致用";注重和强化实际动手操作环节及职业素养养成,培养学生通过信息化手段查阅手册及资料等自我学习能力。

基于制造业的工业背景,本书内容上与企业要求紧密结合,由浅入深、合理安排知识点、技能点及拓展环节,结合岗位中的实例作为教学任务,突出学生实践能力、劳动意识、职业素养的培养,体现技术技能人才培养的要求,相关内容也便于工程技术人员作为研修参考书使用。

本书以西门子公司的S7-200 SMART PLC为例,共分为以下13个项目。

项目一通过电动机自锁运行的PLC控制电路的设计、安装与调试,介绍了PLC的系统结构、性能、系统硬件接线、与计算机的通信、编程软件介绍及安装使用、基本的位逻辑指令等。

项目二~项目五通过三相异步电动机的典型控制电路的设计、安装与调试,介绍了PLC的正负跳变、置位/复位、定时器、计数器等指令的格式、功能以及在实际项目中的应用。

项目六及项目七介绍了顺序控制设计法及顺序功能图,包括顺序功能图转换成梯形图的原则和方法以及顺控指令的格式和功能。

项目八介绍了子程序的建立和使用方法。

项目九介绍了步进电动机、高速脉冲输出指令的使用和编程调试。

项目十介绍了编码器、高速计数器指令及中断指令的使用和编程调试。

项目十一介绍了变频器、模拟量及PID控制系统的设计、组态和编程表示。

项目十二介绍了S7-200 SMART PLC之间的通信组态、编程和应用。

项目十三介绍了昆仑通态触摸屏的硬件接线、参数设置、软件组态及与PLC的通信连接。

每个项目的项目描述可激发学生的求知欲,相关知识和项目实施将知识和技能有效结合,项目拓展使学生将所学知识迁移到新的学习对象上。项目引领、任务驱动的教学内容,便于行动导向的教学模式实施,可使学生加深知识理解,提高学习效果。

　　本书由威海职业学院王芹、王浩、王文华任主编并统稿,威海职业学院苗蓉、杨胜利、高竟展任副主编,威海职业学院兰晓明、苏文超和威海捷诺曼自动化股份有限公司朱勇参与编写,淄博职业学院祝木田担任主审。其中,王芹、兰晓明共同编写了项目一、项目三、项目四,王浩和朱勇共同编写了项目二、项目五、项目八,苗蓉和苏文超共同编写了项目六和项目七,王文华和朱勇共同编写了项目九、项目十、项目十一,杨胜利和刘超共同编写了项目十二和项目十三。

　　本书在编写的过程中,广泛征求了企业工程技术人员的意见,同时参阅了西门子公司的手册以及部分相关教材和文献,在此表示衷心感谢。

　　由于编者水平所限,书中难免存在疏漏和不妥之处,敬请广大读者批评指正。

编者

2024 年 7 月

目　录

项目描述

　　分析三相异步电动机自锁运行继电器控制系统的工作原理,其电气原理图如图 1-1 所示。该继电器控制系统的工作原理如下:闭合断路器 QF,系统上电。当按下起动按钮 SB1 后,继电器线圈 KM 通电,主电路中 KM 主触点闭合,电动机开始运行,同时控制电路中的 KM 辅助触点闭合形成自锁,松开 SB1 后,电动机仍连续运行。当按下停止按钮 SB2 或热继电器 FR 动作时,继电器线圈 KM 失电,线圈 KM 的主触点和辅助触点断开,电动机停止运行。

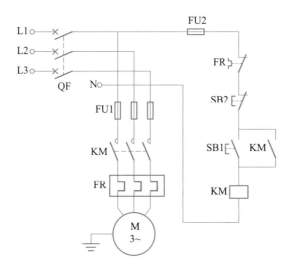

图 1-1　三相异步电动机自锁运行继电器控制系统电气原理图

　　控制要求:使用 S7-200 SMART PLC 实现三相异步电动机自锁运行继电器控制系

统同样的功能,完成三相异步电动机自锁运行 PLC 控制系统的硬件设计、安装接线、软件编程、系统调试与检修。

能力目标

1. 了解 S7-200 SMART PLC 的种类、外形、结构,掌握 S7-200 SMART PLC 硬件接线,掌握编程软件的安装方法、界面组成及基本应用。

2. 掌握过程映像寄存器、数据格式、位寻址等 PLC 相关概念。

3. 掌握 S7-200 SMART PLC 的硬件组态,基本位逻辑指令(触点、线圈)的格式、功能及使用方法。

4. 掌握三相异步电动机自锁运行 PLC 控制系统的硬件设计、安装接线、编程调试。

素养目标

1. 掌握电气安全操作规范,具备质量意识。

2. 具备精益求精的工匠精神。

3. 具备团队协作、语言表达及沟通的能力。

4. 能利用系统手册、软件、技术网站等资源,提高阅读资料的能力。

项目实施

任务一　认识 S7-200 SMART PLC

S7-200 SMART PLC 是西门子公司的一款高性价比小型 PLC 产品,可控制各种设备以满足用户的自动化控制需要。结合西门子 SINAMICS 驱动产品及触摸屏产品,以 S7-200 SMART PLC 为核心的小型自动化解决方案将为用户创造更多的价值。

S7-200 SMART PLC 的 CPU 根据用户程序控制逻辑监视输入并更改输出状态,用户程序可以包含布尔逻辑、计数、定时、复杂数学运算以及与其他智能设备的通信。S7-200 SMART PLC 结构紧凑、组态灵活且具有功能强大的指令集,可为各种应用提供的控制解决方案。S7-200 SMART PLC 产品有以下几个方面的优点。

图 1-2　标准型 CPU 模块外观

① 机型丰富,选择更多:提供不同类型、I/O 点数丰富的 CPU 模块,单体 I/O 点数最高可达 60 点,可满足大部分小型自动化设备的控制需求。CPU 模块配备标准型(见图 1-2)和经济型供用户选择,对于不同的应用需求,产品配置更加灵活,可最大限度地控制成本。

微课

S7-200 SMART
PLC 介绍

② 选件扩展,精确定制:新颖的信号板设计可扩展通信端口、数字量通道、模拟量通道。信号板扩展能更加贴合用户的实际配置,提升产品的利用率,同时降低用户的扩展成本。

③ 高速芯片,性能卓越:配备西门子专用高速处理器芯片,基本指令执行时间可达0.15 μs。

S7 - 200 SMART
PLC 实物认知

④ 以太网互联,经济便捷:CPU 标配以太网接口,支持 PROFINET、TCP、UDP、Modbus TCP 等多种工业以太网通信协议。通过此接口还可与其他 PLC、触摸屏、变频器、伺服驱动器、上位机等联网通信。

⑤ 多轴运控,灵活自如:CPU 模块本体最多集成 3 路高速脉冲输出,频率高达 100 kHz,支持 PWM/PTO 输出方式以及多种运动模式,轻松驱动伺服驱动器。CPU 集成的 PROFINET 接口,可以连接多台伺服驱动器,配以方便易用的 SINAMICS 运动库指令,可快速实现设备调速、定位等运控功能。

⑥ 通用 SD 卡,远程更新:集成的 Micro SD 卡插槽,可实现远程维护程序的功能。使用市面上通用的 Micro SD 卡可轻松更新程序、恢复出厂设置、升级固件。

⑦ 软件友好,编程高效:融入了更多的人性化设计,如新颖的带状式菜单、全移动式的界面窗口、方便的程序注释功能和强大的密码保护等。

⑧ 完美整合,无缝集成:S7-200 SMART PLC 可与 SIMATIC SMART LINE 触摸屏、SINAMICS V20 变频器和 SINAMICS V90 伺服驱动系统完美整合,为客户带来高性价比的小型自动化解决方案,满足客户对于人机交互、控制、驱动等功能的全方位需求。

相关知识

1. S7-200 SMART PLC 的 CPU 模块简介

S7-200 SMART PLC 的标准型 CPU 模块有 SR 和 ST 两种类型,其型号包括 SR20、SR30、SR40、SR60 和 ST20、ST30、ST40、ST60,R 表示继电器输出型,T 表示晶体管输出型。所有 CPU 可扩展 6 个扩展模块和 1 个信号板,具体功能见表 1-1。

表 1-1 标准型 CPU 模块的功能

型号	SR20	SR30	SR40	SR60	ST20	ST30	ST40	ST60
高速计数器	6 个							
高速脉冲输出	—	—	—	—	2 路 100 kHz	3 路 100 kHz	4 路 100 kHz	
通信端口	2~4 个							
最大开关量	256 位输入/256 位输出							
最大模拟量	56 字输入/56 字输出							

S7-200 SMART PLC 的经济型 CPU 模块有 20 点、30 点、40 点、60 点 4 种类型,集成一个 RS485 通信接口,没有以太网接口,只有继电器输出。不能进行模块扩展和信号板扩展,具体功能见表 1-2。

表 1-2 经济型 CPU 的功能

型号	CR20s	CR30s	CR40s	CR60s
高速计数器	4 个（单相 4 个,100 kHz;正交相位 2 个,50 kHz）			
高速脉冲输出	无			
通信端口	1 个 RS485 接口			
最大开关量	256 位输入/256 位输出			
最大模拟量	无			

标准型 CPU 模块有两种标识,分别表示供电电源类型、输入信号类型和输出信号类型,如图 1-3 所示。

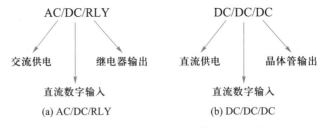

图 1-3 S7-200 SMART CPU 模块的两种标识

2. 外部结构

S7-200 SMART PLC 的 CPU 模块外部结构如图 1-4 所示,它具有高度的灵活性,用户可以根据自身需求确定 PLC 的结构,系统扩展十分方便。

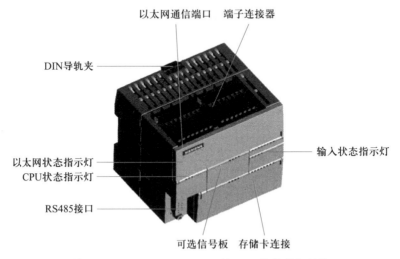

图 1-4 S7-200 SMART PLC 的 CPU 模块外部结构

① 输入状态指示灯:用于显示是否有控制信号（如控制按钮、行程开关、接近开关、光电开关等数字量信息）接入 PLC。

② 端子连接器:用于连接外部控制信号和被控设备。

③ 以太网通信端口：用于与编程计算机、触摸屏（HMI）、其他 PLC 或其他设备通信。

④ DIN 导轨夹：用于在标准（DIN）导轨上安装的夹片。

⑤ 以太网状态指示灯（保护盖下面）：LINK，RX/TX。

⑥ CPU 状态指示灯：RUN、STOP 和 ERROR，其状态及说明见表 1-3。

⑦ RS485 接口。

⑧ 可选信号板（仅限标准型）。

⑨ 存储卡连接（保护盖下面）。

表 1-3　CPU 状态指示灯的状态及说明

状态	指示灯状态	说明
STOP	STOP：开 RUN、ERROR：灭	当 CPU 处于 STOP 模式时适用
RUN	RUN：开 STOP、ERROR：灭	当 CPU 处于 RUN 模式时适用
Busy	STOP、RUN：以 2 Hz 的频率异相闪烁 ERROR：灭	当接电或重启过程中完成存储卡评估后，正在处理存储卡或正在重启时适用
已插入存储卡	STOP：以 2 Hz 的频率异相闪烁 RUN、ERROR：灭	将存储卡插入接电的 CPU 时适用
存储卡正常	STOP：以 2 Hz 的频率异相闪烁 RUN、ERROR：灭	当接电或重启过程中完成存储卡评估后，成功完成存储卡操作时适用
存储卡错误	STOP、ERROR：以 2 Hz 的频率同相闪烁 RUN：灭	当接电或重启过程中完成存储卡评估后，存储卡操作因出现错误而终止时适用
故障	STOP、ERROR：开 RUN：灭	当 CPU 处于故障模式时适用
Ping	STOP、RUN：以 2 Hz 的频率异相闪烁 ERROR：与 RUN 同相闪烁	当 CPU 接收到信号 DCP（Discovery and basic Configuration Protocd，发现和配置协议）控制请求（闪烁的 LED 指示灯）时适用

3. 性能参数

PLC 是以微处理器为核心的计算机控制系统。作为计算机控制系统，它同样是由硬件系统和软件系统两部分构成的。对于硬件，虽然各厂家产品种类繁多，功能和指令系统存在差异，但其组成和基本工作原理大同小异。其型号的不同主要通过集成的 I/O（输入/输出）点数量、用户存储器的大小及尺寸来区分。S7-200 SMART PLC 的 CPU 模块的性能参数见表 1-4。

表 1-4　S7-200 SMART PLC 的 CPU 模块的性能参数

特性		CPU SR20 CPU ST20	CPU SR30 CPU ST30	CPU SR40 CPU ST40	CPU SR60 CPU ST60
用户存储器	程序	12 KB	18 KB	24 KB	30 KB
	用户数据	8 KB	12 KB	16 KB	20 KB
	保持型	最大 10 KB	最大 10 KB	最大 10 KB	最大 10 KB
集成数字量 I/O	I/O 点	12 DI/ 8 DQ	8 DI/12 DQ	24 DI/16DQ	36 DI/24 DQ
扩展模块		最多 6 个	最多 6 个	最多 6 个	最多 6 个
信号板		1	1	1	1
高速计数器		共 6 个:单相 4 个 200 kHz 和 2 个 30 kHz,正交相位 2 个 100 kHz 和 2 个 20 kHz	共 6 个:单相 5 个 200 kHz 和 1 个 30 kHz,正交相位 3 个 100 kHz 和 1 个 20 kHz	共 6 个:单相 4 个 200 kHz 和 2 个 30 kHz,正交相位 2 个 100 kHz 和 2 个 20 kHz	共 6 个:单相 4 个 200 kHz 和 2 个 30 kHz,正交相位 2 个 100 kHz 和 2 个 20 kHz
脉冲输出(ST 系列)		2 个,100 kHz	3 个,100 kHz	3 个,100 kHz	4 个,100 kHz
PID 回路		8	8	8	8
实时时钟,备用时间 7 天		有	有	有	有

4. 安装尺寸和间隙要求

S7-200 SMART PLC 易于安装,无论安装在面板上还是标准(DIN)导轨上,其紧凑的模块化设计都有利于有效利用空间。使用模块上的 DIN 导轨卡夹将设备固定到导轨上。DIN 导轨卡夹还能掰到一个伸出位置以提供将设备直接安装到面板上的螺钉安装位置。模块上的 DIN 导轨卡夹的孔内部尺寸是 4.3 mm。图 1-5、图 1-6 所示为 S7-200 SMART PLC 的本体及其扩展模块的安装尺寸规格和安装间隙尺寸。

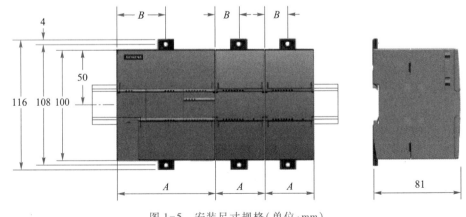

图 1-5　安装尺寸规格(单位:mm)

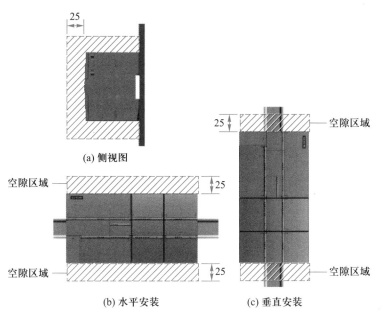

(a) 侧视图

(b) 水平安装　　　　(c) 垂直安装

图 1-6　安装间隙尺寸(单位:mm)

　　在认识 S7-200 SMART PLC 的基础上,思考如何使用 PLC 实现电动机自锁运行控制。电动机自锁运行继电器控制系统是按钮、交流接触器、热继电器等硬件电路的逻辑组合,在分析其控制原理的基础上,如何用 PLC 实现电动机自锁运行控制呢?

任务二　设计硬件电路

　　设计硬件电路首先要根据控制要求,列出系统需要的 I/O 点,然后设计硬件电路。

相关知识

1. I/O 点分配

　　I/O 点分配是在分析控制系统功能的基础上,列出控制系统需要的输入信号和输出信号。输入信号包括按钮、急停按钮、转换开关、限位开关、保护触点和各种传感器信号等,输出信号包括线圈、电磁阀、指示灯和蜂鸣器等。

2. 硬件电路设计

　　硬件电路设计主要是绘制控制系统电气原理图,包括主电路和控制电路。PLC 控制系统的主电路和继电器控制系统的主电路相同,但控制电路完全不同,下面以 CPU 模块 CPU SR20(AC/DC/RLY)为例学习。

　　(1) CPU 端子分布

　　图 1-7 所示为 CPU SR20(AC/DC/RLY)正面端子图。该图中有上、下两排端子。上排端子接 PLC 电源与输入信号,其最右侧有 3 个端子,端子号分别是 L1、M、PE(接地),是 PLC 的电源端子,因为 CPU SR20 为交流供电,所以 L1、M 端子分别接 220 V 交

微课

S7 - 200 SMART PLC 的 CPU 模块硬件接线

流电源的相线(火线)L 与中性线(零线)N;下排端子接 PLC 输出电源和输出信号,其最右侧是 PLC 输出电压端子,端子号是 L+、M,该端子是 PLC 内部输出的 24 V 直流电压,可以为输入、扩展模块及系统中的传感器供电。

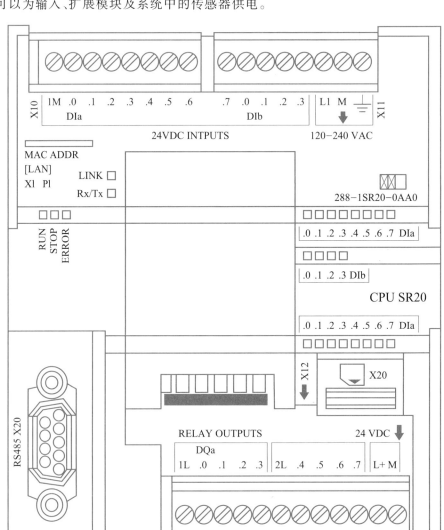

图 1-7   CPU SR20(AC/DC/RLY)正面端子图

CPU SR20(AC/DC/RLY)的主机共有 12 个输入点(数字量 I0.0~I1.3)和 8 个输出点(Q0.0~Q0.7)。输入端子为一组,1M 是数字量输入点 I0.0~I1.3 的公共端;输出端子为两组,1L 是输出点 Q0.0~Q0.3 的公共端,2L 是输出点 Q0.4~Q0.7 的公共端。

注意:PLC 电源与 PLC 内部输出的 24 V 直流电压在 CPU 模块上用箭头区分。

(2) CPU 模块供电接线

S7-200 SMART PLC 的 CPU 模块具有交流供电与直流供电两种供电类型,其中 CPU SR20(AC/DC/RLY)采用交流供电方式,电压为 AC 220V。具体接线如图 1-8 所示。

操作视频

CPU 模块供电接线

注意:在安装和拆除 S7-200 SMART PLC 之前,要确保电源被断开,以免造成人身伤害和设备故障。

（3）输入接线

在学习输入接线前,应先要了解输入端子的内部结构。输入端子的内部结构示意图如图 1-9 所示,虚线方框里面是输入端子的内部结构。PLC 输入信号与内部电路之间通过光电耦合器进行隔离,当输入端和公共端 1M 之间加入 24V 电源时,光电耦合器导通,经滤波电路将信号传输到内部电路,PLC 对应存储器单元变为"1";当输入端和公共端 1M 之间断开 24V 电源时,光电耦合器截止,PLC 对应存储器单元变为"0"。

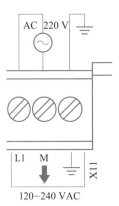

图 1-8　CPU SR20（AC/DC/RLY）的供电电源端子接线图

操作视频

S7 - 200 SMART PLC 输入接线

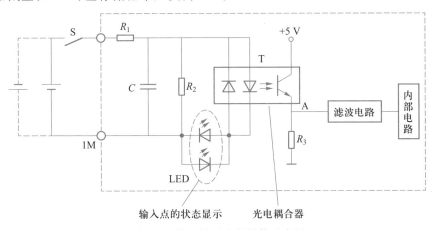

图 1-9　输入端子内部结构示意图

由于 S7-200 SMART PLC 的输入端子内部采用双向光电耦合器,所以对于直流输入而言,有两种接法,一种是源型输入,另外一种是漏型输入,如图 1-10 所示。源型输入是指输入点接入直流正极有效;漏型输入是指输入点接入直流负极有效。这两种接法的主要区别是公共端接 24 V 还是接 0 V,对于按钮、开关等没有区别。部分传感器接入 PLC 时,需要考虑这些因素,在后续项目中再详细介绍。

根据输入端子的接线,整个 CPU SR20（AC/DC/RLY）输入接线图如图 1-11 所示。图 1-11（a）、（b）分别是漏型输入接法和源型输入接法。

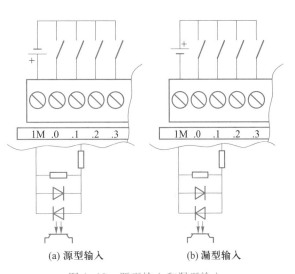

图 1-10　源型输入和漏型输入

（4）输出接线

在学习输出接线前,应先要了解输出端子内部结构。图 1-12 所示为晶体管输出型输出端子的内部结构示意图,虚线方框内是内部结构。晶体管输出型为无触点输出方式,开关动作快、寿命长,可用于接通或断开开关频率较高的负载回路,只用于直流电源负载,不能用于交流电源负载。

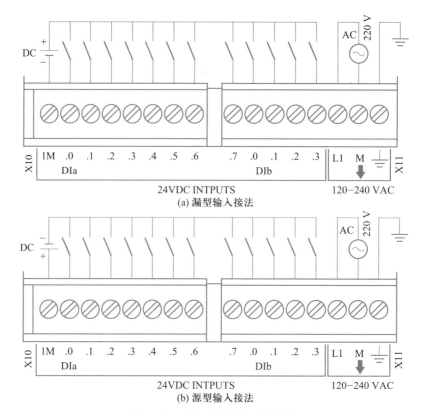

(a) 漏型输入接法

(b) 源型输入接法

图 1-11　CPU SR20 输入接线图

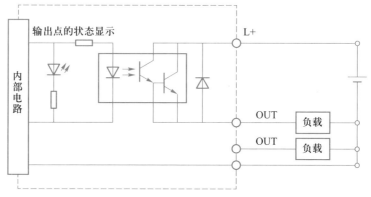

图 1-12　晶体管输出型输出端子的内部结构示意图

　　为适应不同类型的输出负载,PLC 的输出接口类型还设有继电器输出型。继电器输出型输出端子的内部结构示意图如图 1-13 所示,虚线方框内是其内部结构。PLC 输出信号与外部电路之间通过继电器进行隔离,当 PLC 输出为"1"时,对应输出点的继电器线圈得电,触点导通,对应外部回路接通,负载得电;当 PLC 输出为"0"时,对应输出点的继电器线圈失电,触点断开,对应外部回路断开,负载失电。

　　对于继电器输出型 PLC,其输出控制的负载可以是直流负载,也可以是交流负载。以上两种类型的输出电路中,继电器和晶体管作为输出端的开关元件受 PLC 的输出指令控制,完成接通或断开与相应输出端相连的负载回路的任务,它们并不向负载提供

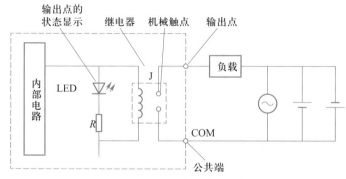

图 1-13 继电器输出型输出端子的内部结构示意图

工作电源。根据输出端子的接线,CPU SR20 和 CPU ST20 输出接线图如图 1-14 所示。

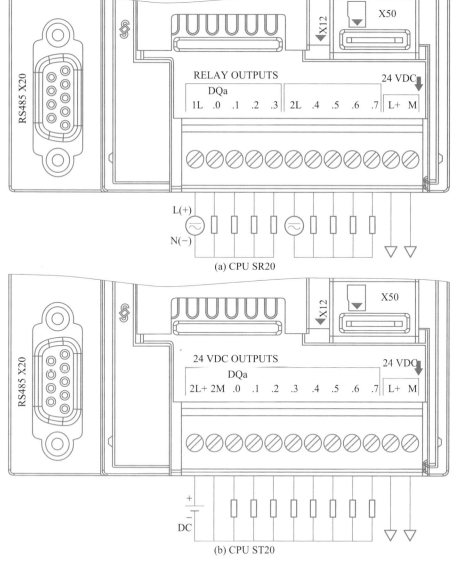

图 1-14 CPU SR20 和 CPU ST20 输出接线图

提示

负载电源的类型、电压等级和极性应根据负载要求以及 PLC 输出端子的技术性能指标确定。

提示

在本项目中,起动按钮、停止按钮作为 PLC 的输入信号,为了保护电动机,将热继电器保护触点接到 PLC 的输入端。主电路三相异步电动机采用交流接触器控制,线圈电压为 AC 220 V,可由 PLC 直接输出控制。同时,在输出回路串接热继电器辅助动断触点(常闭触点),起到保护作用。由于 PLC 控制系统只能替代继电器控制系统的控制电路,故主电路不变。

✎ **参考方案**

I/O 地址分配见表 1-5,电动机自锁运行 PLC 控制系统电气原理图如图 1-15 所示。

表 1-5 I/O 地址分配

输入点(I)			输出点(O)		
序号	输入外部设备	PLC 输入地址	序号	输出外部设备	PLC 输出地址
1	起动按钮 SB1	I0.0	1	交流接触器 KM	Q0.0
2	停止按钮 SB2	I0.1			
3	热继电器 FR	I0.2			

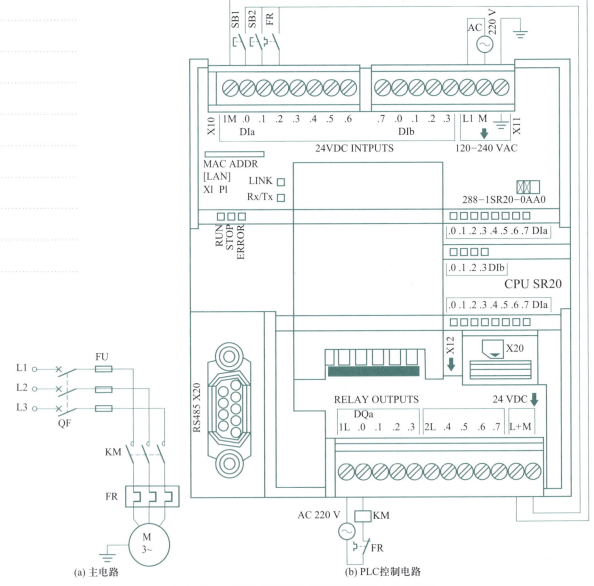

图 1-15 电动机自锁运行 PLC 控制系统电气原理图

任务三 设计与调试程序

硬件设计完成后,进行程序设计与调试。本任务主要包括编程软件的安装使用,程序的设计、下载及调试等。

微课

STEP7-Micro/WIN SMART 编程软件的安装

相关知识

1. 安装编程软件

S7-200 SMART PLC 配套的编程软件是 STEP 7-Micro/WIN SMART。可将其安装文件复制到硬盘进行本地安装,如果无法正常安装,请使用光盘或者虚拟光驱直接进行安装。

(1)双击 图标,打开 STEP 7-Micro/WIN SMART 安装程序,如图 1-16 所示,选择"中文(简体)"后,单击"确定"按钮。

(2)进入安装向导,如图 1-17 所示,单击"下一步"按钮。

图 1-16 选择安装语言

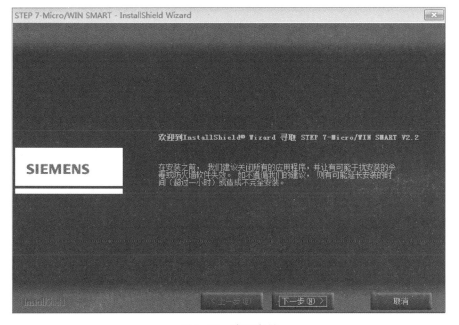

图 1-17 欢迎向导

(3)阅读许可协议,选择"我接受许可证协定和有关安全的信息的所有条件。"后,单击"下一步"按钮,如图 1-18 所示。

(4)选择安装路径,如图 1-19 所示,单击"下一步"按钮。

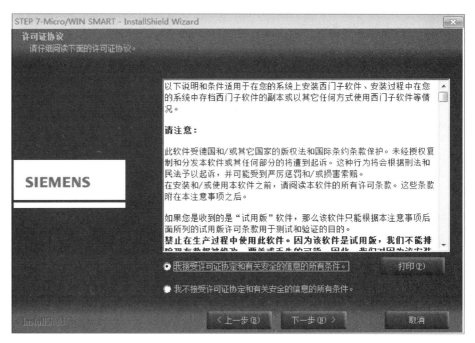

图 1-18　接受许可协议

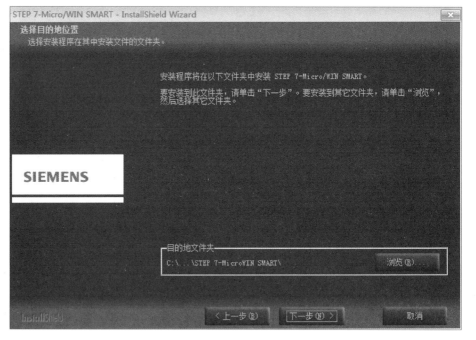

图 1-19　选择安装路径

（5）软件安装需要一定的时间，如图 1-20 所示。

（6）安装结束后，单击"完成"按钮，完成安装，如图 1-21 所示。

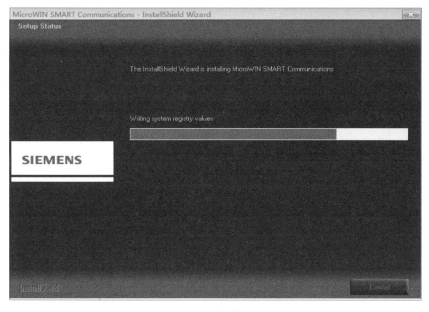

图 1-20　安装过程

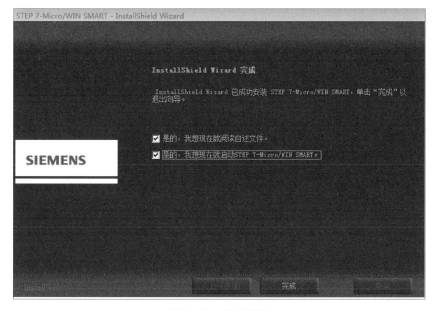

图 1-21　完成安装

2. 软件界面介绍

STEP 7-Micro/WIN SMART 软件界面如图 1-22 所示。注意,每个编辑窗口均可按用户所选择的方式停放或浮动以及排列在屏幕上。用户可单独显示每个窗口,也可合并多个窗口以从单个选项卡访问各窗口。

图 1-22 所示的软件界面是用户编写程序时使用的视图界面,主要包括以下部分。

① 快速访问工具栏:显示在菜单功能区正上方。通过快速访问工具栏中的文件按钮可简单快速地访问"文件"(File)菜单的大部分功能,并可访问最近打开的文档。快

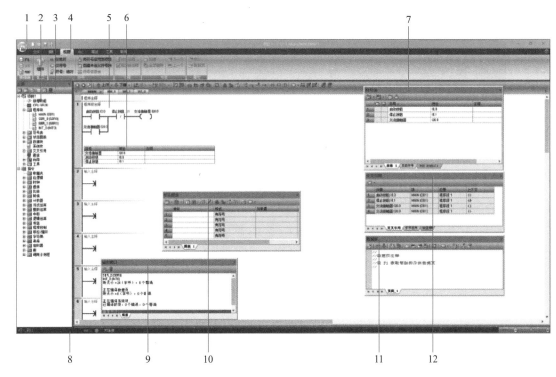

1—快速访问工具栏;2—项目树;3—导航栏;4—菜单功能区;5—程序编辑器;6—符号信息表;
7—符号表;8—状态栏;9—输出窗口;10—状态图表;11—数据块;12—交叉引用表
图 1-22   STEP 7-Micro/WIN SMART 软件界面

微课

STEP7-Micro/
WIN SMART 编
程软件的使用

速访问工具栏上的其他按钮对应于"新建"(New)、"打开"(Open)、"保存"(Save) 和
"打印"(Print)菜单。

② 项目树:显示所有的项目对象和创建控制程序需要的指令。可将单个指令从项
目树中拖放到程序中;也可以双击指令,将其插入项目编辑器中的当前光标位置。

项目树对项目进行组织的操作如下。

● 右键单击(以下简称右击)项目,设置项目密码或项目选项。

● 右击"程序块"(Program Block) 文件夹,插入新的子例程和中断例程。

● 打开"程序块"(Program Block) 文件夹,然后右击 POU(程序组织单元),可打
开 POU、编辑其属性、用密码对其进行保护或重命名。

● 右击"状态图"(Status Chart) 或"符号表"(Symbol Table)文件夹,插入新图或新表。

● 打开"状态图"(Status Chart) 或"符号表"(Symbol Table) 文件夹,在指令树中
右击相应图标,或双击相应的 POU 选项卡对其执行打开、重命名或删除操作。

③ 导航栏:显示在项目树上方,可快速访问项目树上的对象。单击一个导航栏按
钮相当于展开项目树并单击同一选择内容。导航栏具有几组图标,用于访问 STEP 7-
Micro/WIN SMART 软件的不同编程功能。

④ 菜单功能区:STEP 7-Micro/WIN SMART 软件显示每个菜单的菜单功能区。可
通过右击菜单功能区并选择"最小化功能区"(Minimize the Ribbon) 的方式最小化菜
单功能区,以节省空间。

⑤ 程序编辑器:包含程序逻辑和变量表,可在该表中为临时程序变量分配符号名称。子程序和中断程序以选项卡的形式显示在程序编辑器窗口顶部,单击这些选项卡可以在子程序、中断程序和主程序之间切换。STEP 7-Micro/WIN SMART 软件提供了3 个用于创建程序的编辑器:梯形图(LAD)、语句表(STL)和功能块图(FBD)。尽管有一定限制,但是用任何一种程序编辑器编写的程序都可以用其他程序编辑器进行浏览和编辑。可以在菜单功能区的"视图"(View)下的"编辑器"(Editor)区域将编辑器更改为 LAD、FBD 或 STL。通过菜单功能区"工具"(Tools)下的"设置"(Settings)区域内的"选项"(Options)按钮,可组态启动时的默认编辑器。

⑥ 符号信息表:用户可以在此处直观看到当前程序段内所使用到的符号、地址及其注释。

⑦ 符号表:可为存储器地址或常量指定符号名称。可为下列存储器创建符号名:I、Q 、M、SM、AI、AQ、V、S、C、T、HC。在符号表中定义的符号适用于全局,已定义的符号可在程序的所有程序组织单元中使用。如果在变量表中指定变量名称,则该变量适用于局部范围,它仅适用于定义时所在的 POU,此类符号被称为"局部变量",与适用于全局范围的符号有区别。符号可在创建程序逻辑之前或之后进行定义。

⑧ 状态栏:位于主窗口底部,显示在 STEP 7-Micro/WIN SMART 软件中执行操作的编辑模式或在线状态的相关信息。

⑨ 输出窗口:显示最近编译的 POU 和在编译过程中出现的错误的清单。如果已打开程序编辑器和输出窗口,可双击输出窗口中的错误信息使程序编辑器中的程序自动滚动到错误所在的程序段。

⑩ 状态图表:在状态图表中,可以输入地址或已定义的符号名称,通过显示当前值来监视或修改程序输入、输出或变量的状态,还可强制或更改过程变量的值。可以创建多个状态图表,以查看程序不同部分中的元素。可以将定时器和计数器值显示为位或字。如果将定时器或计数器值显示为位,则会显示指令的输出状态("0"或"1");如果将定时器或计数器值显示为字,则会显示定时器或计数器的当前值。

⑪ 数据块:允许向 V 存储器的特定位置分配常数(数字值或字符串),可对 V 存储器的字节(V 或 VB)、字(VW)或双字(VD)地址赋值,还可以输入可选注释,前面带双正斜线 //。

⑫ 交叉引用表:若要了解程序中是否已经使用以及在何处使用某一符号名称或存储器分配,可使用交叉引用表。交叉引用表标识在程序中使用的所有操作数,并标识 POU、程序段或行位置以及每次使用操作数时的指令上下文。在交叉引用表中双击某一元素可显示 POU 的对应部分。

3. 程序设计

(1)编程基础

PLC 中的每一个 I/O、内部存储单元、定时器和计数器都称为内部编程元件。编程元件是 PLC 内部具有一定功能的器件,它们是由电子线路、寄存器及存储单元等组成的。为了将这种器件与传统电气控制电路中的继电器区别,将它们称为编程元件。其特点是:触点(动合触点和动断触点)可以无限使用,寿命长,编程时只要记住编程元件的地址即可。

（2）编程语言

S7-200 SMART PLC 支持的编程语言有梯形图(LAD)、函数块图(FBD)和语句表(STL),其中最常用的是梯形图,由触点、线圈或功能块组成。梯形图左边一条竖线称为左母线,右边一条竖线称为右母线(在 S7-200 SMART PLC 中省略)。触点代表逻辑输入条件,线圈代表逻辑输出结果,功能块用来表示定时器、计数器或数学运算等附加指令。梯形图中编程元件的"动合"或"动断"其本质是 PLC 内部某一存储器数据"位"的状态;线圈表示 CPU 对存储器的写操作;连线代表指令处理的顺序关系(从左到右,从上到下)。梯形图流向清楚、简单、直观、易懂,很适合电气工程人员使用,是第一用户语言。

（3）数据类型

表 1-6 所示为 S7-200 SMART PLC 常用的数据类型。

表 1-6　S7-200 SMART PLC 常用的数据类型

数据类型	位数	说明	范围
BOOL	1 位	布尔	0~1
BYTE	8 位	无符号字节	0~255
	8 位	有符号字节	−128~+127
WORD	16 位	无符号整数	0~65 535
INT	16 位	有符号整数	−32 768~+32 767
DWORD	32 位	无符号双整数	0~4 294 967 295
DINT	32 位	有符号双整数	−2 147 483 648~+2 147 483 647
REAL	32 位	IEEE 32 位浮点	+1.175495E−38~+3.402823E+38(正数) −1.175495E−38~−3.402823E+38(负数)

在本项目中仅用到 BOOL 变量,其状态为"1"或"0",即 ON/OFF。

（4）过程映像寄存器

S7-200 SMART PLC 过程映像寄存器分为输入映像寄存器和输出映像寄存器,见表 1-7。输入映像寄存器用于存放 PLC 输入端子的信号采样值,输出映像寄存器将运算结果写入 PLC 输出端子。

表 1-7　过程映像寄存器

元件名称	符号	说明
输入映像寄存器	I	PLC 的输入端子是 PLC 从外部接收输入信号的窗口,每一个输入端子与输入映像寄存器的相应位相对应
输出映像寄存器	Q	PLC 的输出端子是 PLC 向外部负载发出控制指令的窗口,每一个输出端子与输出映像寄存器区的相应位相对应

输入映像寄存器 I 存放 CPU 在输入扫描阶段采样输入端子的结果。工程技术人员常把输入映像寄存器 I 称为输入继电器,它由输入端子接入的控制信号驱动,当控制

信号接通时,输入继电器得电,即对应的输入映像寄存器的位为"1"状态;当控制信号断开时,输入继电器失电,对应的输入映像寄存器的位为"0"状态。输入端子可以接动合(常开)触点或动断(常闭)触点,也可以是多个触点的串、并联。输出映像寄存器 Q 存放 CPU 执行程序的结果,并在输出扫描阶段,将其复制到输出端子上。工程实践中,常把输出映像寄存器 Q 称为输出继电器,它通过 PLC 的输出端子控制执行电器完成规定的控制任务。如何访问 PLC 的输入和输出映像寄存器呢? 下面学习寻址方式。

（5）寻址方式——位寻址

对于输入和输出映像寄存器,需采用位寻址。"I"为区域标识符,表示访问输入,如果访问输出,则用"Q"。具体地址格式是"字节地址"+"."+"位地址"。I0.1 地址表示第 0 个字节第 1 位,如图 1-23 所示。位地址 Q0.0 与实际 PLC 的输出点的对应关系,如图 1-24 所示。一个字节 8 位,所以输入地址为"I0.0、I0.1……、I0.7""I1.0、I1.1……、I1.7"……,输出地址为"Q0.0、Q0.1……、Q0.7""Q1.0、Q1.1……、Q1.7"……依次类推,其地址与过程映像寄存器的大小有关。

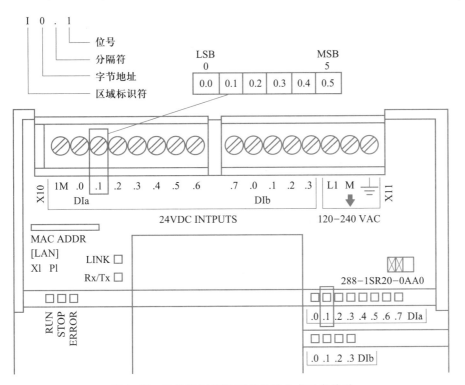

图 1-23　位地址与实际 PLC 的输入点对应关系

（6）位逻辑指令——标准触点指令

标准触点指令包括动合触点和动断触点,见表 1-8。当 PLC 输入端子接通时,信号传送到输入映像寄存器,对应存储器单元置"1",相应的动合触点闭合,动断触点断开。同理,当 PLC 输入端子断开时,信号传送到输入映像寄存器,对应存储器单元清"0",相应的动合触点断开,触点闭合。

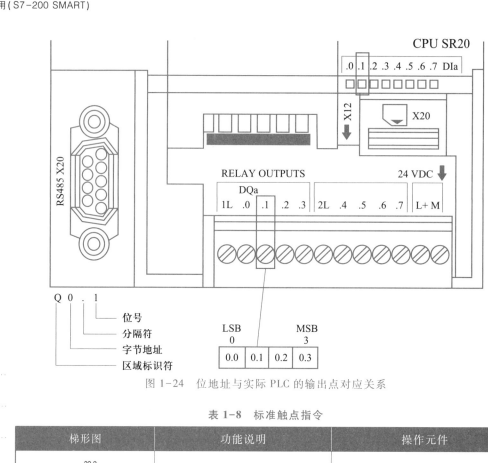

微课

位逻辑指令
（标准触点、
线圈）介绍

Q 0 . 1
　　　位号
　　分隔符
　字节地址
区域标识符

LSB			MSB
0			3
0.0	0.1	0.2	0.3

图 1-24　位地址与实际 PLC 的输出点对应关系

表 1-8　标准触点指令

梯形图	功能说明	操作元件
??.? —┤ ├—	动合触点	I、Q、M、D、L、常量
??.? —┤/├—	动断触点	

（7）位逻辑指令——标准线圈指令

标准线圈指令对应输出信号，见表 1-9。程序执行后，将程序执行结果写入输出映像寄存器 Q，对应硬件触点会接通或断开。

表 1-9　标准线圈指令

梯形图	功能说明	操作元件
??.? —( )	将运算结果输出到对应的输出映像寄存器	I、Q、M、D、L

参考方案

1. 组态、编程及下载

（1）双击软件图标，打开 STEP 7-MicroWIN SMART 软件，在左侧项目树中双击
CPU SR20 图标。

（2）如图 1-25 所示，在弹出的对话框的"CPU"栏，选择实际使用的"CPU SR20 （AC/DC/Relay）"，完成后单击"确定"按钮。

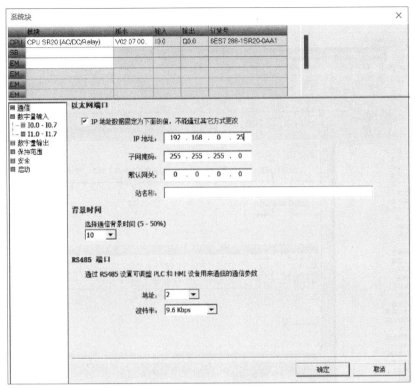

图 1-25 选择 PLC 型号

（3）建立符号表。如图 1-26 所示，在项目树中单击"符号表"→"I/O 符号"，定义 I/O 点，图中定义了"起动按钮、停止按钮、热继电器保护触点、交流接触器"等 I/O 信号的符号信息。

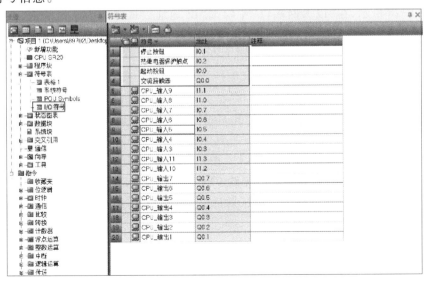

图 1-26 建立符号表

操作视频

电动机自锁运行 PLC 控制编程 示例

（4）编写程序。双击项目树中"程序块"下的"MAIN"，打开程序编辑器。在项目树中单击"指令"→"位逻辑"，双击或拖放触点、线圈等指令，在程序段 1 中编写程序如图 1-27 所示。

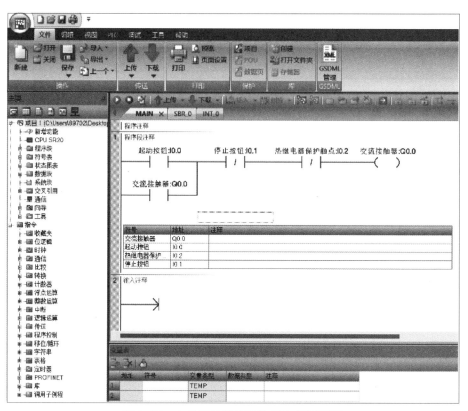

图 1-27　电动机自锁运行的 PLC 控制程序

（5）组态 PLC 的 IP 地址。在项目树中双击"CPU SR20"，系统弹出"系统块"对话框，如图 1-28 所示，在"以太网端口"中勾选"IP 地址数据固定为下面的值，不能通过其他方式更改"，输入 PLC 的 IP 地址和子网掩码。

（6）程序下载。程序下载图标如图 1-29 所示，可以通过两种方式下载：单击菜单"文件"→"下载"图标或单击菜单"PLC"→"下载"图标，系统弹出图 1-30 所示的"通信"对话框。

单击"通信接口"下拉按钮，选择"Realtek PCIe GbE Family Controller.TCPIP.Auto. 1"，即计算机的网卡。双击"找到 CPU"，自动搜索出可访问的 CPU，图中所示为搜索到的 CPU 的 IP 地址。单击"闪烁指示灯"按钮，即可观察到要下载程序的 CPU 的指示灯闪烁。单击"编辑"按钮，可以在线修改 CPU 的 IP 地址。

单击"确定"按钮，系统弹出"下载"对话框，如图 1-31 所示，可以选择要下载的块（程序块、数据块、系统块）。

2. 程序运行和监控

（1）将 CPU 置于 RUN 模式。单击程序编辑器左上角的"RUN"图标或单击菜单"PLC"→"RUN"图标，如图 1-32 所示。

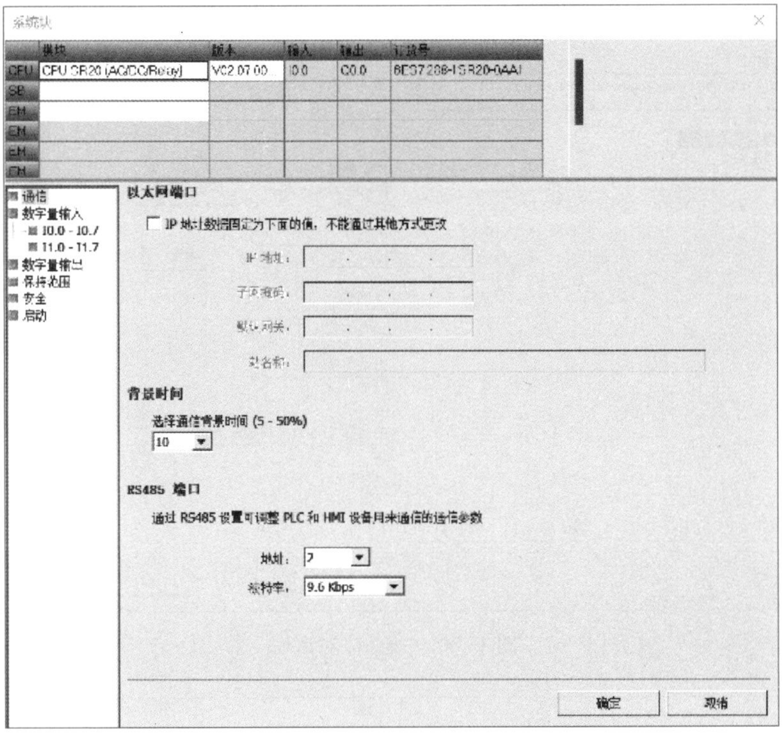

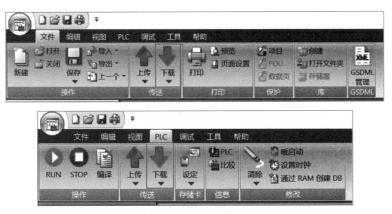

图 1-28　"系统块"对话框

图 1-29　程序下载图标

（2）进行程序状态监控。单击程序编辑器工具栏中的"程序状态监控"按钮 ，可在程序中观察到触点的通、断的状态，如图 1-33 所示，其中蓝色（本书中是指软件中的颜色，本书未体现颜色）的线表示能流。起动按钮未按下时，对应输入点 I0.0 的动合触点断开，能流为断开状态。停止按钮未按下时，对应输入点 I0.1 的动断触点接通，线圈未得电，如图 1-33（a）所示。按下起动按钮，对应输入点 I0.0 接通，动合触点闭合，线圈 Q0.0 得电，对应输出点和 Q0.0 的辅助动合触点接通，如图 1-33（b）所示。松开起动按钮，对应输入点 I0.0 的动合触点断开，如图 1-33（c）所示，由 Q0.0 的辅助动合触点实现自锁。按下停止按钮，对应输入点 I0.1 接通，其动断触点断开，线圈 Q0.0 失电，对应输出点和 Q0.0 的辅助动合触点断开，如图 1-33（d）所示。当松开停止按钮，触点恢复常态。

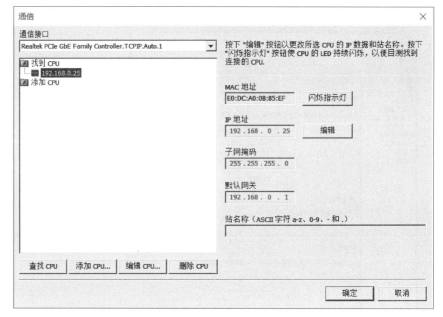

图 1-30   "通信"对话框

图 1-31   "下载"对话框

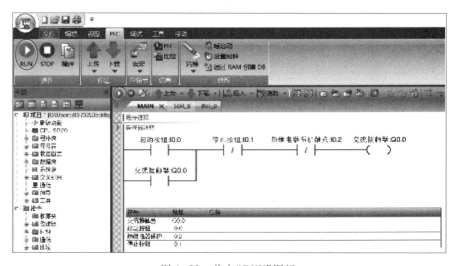

图 1-32   单击"RUN"图标

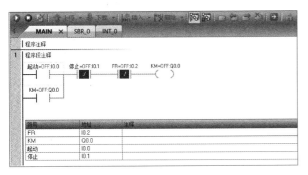

(a)

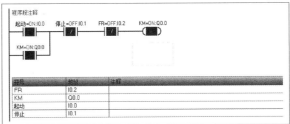

(b)

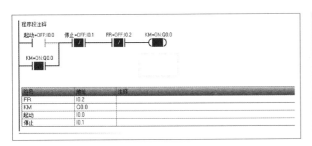

(c)

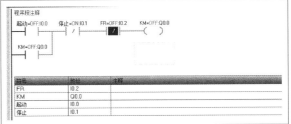

(d)

图 1-33 电动机自锁运行控制程序状态监控

任务四 安装与调试

硬件设计、软件编程调试完成后,开始 PLC 控制系统的安装与调试。

相关知识

1. 系统安装与接线

(1) 检验电器元件是否有损坏。

(2) 按照电气原理图设计控制柜的电器元件布置图,查看电器元件摆放的空间和位置是否合适。电器元件摆放需遵循以下规则。

- 电气设备应有足够的电气间隙;
- 电器元件及其组装板的安装结构应尽量考虑进行正面拆装;
- 各电器元件应能单独拆装更换,而不影响其他电器元件及导线束的固定;
- 柜内的 PLC(系统控制)等电器元件的布置要尽量远离主回路、开关电源及变压器,不得直接放置或靠近柜内其他发热元件的空气对流方向;
- 熔断器及使用中易于损坏、偶尔需要调整及复位的零件,应不经拆卸其他部件便可以接近,以便于更换及调整;
- 低压断路器与熔断器配合使用时,熔断器应安装在电源侧;
- 强、弱电端子应分开布置;

- 断路器和漏电断路器等电器元件的接线端子与线槽直线距离大约为 30 mm。

（3）按照比例固定控制柜内的支撑架。

（4）固定电器元件。

（5）制作线号管。

（6）接线。

2. 调试

（1）首先按照电气原理图检查电路,先查主电路后查 PLC 控制电路。

（2）查线无误后,对控制柜上电,检查电源交流电压和直流电压是否正常。

（3）上电确定无误后,测试输入信号,正常则表明硬件接线没有问题。

（4）下载程序,进行程序调试。此处采用硬件控制调试,先不接通主电路电源,只接通控制电路电源,在程序状态监控状态下,查看初始状态。按下起动按钮 SB1 后,查看程序运行状态,输出 Q0.0 是否为“1”,交流接触器 KM 是否吸合;按下停止按钮 SB2,输出 Q0.0 是否为“0”,交流接触器 KM 是否断开。

（5）上述调试成功后,接通主电路,重复进行调试,观察电动机是否能正常工作,工作声音是否正常。如果上述某一步有问题,及时查找故障,可使用万用表,采用电压法或电阻法进行故障判断和排除。

参考方案

1. 检查电器元件

按照表 1-10 选择电器元件,并检查电器元件是否有损坏。

表 1-10   电器元件选型表

电器元件	型号	数量	功能描述	备注
按钮	LAY39,Φ22	2	控制信号	PLC 输入
低压断路器	DZ47-63 3P	1	断路保护	
交流接触器	CJX2-0901	1	控制电动机主电路	PLC 输出
电动机	功率自选	1	驱动负载	
热继电器	JR36	1	过热保护	PLC 输入
PLC	CPU SR20 继电器输出	1	控制器	
熔断器	RT18-32(3A)	3	过载保护	

2. 绘制电器元件布置图

电器元件布置图如图 1-34 所示。

3. 绘制电气安装接线图

电气安装接线图如图 1-35 所示。

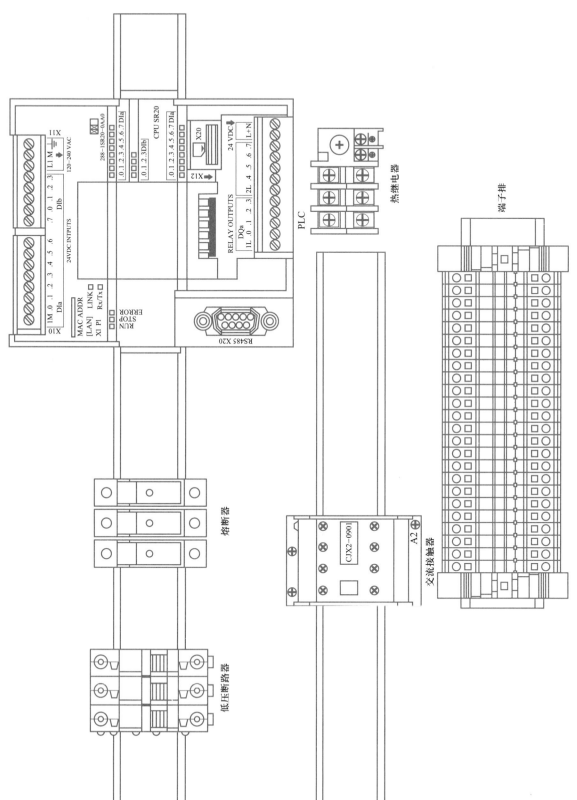

图 1-34　电动机自锁运行控制系统电器元件布置图

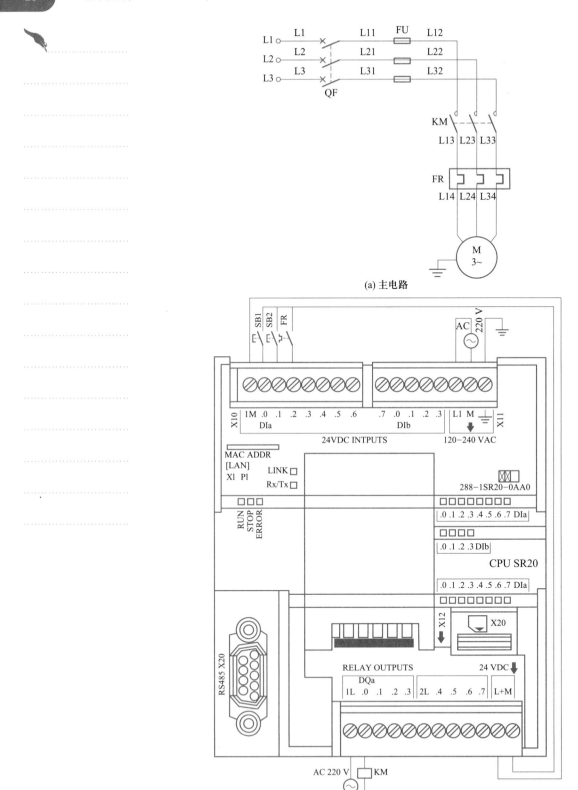

(a) 主电路

(b) PLC控制电路

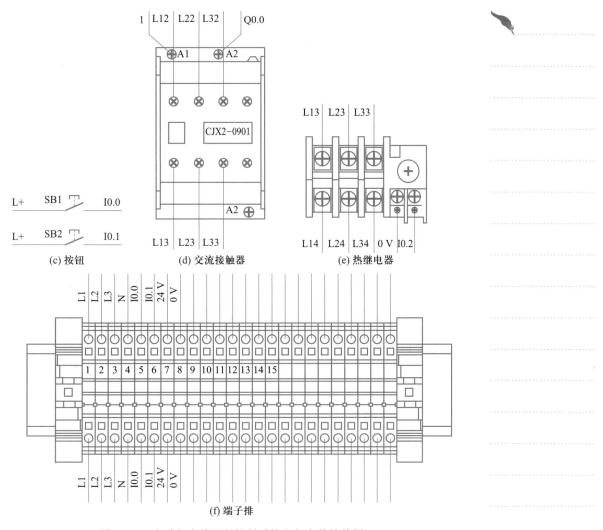

图 1-35 电动机自锁运行控制系统电气安装接线图

项目总结

知识方面	1. 了解 S7-200 SMART PLC 的种类、外形、结构； 2. 掌握 CPU 接线、输入接线、输出接线； 3. 了解编程软件的安装及使用方法及常用数据类型、基本逻辑指令； 4. 掌握 PLC 控制系统的硬件设计、安装接线及软件调试的方法
能力方面	1. 能进行 S7-200 SMART PLC 控制系统的硬件设计、安装接线； 2. 能进行 S7-200 SMARTPLC 编程软件的安装、基本逻辑指令的编程及调试
素养方面	1. 掌握电气安全操作规范，具有质量意识； 2. 具有精益求精的工匠精神； 3. 具有团队协作、语言表达及沟通的能力； 4. 能利用系统手册、软件、技术网站等资源进行自学

对本项目学习的自我总结:

_____

_____

_____

_____

项目拓展

拓展项目:电动机的两地控制

使用 PLC 实现电动机的现场和远程两地控制。当按下现场起动按钮或远程起动按钮时,电动机均可以起动。当需要电动机停止时,按下现场停止按钮或远程停止按钮时,电动机均可停止。

知识和技能拓展:使用强制表进行程序控制

1. 什么情况下需要使用强制表进行程序控制

通过强制 I/O 点,可以模拟物理条件。如在调试 PLC 时,如果没有开关或按钮来模拟实际的现场输入信号,可以用强制输入点的方法来模拟硬件开关和按钮的操作;在现场检查 PLC 控制的执行机构是否能正常工作时,可以在 STOP 模式下对 PLC 的输出点进行强制。通过强制存储器 I、Q、M 和定时器、计数器可以模拟某些程序执行的结果。

2. 使用状态图表强制进行程序控制的方法

如图 1-36(a)所示,在项目树中单击"状态图表"将其展开,双击"图表 1",打开状态图表。在图 1-36(b)中,输入需强制的信号并右击,在弹出的菜单中选择"强制",可将信号强制为"1"。

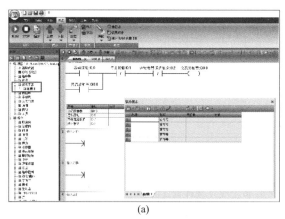

(a)   (b)

图 1-36   在状态图表中进行强制

强制后将输入映像寄存器 I0.0 置"1",程序中对应的动合触点闭合,整个电路接通,线圈 Q0.0 得电。Q0.0 的辅助动合触点闭合,形成自锁,如图 1-37(a)所示。此时可看到,在 I0.0 右方有一个图标🔒,表示处于强制状态。使用状态图表将 I0.0 取消强制后,程序中对应的动合触点断开,Q0.0 状态不变,如图 1-37(b)所示。

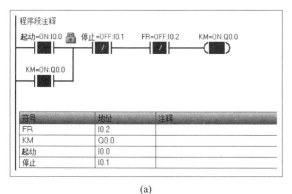
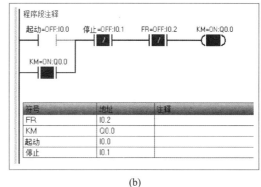

(a)   (b)

图 1-37 进行 I0.0 强制

在状态图表中,右击停止 I0.1 按钮,在弹出的菜单中选择"强制",如图 1-38 所示。

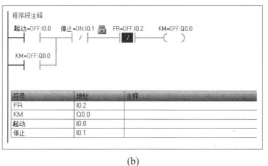

(a)   (b)

图 1-38 进行 I0.1 强制

使用状态图表将输入点 I0.1 取消强制后,系统返回初始状态。以上就是通过强制功能实现对程序的调试。

思考与练习

一、填空题

1. S7-200 SMART PLC 最基本的数据类型为_____,其状态为"1"或"0"。

2. I1.4 表示_____。

3. Q0.7 表示_____。

二、选择题

1. S7-200 SMART PLC 的 CPU 模块最多可连接(   )个扩展模块。

A. 1   B. 6   C. 7   D. 8

2. SM 的含义是(   )。

A. 通信模块   B. 信号模块   C. 信号板   D. 存储卡

3. 在 PLC 编程中,最常用的编程语言是(　　　)。

A. LAD　　　　　　　　B. STL　　　　　　　　C. FBD　　　　　　　　D. SCL

4. 以下哪种编程语言不能用于 S7-200 SMART PLC 的编程?(　　　)

A. LAD　　　　　　　　B. FBD　　　　　　　　C. STL　　　　　　　　D. SCL

5. 热继电器在电路中作电动机的(　　　)保护。

A. 短路　　　　　　　　B. 过载　　　　　　　　C. 过电流　　　　　　　　D. 过电压

三、简答题

1. CPU 状态指示灯有哪几个? 分别表示什么意思?

2. S7-200 SMART PLC 输入信号有哪些? 输出信号有哪些?

3. STEP 7-MicroWIN SMART 软件界面主要包括哪几部分?

4. 如何理解输入映像寄存器和输出映像寄存器?

5. 对于一个输入端子来说,其对应的动合触点和动断触点何时闭合? 何时断开?

项目描述

控制要求:在项目一的基础上,使用 S7-200 SMART PLC 实现对三相异步电动机自锁运行一键控制,完成 PLC 控制系统的硬件设计、安装接线、软件编程、系统调试与检修。

能力目标

1. 了解 S7-200 SMART PLC 的工作原理及特点。

2. 掌握 S7-200 SMART PLC 位存储器 M 的概念及使用方法。

3. 掌握 S7-200 SMART PLC 正、负跳变指令的格式、功能及使用方法。

4. 掌握基于 S7-200 SMART PLC 的电动机自锁运行一键控制 PLC 控制系统的设计步骤、硬件接线、编程调试。

素养目标

1. 掌握电气安全操作规范,具备安全意识、质量意识。

2. 具备精益求精的工匠精神和良好的职业精神。

3. 具备团队协作、语言表达及沟通的能力。

4. 具备查阅资料、分析解决问题的能力。

项目实施

任务一 了解 S7-200 SMART PLC 的工作原理

PLC 是采用"顺序扫描,不断循环"的方式进行工作的,即在 PLC 运行时,CPU 根据用户按控制要求编制好并存于用户存储器中的程序,按指令步序号(或地址号)进行周期性循环扫描,如无跳转指令,则从第一条指令开始逐条顺序执行用户程序,直至程序结束,然后重新返回第一条指令,开始下一轮新的扫描。在每次扫描过程中,还要完成对输入信号的采样和对输出状态的刷新等工作。

📚 相关知识

1. PLC 循环扫描工作方式

微课

S7-200 SMART
PLC 循环扫描
工作方式

PLC 最初的主要功能是用于代替传统的继电器控制系统,两者的运行方式是不相同的。继电器控制系统采用硬件逻辑并行运行的方式,即如果某个继电器的线圈通电或断电,该继电器所有的触点(包括其动合或动断触点)在继电器控制线路的哪个位置上都会立即同时动作。PLC 控制系统采用顺序逻辑循环扫描用户程序的运行方式,即 PLC 循环扫描工作方式,如图 2-1 所示。当 PLC 运行后,其工作过程一般分为 5 个阶段,即 CPU 自诊断、处理通信请求、输入采样(读输入)、执行用户程序和输出刷新(写输出)。完成上述 5 个阶段构成一个扫描周期。在整个运行期间,CPU 以一定的扫描速度重复执行上述 5 个阶段。

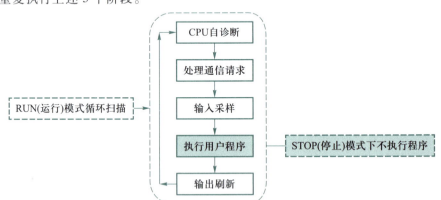

图 2-1　PLC 循环扫描工作方式

(1) CPU 自诊断

CPU 自诊断包括定期检查 CPU 模块的操作和扩展模块的状态是否正常,将监控定时器复位等。

(2) 处理通信请求

处理通信请求即与其他智能设备(如编程器、计算机等)通信。CPU 处理通信接口从智能设备接收到的信息,如接收由编程器送来的程序、命令和各种数据,并把要显示的状态、数据、出错信息等发送给编程器进行显示。如果有与计算机等的通信请求,PLC 也在这段时间完成数据的接收和发送任务。

（3）输入采样

PLC 以扫描方式依次读入所有输入状态和数据,并将它们存入输入映像寄存器中的相应单元内。输入采样结束后,转入下面几个阶段顺序执行。在这几个阶段中,即使输入状态和数据发生变化,输入映像寄存器中的相应单元的状态和数据也不会改变。因此,如果输入是脉冲信号,则该脉冲信号的宽度应大于一个扫描周期,才能保证在任何情况下,该输入均能被读入。

（4）执行用户程序

PLC 的用户程序由若干条指令组成,在执行用户程序阶段,PLC 总是从第一条指令开始,自左而右、自上而下地逐条顺序执行用户程序。

（5）输出刷新

当执行用户程序结束后,S7-200 SMART PLC 就进入输出刷新阶段。在此期间,CPU 按照输出映像寄存器内对应的状态和数据刷新所有的输出锁存电路,再经输出电路驱动相应的外部设备。这时才是 S7-200 SMART PLC 的真正输出。

以项目一的 PLC 控制电动机自锁运行为例,分析 PLC 是如何完成控制要求的。图 2-2 所示为 PLC 的工作原理及扫描工作过程。

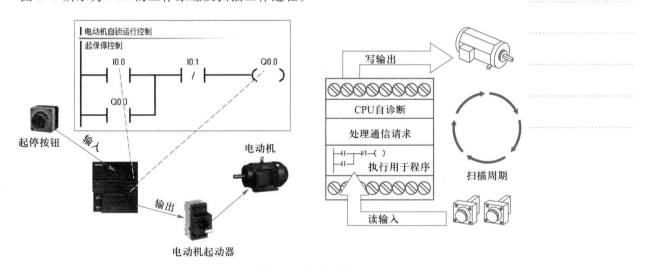

图 2-2　PLC 的工作原理及扫描工作过程

此控制系统中有两个输入,起动和停止按钮,有一个输出,控制电动机。两个输入点的状态通过程序运行结果输出,决定了控制执行机构输出点的状态。

2. PLC 的延迟时间

由于 PLC 采用循环扫描的工作方式,即对信息采用串行处理的方式,就必然带来输入、输出的响应滞后问题。扫描周期越长,滞后现象越严重。

从 PLC 输入端信号发生变化到输出端变化,需要一段时间,这一段时间称为 PLC 的延迟时间。延迟时间由输入延迟、输出延迟和程序执行 3 部分决定。输入模块的

RC 滤波电路用来滤除由输入端引入的干扰噪声,消除因外接输入触点动作时产生的抖动引起的不良影响。RC 滤波电路的时间常数决定了输入滤波时间的长短,S7-200 SMART PLC 的部分输入点的输入延迟时间可以设置。输出模块的延迟时间与输出类型有关,继电器输出型输出电路的延迟时间一般在 10 ms 左右;双向晶闸管输出电路在负载接通时的延迟时间约为 1 ms,负载由导通到断开时的最大延迟时间为 10 ms;晶体管输出电路的延迟时间小于 1 ms。PLC 扫描用户程序的时间一般均小于 100 ms。

PLC 延迟时间一般只有几十毫秒,考虑到继电器控制系统各类触点的动作时间一般在 100 ms 以上,这样对于一般的系统而言,PLC 与继电器控制系统在处理结果上就没有什么区别了。但对控制时间要求较严格、响应速度要求快的系统,就应该精确地计算延迟时间,细心编排程序,合理安排指令的顺序,以尽可能减少扫描周期造成的响应延时等不良影响。

3. 循环扫描工作方式的特点

集中采样:一个扫描周期中,对输入状态的采样只在输入采样阶段进行。当 PLC 进入执行用户程序阶段后输入端将被封锁,直到下一个扫描周期的输入采样阶段才对输入状态进行重新采样。

集中输出:在用户程序中如果对输出结果多次赋值,则最后一次有效。在一个扫描周期内,只在输出刷新阶段才将输出状态从输出映像寄存器中输出,对输出接口进行刷新。在其他阶段里输出状态一直保存在输出映像寄存器中。

集中采样、集中输出的优点:提高了抗干扰能力,增强了系统可靠性。PLC 工作时大多数时间与外部 I/O 设备隔离,从根本上提高了系统的抗干扰能力,增强了系统的可靠性。

集中采样、集中输出的缺点:PLC 输入/输出响应滞后,降低了系统的响应速度。从 PLC 输入端输入信号发生变化到 PLC 输出端对该输入变化做出反应需要一定时间,对一般的工业控制而言,这种滞后是完全允许的。

注意:这种响应滞后不仅是由 PLC 扫描工作方式造成的,更主要是 PLC 输入接口滤波环节带来的输入延迟和输出接口中驱动器件动作时间带来的输出延迟,还与程序设计有关。

对于 S7-200 SMART PLC 等小型 PLC,I/O 点数较少、用户程序较短,一般采用集中采样、集中输出的工作方式;而对于大中型 PLC,由于 I/O 点数较多,控制功能强,用户程序较长,为提高系统响应速度,宜采用定期采样、定期输出方式或中断输入、输出方式以及智能 I/O 接口等多种方式。

任务二 设计硬件电路

PLC 提供位存储器替代继电器控制系统中的中间继电器。PLC 控制系统使用内部的位存储器作为编程元件,因此在设计硬件电路时不需要中间继电器。

参考方案

电动机自锁运行一键控制 PLC 控制系统 I/O 地址分配见表 2-1,其电气原理图如

微课

S7-200 SMART PLC 循环扫描工作方式的特点

图 2-3 所示。

表 2-1 电动机自锁运行一键控制 PLC 控制系统 I/O 地址分配

输入点（I）			输出点（O）		
序号	输入外部设备	PLC 输入地址	序号	输入外部设备	PLC 输入地址
1	按钮 SB	I0.0	1	交流接触器 KM	Q0.0
2	热继电器 FR	I0.1			

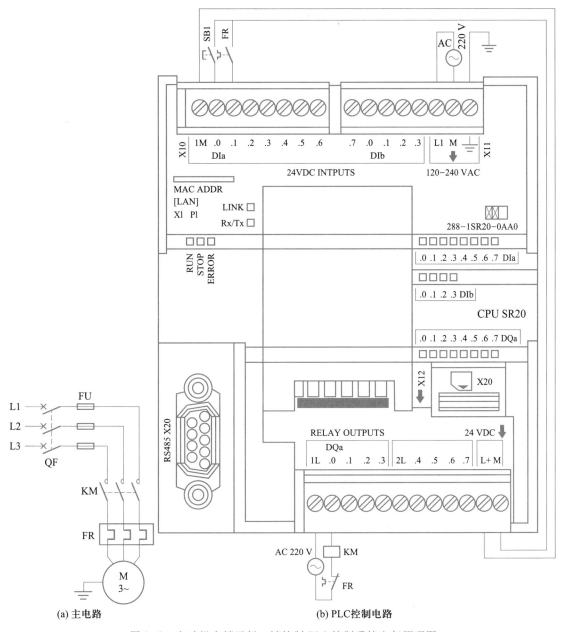

(a) 主电路　　　　(b) PLC控制电路

图 2-3 电动机自锁运行一键控制 PLC 控制系统电气原理图

任务三　设计与调试程序

本任务通过学习位存储器及正、负跳变指令，完成程序设计与调试。

⚏ 相关知识

1. 存储器

S7-200 SMART PLC 的 CPU 模块将信息存储在存储器的不同单元中，每个单元都有地址。存储器包括输入映像寄存器 I、输出映像寄存器 Q、变量存储器 V、位存储器 M、特殊存储器 SM、顺序控制寄存器 S 和局部变量存储器 L、定时器 T、计数器 C、模拟量输入寄存器 AI 和模拟量输出寄存器 AQ、累加器 AC 和高速计数器 HC。在项目一中已介绍了输入映像寄存器 I 和输出映像寄存器 Q，以下介绍位存储器 M。

（1）位存储器 M

位存储器 M 用来存储程序运行过程中的中间操作状态或其他控制信息，其作用相当于继电接触器控制系统中的中间继电器，如图 2-4 所示。

S7-200 SMART PLC 位存储器 M

M

	7	6	5	4	3	2	1	0
MB0	M0.7	M0.6	M0.5	M0.4	M0.3	M0.2	M0.1	M0.0
MB1	M1.7	M1.6	M1.5	M1.4	M1.3	M1.2	M1.1	M1.0
MB2	M2.7	M2.6	M2.5	M2.4	M2.3	M2.2	M2.1	M2.0
MB3	M3.7	M3.6	M3.5	M3.4	M3.3	M3.2	M3.3	M3.0
MB4	M4.7	M4.6	M4.5	M4.4	M4.3	M4.2	M4.1	M4.0
MB5	M5.7	M5.6	M5.5	M5.4	M5.3	M5.2	M5.1	M5.0
...								

图 2-4　PLC 的位存储器

（2）位存储器的编址和寻址

所谓编址就是对每个物理存储单元分配地址，编址目的是寻址。位存储器的编址和寻址如图 2-5 所示。位存储器是按位存取的，但是也可以按字节、字或双字来存取。

M

	7	6	5	4	3	2	1	0	
MB0	M0.7	M0.6	M0.5	M0.4	M0.3	M0.2	M0.1	M0.0	→MB0
MB1	M1.7	M1.6	M1.5	M1.4	M1.3	M1.2	M1.1	M1.0	MD0
MB2	M2.7	M2.6	M2.5	M2.4	M2.3	M2.2	M2.1	M2.0	(MB0+MB1+MB2+MB3)
MB3	M3.7	M3.6	M3.5	M3.4	M3.3	M3.2	M3.3	M3.0	
MB4	M4.7	M4.6	M4.5	M4.4	M4.3	M4.2	M4.1	M4.0	MW4(MB4+MB5)
MB5	M5.7	M5.6	M5.5	M5.4	M5.3	M5.2	M5.1	M5.0	
...									

图 2-5　位存储器的编址和寻址

位编址和寻址：M[字节地址].[位地址]，如 M0.2。

字节、字或双字编址和寻址：M[长度].[起始字节地址]，如 MB0、MW4、MD0。

2. 正、负跳变指令

正、负跳变指令的格式及功能见表 2-2。

微课

S7 – 200 SMART PLC 正、负跳变指令

表 2-2　正、负跳变指令的格式及功能

类型	LAD	FBD	SCL	说明
正跳变指令	─┤P├─	─▭P▭─	EU	正跳变指令（上升沿）允许在输入信号的上升沿接通一个扫描周期。LAD：通过触点进行表示。FBD：通过 P 功能框进行表示。STL：用于检测正跳变。如果检测到堆栈顶值发生"0"到"1"跳变，则将堆栈顶值设置为"1"；否则，将其设置为"0"
负跳变指令	─┤N├─	─▭N▭─	ED	负跳变指令（下降沿）允许在输入信号的下降沿接通一个扫描周期。LAD：通过触点进行表示。FBD：通过 N 功能框进行表示。STL：用于检测负跳变。如果检测到堆栈顶值发生"1"到"0"跳变，则将堆栈顶值设置为"1"；否则，将其设置为"0"

说明：

因为正、负跳变指令需要断开到接通或接通到断开的转换，所以无法在首次扫描时检测上升沿或下降沿跳变。首次扫描期间，CPU 会将初始输入状态保存在存储器位中。后续扫描中，这些指令会将当前状态与存储器位的状态进行比较以检测是否发生转换。

正、负跳变指令应用举例如下。

例 2-1　根据图 2-6 所示梯形图程序及给出的 I0.0 的波形画出 M0.0、M0.1、Q0.0 的波形。

使用 PLC 可以实现对输入信号的任意分频。例 2-1 是一个二分频电路，将脉冲信号加到 I0.0 端，在第一个脉冲的上升沿到来时，M0.0 产生一个扫描周期的单脉冲，使 M0.0 的动合触点闭合，由于 Q0.0 的动合触点断开，M0.1 线圈断开，其动断触点 M0.1 闭合，Q0.0 的线圈接通并自保持；第二个脉冲上升沿到来时，M0.0

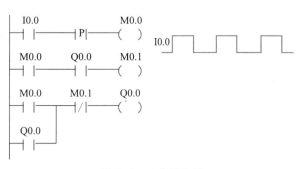

图 2-6　二分频电路

又产生一个扫描周期的单脉冲，M0.0 的动合触点又接通一个扫描周期，此时 Q0.0 的动合触点闭合，M0.1 线圈通电，其动断触点 M0.1 断开，Q0.0 线圈断开；直到第三个脉冲到来时，M0.0 又产生一个扫描周期的单脉冲，使 M0.0 的动合触点闭合，由于 Q0.0 的动合触点断开，M0.1 线圈断开，其动断触点 M0.1 闭合，Q0.0 的线圈又接通并自保持。以后循环往复，不断重复以上过程。由波形图可以看出，输出信号 Q0.0 是输入信号 I0.0 的二分频。

例 2-2　试采用一个按钮控制两台电动机依次起动，控制要求：按下起动按钮

SB1,第一台电动机起动;松开按钮 SB1,第二台电动机起动;按下停止按钮 SB2,两台电动机同时停止。

I/O 分配见表 2-3,梯形图程序如图 2-7 所示。

表 2-3　I/O 分配

输入信号		输出信号	
I0.0	起动按钮 SB1	Q0.0	电动机 1 接触器 KM1
I0.1	停止按钮 SB2	Q0.1	电动机 2 接触器 KM2

提示

使用跳变指令可以使两台电动机的起动时间分开,从而防止两台电动机同时起动对电网造成不良影响。

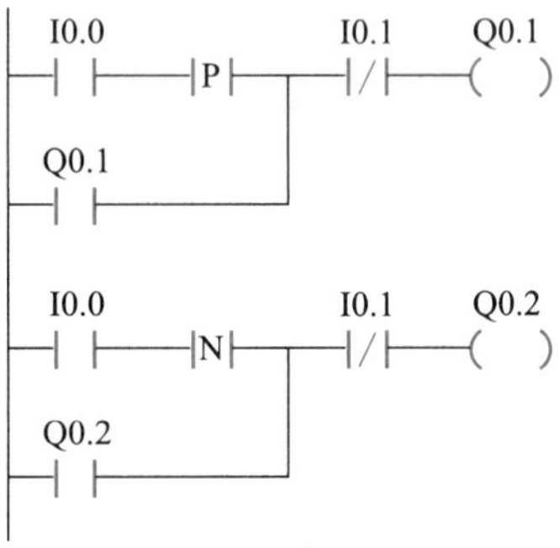

图 2-7　梯形图程序

参考方案

建立电动机自锁运行一键控制的符号表,如图 2-8 所示。

编写电动机自锁运行一键控制的梯形图程序,如图 2-9 所示。

操作视频

电动机自锁运行一键控制编程示例

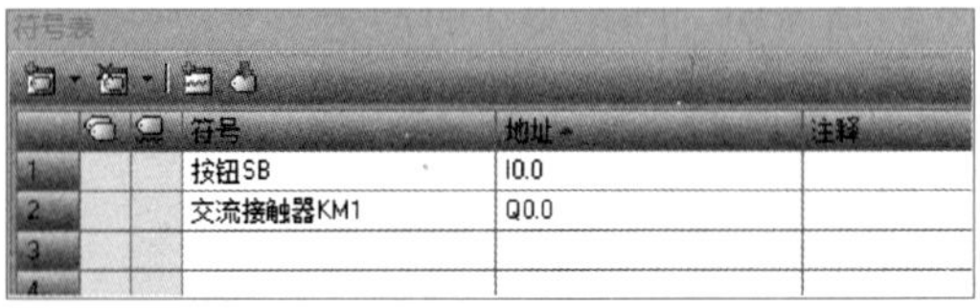

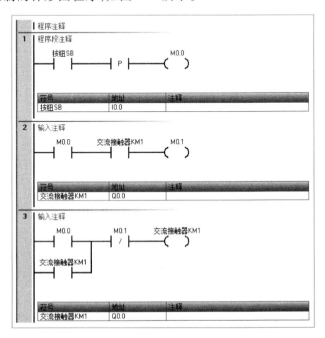

图 2-8　电动机自锁运行一键控制的符号表　　图 2-9　电动机自锁运行一键控制的梯形图程序

任务四　安装与调试

硬件设计、软件编程调试完成后,进行电动机自锁运行一键控制的 PLC 控制系统安装与调试。

参考方案

1. 系统安装与接线

参照项目一的相关操作步骤进行。

2. 调试

(1) 首先按照电气原理图检查电路,先接主电路后接控制电路。

(2) 查线无误后,对控制柜上电,检查电源交流电压和直流电压是否正常。

(3) 上电确定无误后,测试输入信号,正常则表明硬件接线没有问题。

(4) 下载程序,进行程序调试。此处采用硬件控制调试,先不接通主电路电源,只接通控制电路电源。在程序状态监控状态下,查看初始状态。按下按钮 SB 后,查看程序运行状态,输出 Q0.0 是否为"1",交流接触器是否吸合。再次按下按钮 SB,输出 Q0.0 是否为"0",交流接触器是否断开。

(5) 上述调试成功后,接通主电路,重复进行调试,观察电动机是否能正常工作,工作声音是否正常。如果上述某一步有问题,及时查找故障,可使用万用表进行故障判断和排除。

项目总结

知识方面	1. 了解 S7-200 SMART PLC 的工作原理 2. 掌握位存储器 M 的寻址方式 3. 掌握正、负跳变指令的使用方法
能力方面	1. 能在程序中运用位存储器 2. 能利用正、负跳变指令进行程序设计和编程 3. 能进行 S7-200 SMART PLC 控制系统程序调试
素养方面	1. 掌握电气安全操作规范,具备安全意识、质量意识 2. 具备精益求精的工匠精神和良好的职业精神 3. 具备团队协作、语言表达沟通的能力 4. 具备自主查阅资料、分析解决问题的能力

对本项目学习的自我总结:

_____

_____

_____

_____

项目拓展

拓展项目:两台电动机顺序停止

试采用一个按钮控制两台电动机的依次停止,控制要求:按下按钮 SB1,两台电动机同时起动;按下停止按钮 SB2,第一台电动机停止,松开停止按钮 SB2,第二台电动机停止。

思考与练习

一、填空题

1. PLC 采用_____的工作方式,任务每_____执行一次,称为一个_____。

2. PLC 的用户程序由若干条指令组成,在执行用户程序阶段,PLC 总是从第一条指令开始,_____、_____地逐条顺序执行用户程序。

3. 在_____阶段,PLC 以扫描方式顺序读入所有端子的状态,并将其状态存入_____。

4. 在处理通信请求阶段,CPU 处理从_____和_____接收到的信息。

5. 在_____阶段,CPU 将输出映像寄存器中存储的数据复制到物理输出点。

6. 由于 PLC 采用循环扫描的工作方式,即对信息采用串行处理的方式,就必然带来输入/输出的响应滞后问题。_____越长,滞后现象越严重。

7. 正、负跳变指令只有在输入信号_____时有效,其输出信号的脉冲宽度为_____。

二、选择题

1. PLC 扫描用户程序的时间一般均小于(　　　)。

A. 100 ms　　　　　　　　B. 10 ms　　　　　　　　C. 1 ms　　　　　　　　D. 200 ms

2. 正跳变指令只有在输入信号(　　　)有效。

A. 保持高电平时　　　　　　　　　　　　B. 保持低电平时

C. 由低电平变化为高电平时　　　　　　　D. 由高电平变为低电平时

三、判断题

1. 输入状态的变化只有在一个工作周期的输入采样阶段才能被读入刷新。(　　　)

2. PLC 自诊断就是 PLC 检查程序的运行是否有错误。(　　　)

3. 位存储器 M 只能进行按位寻址。(　　　)

四、简答题

1. PLC 的工作原理是什么?

2. 在 PLC 一个扫描周期中,如果在程序执行期间输入状态发生变化,输入映像寄存器的状态是否也随之改变? 为什么?

3. 简述 PLC 一个扫描周期的 5 个阶段。

4. 简述位存储器 M 和输出映像寄存器 Q 的不同。

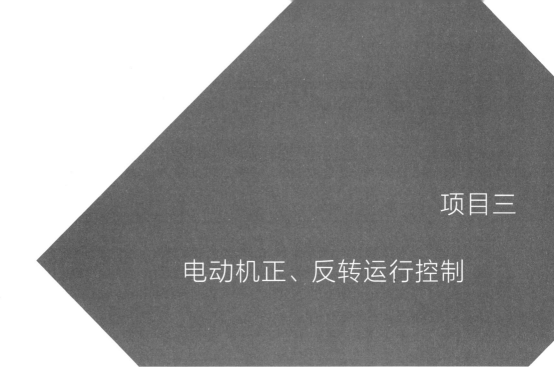

项目三

电动机正、反转运行控制

项目描述

分析电动机正、反转运行继电器控制系统的工作原理,其电气原理图如图 3-1 所示。该系统的工作原理如下:合上 QS,当按下正转起动按钮 SB1 后,继电器线圈 KM1通电,主电路中 KM1 主触点闭合,电动机开始正转运行,控制电路中的 KM1 辅助动合触

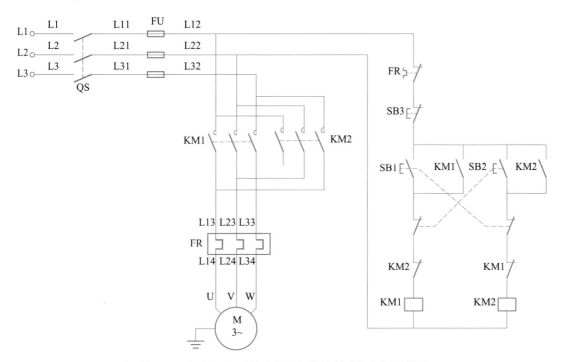

图 3-1 电动机正、反转运行继电器控制系统电气原理图

点闭合形成自锁,SB1 和 KM1 的动断触点对 KM2 形成互锁;当按下停止按钮 SB3 时,继电器线圈 KM1 断电,电动机停止正转运行。当按下反转起动按钮 SB2,动作原理同正转控制。

控制要求:使用 S7-200 SMART PLC 实现对三相异步电动机正、反转运行控制,完成 PLC 控制系统的硬件设计、安装接线、软件编程、系统调试与检修。

能力目标

1. 掌握置位、复位指令,置位、复位触发器指令的格式和功能。
2. 掌握置位、复位指令,置位、复位触发器指令在实际项目中的应用。
3. 掌握电动机正、反转运行 PLC 控制系统的组成和工作原理,能设计电气原理图和梯形图程序。
4. 掌握电动机正、反转运行 PLC 控制系统的硬件安装、软件编程、系统调试与检修方法。

素养目标

1. 掌握电气安全操作规范,具备质量意识、成本意识以及环保意识。
2. 具备良好的职业精神和职业道德。
3. 具备团队协作、语言表达及沟通的能力。
4. 具备分析问题、解决问题的能力以及排除安全隐患的能力。

项目实施

任务一　设计硬件电路

要实现电动机的正、反转控制,需要用 PLC 的输出控制接触器,通过接触器的主触点实现电动机正、反转控制。

相关知识

本项目的硬件电路设计,需要考虑 PLC 输出控制接触器线圈的互锁,防止线圈同时得电造成线路短路,保证可靠性。

参考方案

根据本项目的控制要求,进行 I/O 地址分配,见表 3-1;设计电气原理图,如图 3-2 所示。

表 3-1 电动机正、反转运行 PLC 控制系统 I/O 地址分配

输入点(I)			输出点(O)		
序号	输入外部设备	PLC 输入地址	序号	输出外部设备	PLC 输出地址
1	正转起动按钮 SB1	I0.0	1	正转交流接触器 KM1	Q0.0
2	反转起动按钮 SB2	I0.1	2	反转交流接触器 KM2	Q0.1
3	停止按钮 SB3	I0.2			
4	热继电器 FR	I0.3			

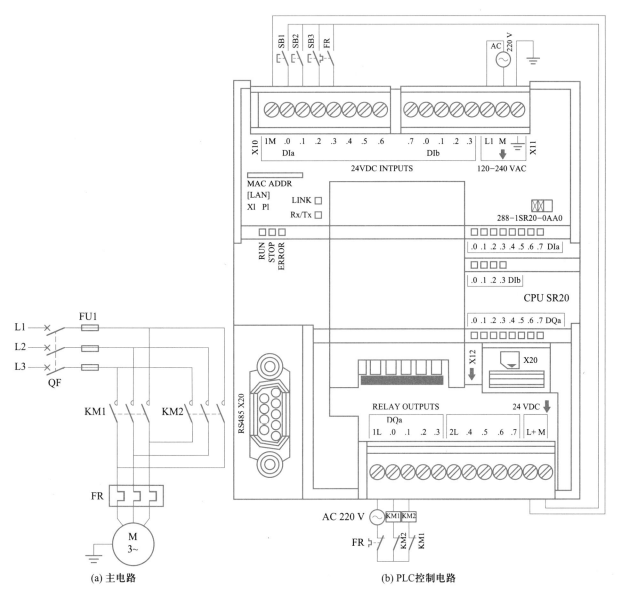

图 3-2 电动机正、反转运行 PLC 控制系统电气原理图

任务二　设计与调试程序

本任务通过学习置位、复位指令和置位、复位触发器指令，完成程序设计与调试。

相关知识

1. 置位、复位指令

置位、复位指令和立即置位、立即复位指令的格式与功能，见表 3-2。

微课

置位、复位
指令

表 3-2　置位、复位指令和立即置位、立即复位指令的格式与功能

类型	LAD	FBD	STL	功能
置位	bit —(S) N	bit S —N	S bit, N	置位（S）和复位（R）指令用于置位（接通）或复位（断开）从指定地址（位）开始 N 个位
复位	bit —(R) N	bit R —N	R bit, N	
立即置位	bit —(SI) N	bit SI —N	SI bit, N	立即置位（SI）和立即复位（RI）指令用于立即置位（接通）或立即复位（断开）从指定地址（位）开始的 N 个位
立即复位	bit —(RI) N	bit RI —N	RI it, N	

说明：

● 对同一元件可以多次使用置位、复位指令。

● 当置位、复位指令同时有效时，位于后面的指令具有优先权。

● 置位、复位指令的操作数 N 的取值范围是 1~255。

● 置位、复位指令通常成对使用，也可以单独使用或与功能块配合使用，可用复位指令对定时器或计数器进行复位。

● 如果复位指令指定定时器位（T 地址）或计数器位（C 地址），则该指令将对定时器或计数器位进行复位并清零定时器或计数器的当前值。

操作视频

置位、复位指
令编程示例

● 立即置位、立即复位指令只能用于输出量（Q）新值被同时写入对应的物理输出点和输出映像寄存器。

● 立即置位、立即复位指令的操作数 N 的取值范围是 1~255。

使用置位、复位指令编写的电动机自锁运行控制程序如图 3-3 所示。

当按下起动按钮时，I0.0 接通，Q0.0 被置位为"1"（N 为"1"），电动机开始运行并保持；当按下停止按钮时，I0.1 接通，Q0.0 被复位为"0"，电动机停止运行。使用置位、复位指令进

行控制不需要考虑如何实现自锁,电动机会一直保持运行状态直到按下停止按钮。

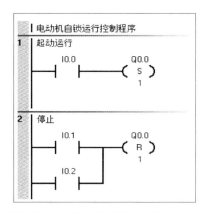

图 3-3　使用置位、复位指令编写的电动机自锁运行控制程序

2. 置位、复位触发器指令

置位、复位触发器指令的格式与功能,见表 3-3。

表 3-3　置位、复位触发器指令的格式与功能

 微课

置位、复位触发
器指令

类型	梯形图	真值表			功能
置位触发器 (SR)指令		S1	R	输出(bit)	置位优先,当置位 信号(S1)和复位信 号(R)都为"1"时, 输出为"1"
		0	0	保持前一状态	
		0	1	0	
		1	0	1	
		1	1	1	
复位触发器 (RS)指令		S	R1	输出(bit)	复位优先,当置位 信号(S)和复位信 号(R1)都为"1"时, 输出为"0"
		0	0	保持前一状态	
		0	1	0	
		1	0	1	
		1	1	0	

说明:

- 置位、复位触发器指令的语句表形式比较复杂,常使用梯形图形式。
- 符号—|表示输出是一个可选的能流,可以级联。
- bit 端操作数包括 I、Q、V、M 和 S。
- S、R1、OUT 端:能流。

使用复位触发器指令编写的电动机自锁运行控制程序,如图 3-4 所示。

分析:按下起动按钮 SB1,I0.0 接通,置位端 S 为"1",Q0.0 得电,电动机运行;按下停止按钮 SB2,I0.1 接通,复位端 R1 为"1",Q0.0 失电,电动机停止运行。当出现过载,热继电器(热保护)FR 触点动作时,I0.2 接通,同样复位端 R1 为"1",Q0.0 失电,电动机停止运行。

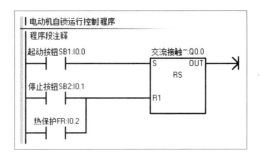

图 3-4　使用复位触发器指令编写的电动机自锁运行控制程序

使用复位触发器指令编写的电动机一键起停控制程序如图 3-5 所示。

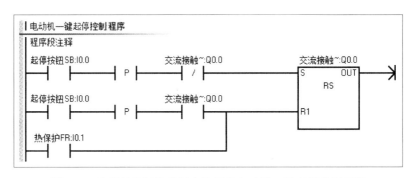

图 3-5　使用复位触发器指令编写的电动机一键起停控制程序

分析：刚上电时，Q0.0 线圈为失电状态，其动断触点接通，当第一次按下起停按钮 SB 时，检测到其上升沿，置位端 S 接通，Q0.0 得电，电动机运行；当第二次按下起停按钮 SB 时，此时 Q0.0 线圈得电，复位端 R1 接通，Q0.0 失电，电动机停止运行。当出现过载，热继电器 FR 触点动作时，I0.2 接通，同样复位端 R1 为"1"，Q0.0 失电，电动机停止运行。

参考方案

1. 建立符号表

电动机正、反转运行 PLC 控制系统的符号表如图 3-6 所示。

		符号	地址	注释
1		正转SB1	I0.0	正转起动按钮
2		反转SB2	I0.1	反转起动按钮
3		FR	I0.2	热继电器
4		停止SB3	I0.3	停止按钮
5		正转KM1	Q0.0	电动机正转
6		反转KM2	Q0.1	电动机反转

图 3-6　符号表

2. 编写程序

方法 1：使用置位、复位指令编写电动机正、反转运行控制程序，如图 3-7 所示。

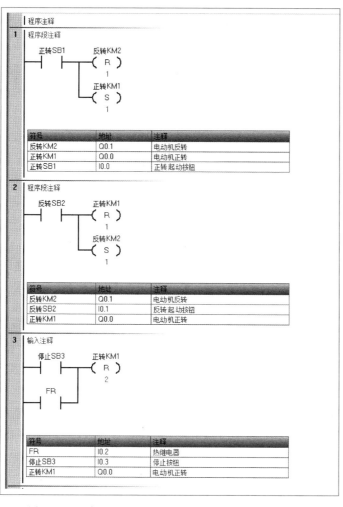

图 3-7　电动机正、反转运行控制程序（置位、复位指令）

方法 2：使用置位、复位触发器指令编写电动机正、反转运行控制程序，如图 3-8 所示。

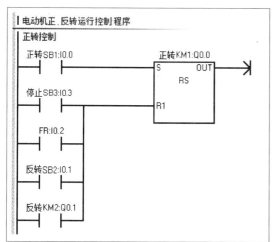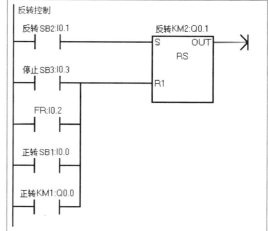

图 3-8　电动机正、反转运行控制程序（置位、复位触发器指令）

任务三　安装与调试

硬件设计、软件编程调试完成后，进行电动机正、反转运行 PLC 控制系统安装与调试。

参考方案

1. 系统安装与接线

参照项目一的相关操作步骤进行。

2. 调试

（1）首先按照电气原理图检查电路，先接主电路后接控制电路。

（2）查线无误后，对控制柜上电，检查电源交流电压和直流电压是否正常。

（3）上电确定无误后，测试输入信号，正常则表明硬件接线没有问题。

（4）下载程序，进行程序调试。此处采用硬件控制调试，先不接通主电路电源，只接通控制电路电源，在程序状态监控状态下，查看初始状态。按下正转起动按钮 SB1 后，查看程序运行状态，Q0.1 输出是否为"0"，Q0.0 输出是否为"1"，正转交流接触器是否吸合；按下反转起动按钮 SB2，Q0.0 输出是否为"0"，Q0.1 是否为"1"；按下停止按钮 SB3，Q0.0 和 Q0.1 线圈失电，两个交流接触器全部断开。

（5）上述调试成功后，接通主电路，重复进行调试，观察电动机是否能正常工作，工作声音是否正常。如果上述某一步有问题，及时查找故障，可使用万用表进行故障判断和排除。

项目总结

知识方面	1. 掌握置位、复位指令的使用方法 2. 掌握置位触发器、复位触发器指令的使用方法
能力方面	1. 能灵活运用置位、复位指令进行程序设计 2. 能在程序中灵活运用置位触发器、复位触发器指令 3. 能进行 S7-200 SMART PLC 控制系统程序调试
素养方面	1. 掌握电气安全操作规范，具备质量意识、成本意识和环保意识 2. 具备良好的职业精神和职业道德 3. 具备团队协作、语言表达沟通的能力 4. 具备分析问题、解决问题的能力以及排除安全隐患的能力

对本项目学习的自我总结：

项目拓展

拓展项目：用 PLC 实现三相异步电动机单向反接制动控制

三相异步电动机单向反接制动继电器控制系统电气原理图如图 3-9 所示，用按钮控制一台三相异步电动机的单向起动，停止时采用反接制动，即在电动机停止时，向定子绕组中通入反向电压，给转子一个反向力矩，使电动机产生一个相反方向旋转的力，使电动机转速迅速下降，当转速下降到接近零时，及时将电源切断，以防止电动机反向转动。为了减少冲击电流，反接制动时需要在电动机主电路中串联反接制动电阻。请采用 S7-200 SMART PLC 对此继电器控制系统进行改造，实现三相异步电动机的反接制动运行控制。

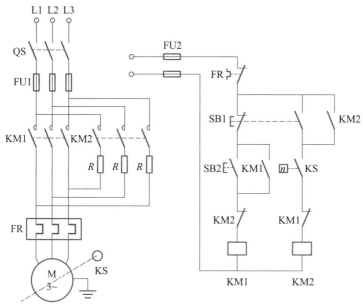

图 3-9　三相异步电动机单向反接制动继电器控制系统电气原理图

思考与练习

一、填空题

1. 置位、复位指令的操作数 N 的取值范围是＿＿＿＿＿＿。

2. 对于复位触发器指令而言，当置位端和复位端同时得电时，输出端是＿＿＿＿电平。

二、选择题

1. 想要实现 Q0.0 控制灯点亮，以下哪种指令无法完成？（　　）

A. R　　　　　　　　B. S　　　　　　　　C. RS 触发器　　　　D. SR 触发器

2. 在梯形图中置位、复位指令的优先说法正确的是（　　）。

A. 指令在前的优先　　　　　　　　B. 指令在后的优先

C. 置位优先　　　　　　　　　　　D. 复位优先

三、判断题

1. 对于同一元件可以多次使用置位、复位指令。（　　）

2. 对于置位触发器指令，置位端和复位端同时为"1"时，输出端状态不变。（　　）

四、简答题

1. 复位触发器指令和置位触发器指令的不同点有哪些？

2. 置位、复位指令和置位、复位触发器指令的区别是什么？

项目四

电动机星—三角起动运行控制

项目描述

分析电动机星—三角起动运行继电器控制系统的工作原理,其电气原理图如图 4-1

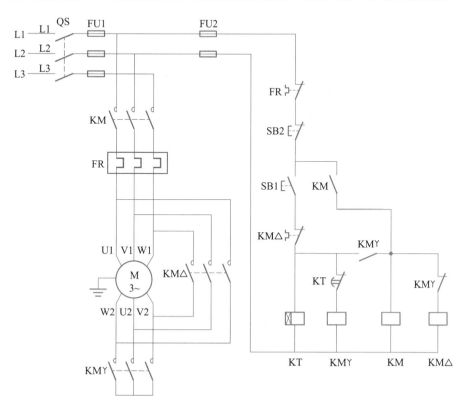

图 4-1　电动机的星—三角起动运行继电器控制系统电气原理图

所示。该控制系统工作原理如下：按下起动按钮 SB1，KM、KM丫线圈得电，电动机星形（丫）起动，时间继电器 KT 线圈得电，开始定时，定时时间到，KT 延时触点断开，KM丫线圈失电，KM丫触点复位，动合、动断触点分别断开、闭合，KM△线圈得电，电动机三角形（△）运行。

控制要求：使用 S7-200 SMART PLC 的定时器指令实现电动机星—三角起动控制，完成 PLC 控制系统的硬件设计、安装接线、软件编程、系统调试与检修。

能力目标

1. 掌握定时器的分辨率（时基）、定时器的存储器、定时器刷新等概念，学会定时时间的计算，理解定时器的刷新方式。

2. 掌握三种定时器指令的格式、功能以及应用。

3. 掌握电动机星—三角起动运行 PLC 控制系统的设计方法，能正确画出电气原理图、编写程序。

4. 掌握电动机星—三角起动运行 PLC 控制系统的安装接线、软件编程、系统调试与检修方法。

素养目标

1. 具备安全意识、质量意识、成本意识以及环保意识。

2. 具备精益求精的工匠精神。

3. 具备团队协作、语言表达及沟通的能力。

4. 具备逻辑思维能力。

项目实施

任务一　设计硬件电路

在 PLC 中，系统提供定时器替代继电器控制系统中的时间继电器，用于延时控制。PLC 控制系统使用 PLC 内部定时器完成定时。

相关知识

在 PLC 的存储器中，有一部分存储区专门用来存放定时器的相关数据。S7-200 SMART PLC 定时器标识符为 T，地址编号范围为 T0 ~ T255，共有 256 个定时器，时基（分辨率）和定时范围各不相同，可根据实际控制要求选用合适的定时器。

参考方案

电动机星—三角起动运行 PLC 控制系统 I/O 地址分配见表 4-1,其电气原理图如图 4-2 所示。

表 4-1　电动机星—三角起动运行 PLC 控制系统 I/O 地址分配

输入点（I）			输出点（O）		
序号	输入外部设备	PLC 输入地址	序号	输出外部设备	PLC 输出地址
1	起动按钮 SB1	I0.0	1	交流接触器 KM	Q0.0
2	停止按钮 SB2	I0.1	2	星形接触器 KM1	Q0.1
3	热继电器 FR	I0.2	3	三角形接触器 KM2	Q0.2

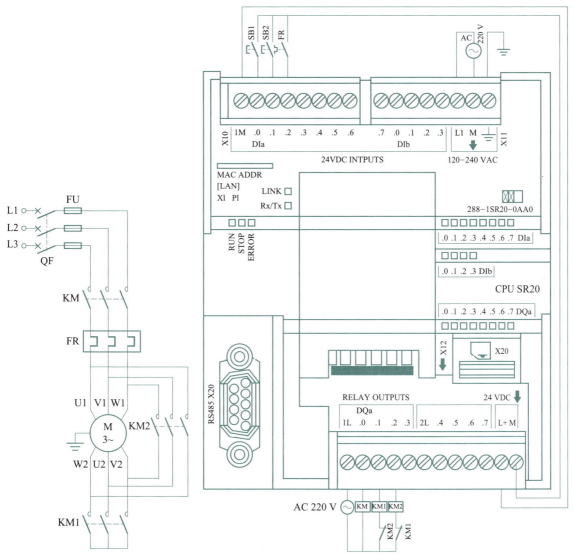

图 4-2　电动机星—三角起动运行 PLC 控制系统电气原理图

任务二　设计与调试程序

本项目通过学习 S7-200 SMART PLC 的定时器指令,完成电动机星—三角起动运行 PLC 控制系统程序设计与调试。

相关知识

微课

定时器的分辨率及定时时间

1. 定时器的分辨率及定时时间

定时器可用于时间累计,即对内部时钟时间增量进行累计计时。定时器的分辨率是指定时器单位时间的时间增量,也称时基增量,S7-200 SMART PLC 提供 1 ms、10 ms、100 ms 三种分辨率的定时器。分辨率不同的定时器其定时精度、定时范围和定时器刷新方式也不相同,不同的定时器与分辨率的关系见表 4-2。定时器定时时间等于预设值与分辨率的乘积,即:定时时间 = 预设值×分辨率。

表 4-2　不同的定时器与分辨率

定时器类型	分辨率/ms	最大值/s	定时器号
TON、TOF	1	32.767	T32、T96
	10	327.67	T33 ~ T36,T97 ~ T100
	100	3 276.7	T37 ~ T63,T101 ~ T255
TONR	1	32.767	T0、T64
	10	327.67	T1 ~ T4、T65 ~ T68
	100	3 276.7	T5 ~ T31、T69 ~ T95

说明:

● 应避免定时器号冲突,在一个程序中同一个定时器号不能同时用于 TON 和 TOF 指令。例如,不能同时将 T32 用作 TON 和 TOF。

● 要确保最小时间间隔,请将预设值(PT)增大 1。例如,使用 100 ms 定时器时,为确保最小时间间隔至少为 2 100 ms,应将预设值设置为 22。

2. 定时器指令

S7-200 SMART PLC 提供了接通延时定时器(TON)、断开延时定时器(TOF)和保持型接通延时定时器(TONR)三种定时器指令,见表 4-3。

表 4-3　定时器指令

微课

定时器指令

类型	LAD/FBD	STL	功能
接通延时定时器 (TON)	T××× IN　　TON PT	TON　T×××,PT	IN 端接通之后开始定时,定时时间到,定时器位导通,IN 端断开之后,定时器自动复位

续表

类型	LAD/FBD	STL	功能
断开延时定时器（TOF）	T××× IN　TOF PT	TOF　T×××,PT	IN 端接通时，定时器位接通，在 IN 端断开后开始定时，定时时间到，定时器位断开，例如用于冷却泵电动机的延时
保持型接通延时定时器（TONR）	T××× IN　TONR PT	TONR　T×××,PT	IN 端接通开始定时，IN 断开后，定时器不会自动复位，当前值会保持，用于累计多个定时时间间隔的时间值

说明：

● T×××表示定时器号，IN 表示输入端，PT 表示预设值，其取值范围是 1~32 767。

● TON 和 TONR 指令在 IN 接通时开始计时。当前值等于或大于预设值时，定时器位接通。IN 断开时，TON 指令复位当前值，TONR 指令会保持当前值。IN 接通时，可以使用 TONR 指令累计时间，TONR 指令的当前值需要使用复位指令（R）清除。定时时间达到预设值后，IN 接通时，TON 和 TONR 指令会继续定时，直到达到最大值 32 767 时才停止定时。

● TOF 指令在输入断开后延迟固定的时间再断开。当 IN 接通时，定时器位立即接通，当前值设置为 0。当 IN 断开时，计时开始，直到当前值等于预设值时停止计时，定时器位断开，当前值停止递增。如果在 TOF 指令达到预设值之前再次接通 IN，则定时器位保持接通。要使 TOF 指令开始定时，IN 应进行接通−断开转换。如果 TOF 指令在 SCR（顺序控制继电器）区域中，并且 SCR 区域处于未激活状态，则当前值设置为 0，定时器位断开且当前值不递增。

三种类型定时器举例如下。

（1）接通延时定时器指令的程序与时序图实例如图 4-3 所示。

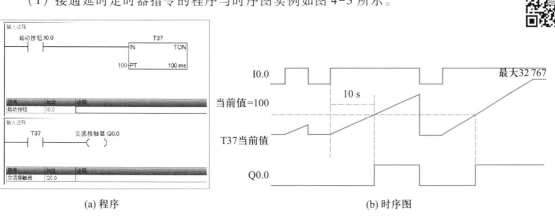

(a) 程序　　　　　　　　　　　(b) 时序图

图 4-3　接通延时定时器指令的程序与时序图实例

（2）断开延时定时器指令的程序与时序图实例如图 4-4 所示。

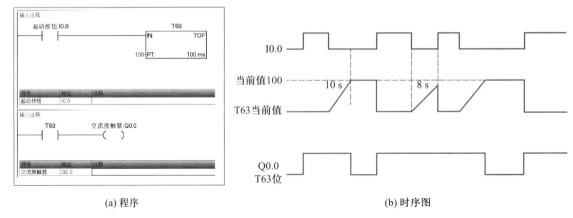

(a) 程序　　　　　　　　(b) 时序图

图 4-4　断开延时定时器指令的程序与时序图实例

（3）保持型接通延时定时器指令的程序与时序图实例如图 4-5 所示。

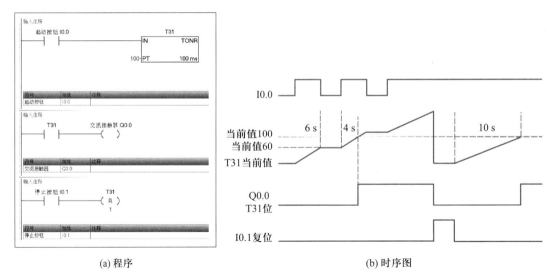

(a) 程序　　　　　　　　(b) 时序图

图 4-5　保持型接通延时定时器指令的程序与时序图实例

 微课

定时器的存
储器

3. 定时器的存储器

定时器的标识符为 T,定时器有以下 3 个变量存储单元。

① 定时器当前值寄存器 T:存储 16 位有符号整数,数据范围为 1~32 767,用来存储定时器的计数值,定时器按设定的时基增量计数。

② 定时器位 T:用来描述定时器的延时动作的触点状态,定时器位为 ON 时,梯形图中对应的动合触点闭合,动断触点断开。

③ 定时器预设值寄存器 PT:存储 16 位有符号整数,数据范围为 1~32 767,用来设定定时器计数值,乘以时基增量即为定时时间。

可以用定时器地址来存取定时器数据。定时器地址用"T+定时器号"来表示。S7-200 SMART PLC 共有 256 个定时器,定时器号为 0~255。

如图 4-6 所示,定时器 T0 的当前值为 50,状态位为"1"。对于当前值与状态位的读取皆用 T0 来表示。是否访问定时器位或当前值取决于所使用的指令:带位操作数的指令可访问定时器位,而带字操作数的指令则访问当前值。

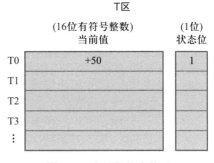

图 4-6 定时器的存储区

4. 定时器刷新

(1) 1 ms 分辨率

1 ms 分辨率的定时器记录自定时器启动后 1 ms 时间间隔的数目。启动定时器指令即开始计时,但定时器每毫秒更新一次(定时器位及定时器当前值),不与扫描周期同步。在超过 1 ms 的扫描周期中,定时器位和定时器当前值被多次更新。

微课

定时器刷新

根据 1 ms 分辨率的定时器更新过程进行编程的方法如图 4-7 所示。因为可在 1 ms 内的任意时刻启动定时器,所以预设值应设为比最小所需定时器间隔大的一个时间间隔。例如,使用 1 ms 分辨率的定时器时,为了保证时间间隔至少为 56 ms,则预设值应设为 57。

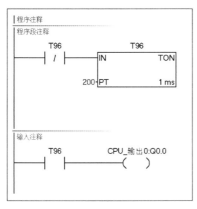

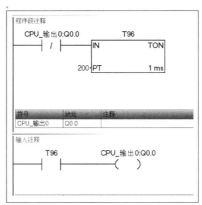

(a) 错误的编程方法   (b) 正确的编程方法

图 4-7 1 ms 分辨率的定时器的编程方法

(2) 10 ms 分辨率

10 ms 分辨率的定时器记录自定时器启动后 10 ms 时间间隔的数目。启动定时器指令即开始计时,在每次扫描周期开始时更新定时器(即在整个扫描过程中,定时器当前值及定时器位保持不变),更新方法是将累计的 10 ms 间隔数(自前一次扫描开始)加到活动定时器的当前值。

根据 10 ms 分辨率的定时器更新过程进行编程的方法如图 4-8 所示。因为可在 10 ms 内的任意时刻启动定时器,所以预设值应设为比最小所需定时器间隔大的一个时间间隔。例如,使用 10 ms 分辨率的定时器时,为了保证时间间隔至少为 140 ms,则预设值应设为 15。

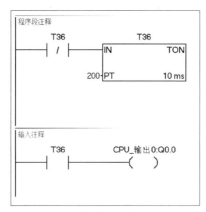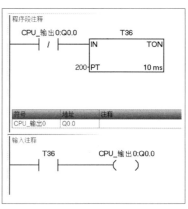

(a) 错误的编程方法　　　　　　　(b) 正确的编程方法

图 4-8　10 ms 分辨率的定时器的编程方法

（3）100 ms 分辨率

100 ms 分辨率的定时器记录自定时器启动后经过的 100 ms 时间间隔的数目。通过以下方法更新：执行定时器指令时，将累计的 100 ms 间隔数（自前一次扫描周期起）加到定时器的当前值。只有在执行定时器指令时，才对定时器的当前值进行更新。因此，如果启用了 100 ms 分辨率的定时器但在各扫描周期内并未执行定时器指令，则不能更新该定时器的当前值并将丢失时间。如果在一个扫描周期内多次执行同一条 100 ms 分辨率的定时器指令，则将 100 ms 间隔数多次加到定时器的当前值，延长了时间。因为可在 100 ms 内的任意时刻启动定时器，所以预设值应设为比最小所需定时器间隔大的一个时间间隔。例如，使用 100 ms 分辨率的定时器时，为了保证时间间隔至少为 2 100 ms，则预设值应设为 22。由于每种分辨率的刷新方式不同，只有 100 ms 分辨率的定时器才可以用自身触点复位。100 ms 分辨率的定时器的编程方法如图 4-9 所示。

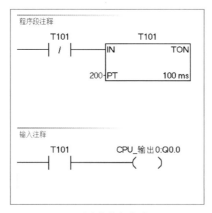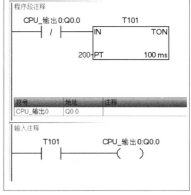

(a) 正确的编程方法　　　　　　　(b) 正确的编程方法

图 4-9　100 ms 分辨率的定时器的编程方法

5. 定时器应用实例

例 4-1 使用接在 I0.0 的光电开关检测传送带上通过的产品,有产品通过时 I0.0 为 ON,如果在 10 s 内没有产品通过,由 Q0.0 发出报警信号,用 I0.1 外接的按钮解除报警信号。试设计该控制程序。

解:根据控制要求设计梯形图程序,如图 4-10 所示。

当光电开关检查到传送带上有产品通过时,程序中 I0.0 动断触点断开,T37 定时器不动作。当光电开关未检测到传送带上有产品通过时,信号经过 I0.0 动断触点和 I0.1 动断触点,到达定时器 T37 的 IN 端,定时器开始计时。若光电开关超过 10 s 未检测到产品通过,定时器 T37 计时完成,其动合触点闭合,Q0.0 线圈得电,发出报警信号。当报警解除按钮按下时,程序中 I0.1 动断触点断开,定时器 T37 断电,其各触点复位,Q0.0 线圈失电,报警解除。

例 4-2 用定时器设计输出脉冲周期和占空比可调的振荡电路。

解:根据控制要求设计梯形图程序,如图 4-11 所示。

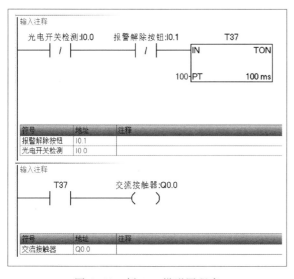

图 4-10 例 4-1 梯形图程序

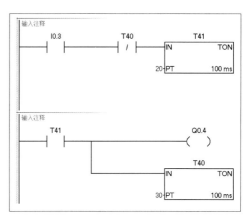

图 4-11 例 4-2 梯形图程序

图 4-11 中,I0.3 的动合触点闭合后,T41 的 IN 端接通,T41 开始定时。2 s 后定时时间到,T41 动合触点闭合,使 Q0.4 线圈得电,同时 T40 开始计时。3 s 后 T40 的定时时间到,T40 位变为"1",其动断触点断开,T41 复位,Q0.4 线圈断电,T40 复位,T40 动断触点闭合,T41 重新启动定时,2 s 后 T41 位变为"1"。Q0.4 线圈将这样周期性地"通电"和"断电",直到 I0.3 变为 OFF。Q0.4 线圈"通电"时间等于 T40 的定时时间,"断电"时间等于 T41 的定时时间。

参考方案

1. 建立符号表

电动机星—三角起动运行 PLC 控制系统符号表如图 4-12 所示。

			符号	地址 ▲	注释
1			起动	I0.0	起动按钮
2			停止	I0.1	停止按钮
3			FR	I0.2	热继电器动合触点
4			KM	Q0.0	交流接触器
5			KM1	Q0.1	星形起动交流接触器
6			KM2	Q0.2	三角形运行交流接触器

图 4-12　电动机星—三角起动运行 PLC 控制系统符号表

2. 编写程序

方法 1:使用接通延时定时器指令编写,电动机星—三角起动运行 PLC 控制系统程序,如图 4-13 所示。

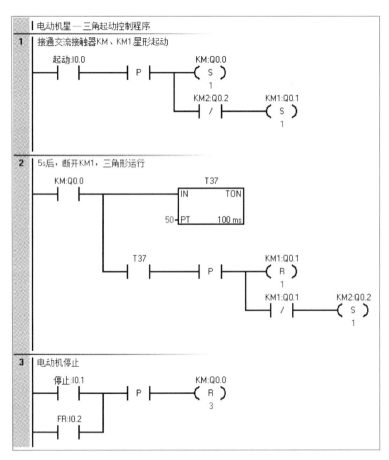

图 4-13　电动机星—三角起动运行 PLC 控制系统程序(接通延时定时器)

方法 2:使用断电延时定时器指令编写,电动机星—三角起动运行 PLC 控制系统程序,如图 4-14 所示。

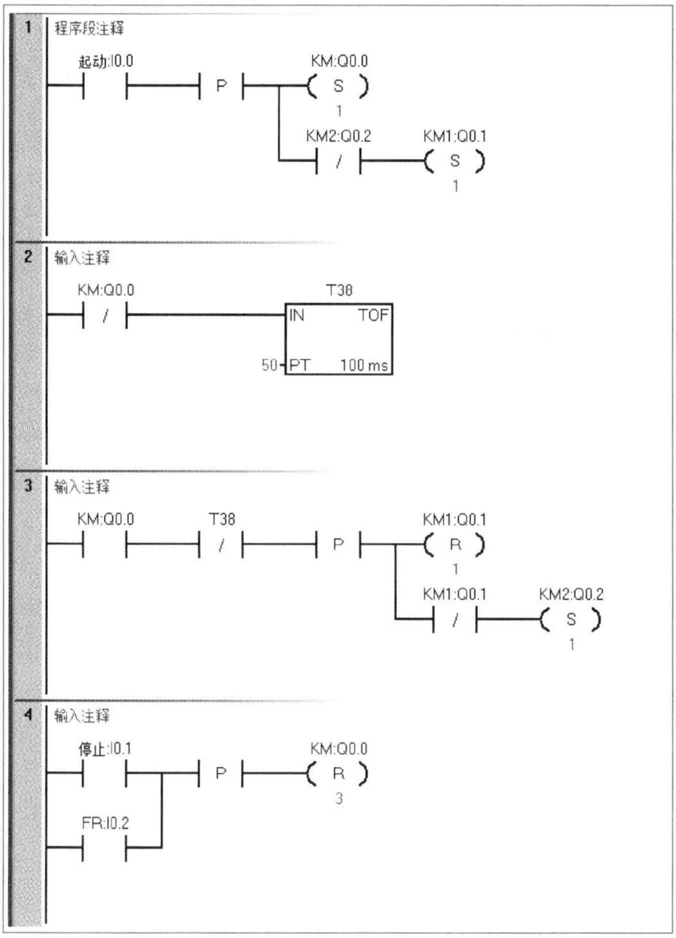

图 4-14　电动机星—三角起动运行 PLC 控制系统程序(断电延时定时器)

思考

图 4-14 所示程序如何实现电动机星—三角起动运行控制?

任务三　安装与调试

硬件设计、软件编程调试完成后,进行电动机星—三角起动运行 PLC 控制系统安装与调试。

参考方案

1. 系统安装与接线

参照项目一的相关操作步骤进行。

2. 调试

(1) 首先按照电气原理图检查电路,先接主电路后接控制电路。

(2) 查线无误后,对控制柜上电,检查电源交流电压和直流电压是否正常。

(3) 上电确定无误后,测试输入信号,正常则表明硬件接线没有问题。

（4）下载程序,进行程序调试。

此处采用硬件控制调试,先不接通主电路电源,只接通控制电路电源。在程序状态监控状态下,查看初始状态。按下起动按钮 SB1 后,查看程序运行状态,输出 Q0.0、Q0.1 是否为“1”,定时时间 5 s 到,输出 Q0.0、Q0.2 是否为“1”;按下停止按钮 SB2,全部输出是否为“0”。

（5）上述调试成功后,接通主电路,重复进行调试,观察电动机是否能正常工作,工作声音是否正常。如果上述某一步有问题,及时查找故障,可使用万用表采用电压法或电阻法进行故障判断和排除。

项目总结

知识方面	1. 了解 S7-200 SMART PLC 定时器类型、定时时间设置、定时指令使用 2. 掌握定时器编程方法 3. 掌握 PLC 控制系统安装的步骤和方法、安装接线及软件调试方法
能力方面	1. 能灵活运用定时器指令进行程序设计 2. 能在具体项目中应用定时器指令
素养方面	1. 具有安全意识、质量意识、成本意识以及环保意识 2. 具有精益求精的工匠精神 3. 具有团队协作、语言表达及沟通的能力 4. 具有逻辑思维的能力

对本项目学习的自我总结:

_____

_____

_____

_____

项目拓展

拓展项目一:信号灯控制

设计一个信号灯控制系统,功能要求如下。

按下起动按钮,红灯点亮,延时 8 s,红灯灭,黄灯点亮,延时 6 s,黄灯灭,绿灯点亮,延时 4 s,绿灯灭,红灯点亮……循环点亮。按下停止按钮,所有灯都熄灭。可参考图 4-15 所示的波形图设计梯形图。

拓展项目二:电动机顺序控制

设计一个 3 台电动机的顺序控制系统,功能要求如下。

（1）起动操作:按下起动按钮 SB1,电动机 M1 起动;6 s 后电动机 M2 自动起动;再经过 8 s 后,电动机 M3 自动起动。

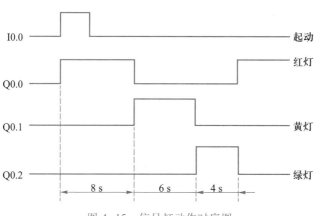

图 4-15　信号灯动作时序图

（2）停止操作：按下停止按钮 SB2，电动机 M3 立即停止；5 s 后，电动机 M2 自动停止；又经过 4 s，电动机 M1 自动停止。

拓展项目三：智力竞赛抢答器

设计一个智力竞赛抢答器，功能要求如下。

（1）当主持人按下开始按钮 SB1 后，开始抢答，在 10 s 内，3 位选手中最先按下抢答按钮的选手抢答有效。

（2）每个抢答台安装有 1 个抢答按钮，1 个指示灯。抢答有效时，相应的指示灯点亮 3 s，蜂鸣器鸣响 2 s。

（3）抢答开始 10 s 后，抢答无效。只有主持人再次按下开始按钮 SB1，才可以重新抢答。

拓展项目四：报警器

设计一个报警器，功能要求如下。

（1）当发生异常情况时，报警灯 HL 闪烁，亮 0.5 s，灭 0.5 s，蜂鸣器一直响。

（2）当值班人员发现报警后，按下报警解除按钮 SB1，报警灯 HL 由闪烁变为常亮，蜂鸣器停止。

（3）按下报警解除按钮 SB2，报警灯熄灭。

（4）按下测试按钮 SB3 时，报警灯点亮，蜂鸣器鸣响。

拓展项目五：装料小车控制

设计一个装料小车控制系统，功能要求如下。

某装料小车可以从任意位置起动运行，到达左端碰到行程开关 SQ1，小车开始装料，10 s 后装料结束，自动开始右行，到达右端，碰到行程开关 SQ2，小车开始卸料，8 s 后小车卸料完毕，自动左行去装料，如此自动往复循环，直到按下停止按钮，小车停止运行。

拓展项目六：3 条传送带运输机传输系统

如图 4-16 所示，有一个 3 条传送带运输机传输系统，分别由电动机 M1、M2、M3 带动，控制要求如下。

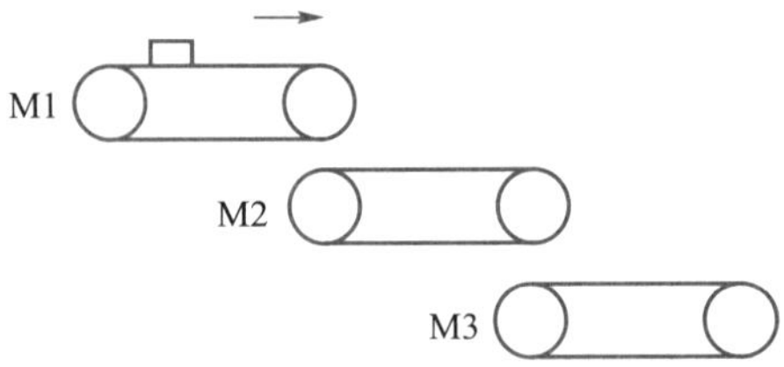

图 4-16　3 条传送带运输机传输系统

按下起动按钮,先起动最后一台传送带运输机 M3,经 5 s 后再依次起动其他传送带运输机。正常运行时,M3、M2、M1 均工作。按下停止按钮时,先停止最前面一台传送带运输机 M1,延时 6 s 后,依次停止其他传送带运输机。

思考与练习

一、填空题

1. S7-200 SMART PLC 的定时器包括_____、_____、_____ 3 种类型。

2. S7-200 SMART PLC 定时器预设值 PT 最大值为_____。

3. S7-200 SMART PLC 定时器的区域标识符为_____。

4. S7-200 SMART PLC 定时器的 3 种分辨率分别为_____、_____、_____。

5. S7-200 SMART PLC 如果要定时 100 ms,选择 10 ms 分辨率的定时器,则预设值应设为_____。

6. 接通延时定时器 TON 的 IN 端_____时,电路接通,TON 开始定时,当前值达到预设值时其定时器位为_____。

7. 定时器的当前值用_____个二进制数来表示,定时器的状态位占用_____个二进制数。

二、选择题

1. S7-200 SMART PLC 共有(　　)个定时器。

A. 64　　　　　　B. 255　　　　　　C.128　　　　　　D. 256

2. S7-200 SMART PLC 定时器预设值 PT 采用的寻址方式为(　　)。

A. 位寻址　　　　B. 字寻址　　　　C. 字节寻址　　　　D. 双字寻址

三、判断题

1. 定时器的寻址依赖所用指令,带位操作数的指令存取位值,带字操作数的指令存取当前值。(　　)

2. 在预设值一定的情况下,定时器定时时间长短取决于定时器的分辨率。(　　)

3. TONR 的启动输入端 IN 由"1"变"0"时定时器复位。(　　)

4. 定时器类型不同但分辨率都相同。(　　)

液体搅拌系统运行控制

项目描述

　　液体搅拌系统如图5-1所示。按下起动按钮后,进料阀门打开,放入液体物料,液位上升直至上液位传感器动作,进料阀门关闭。搅拌电动机正转10 s,反转8 s,进行搅拌,反复4次后,搅拌结束。出料阀门打开,液体物料往外排出,液位下降直至下液位传感器动作,等待5 s后,出料阀门关闭。按下停止按钮,所有阀门关闭,搅拌电动机停止运行。

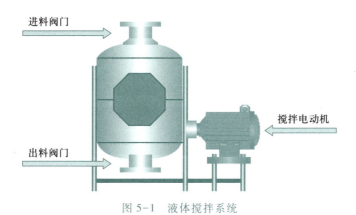

图 5-1　液体搅拌系统

　　控制要求:使用S7-200 SMART PLC定时器与计数器指令,实现液体搅拌系统运行控制,完成PLC控制系统的硬件设计、安装接线、软件编程、系统调试与检修。

能力目标

　　1. 掌握计数器及相关存储器的知识,掌握3种计数器指令的格式、功能及应用。

2. 掌握液体系统 PLC 控制系统的组成和工作原理，能正确绘制其电气原理图。

3. 掌握液体搅拌 PLC 控制系统的硬件安装、软件编程、系统调试与检修方法。

4. 能利用系统手册、软件、网络等资源阅读和查找项目的相关资料。

素养目标

1. 具备安全意识、质量意识和成本意识。

2. 具备精益求精的工匠精神和职业精神。

3. 具备团队协作、语言表达及沟通的能力。

4. 具备排除安全隐患的能力。

项目实施

任务一 设计硬件电路

PLC 内部提供计数器代替继电器控制系统中的计数器，用于计数控制。在 PLC 的存储器中，有一部分存储区专门用来存放与计数器相关的数据。因此使用 S7-200 SMART PLC 进行控制时，不需要硬件的计数器。

S7-200 SMART PLC 计数器的标识符为 C，寄存器地址编号范围为 C0～C255，共有 256 个计数器，根据计数器指令不同，可实现加计数、减计数和加减计数。

参考方案

液体搅拌 PLC 控制系统 I/O 地址分配见表 5-1，其电气原理图如图 5-2 所示。

表 5-1 液体搅拌 PLC 控制系统 I/O 地址分配

输入点（I）			输出点（O）		
序号	输入外部设备	PLC 输入地址	序号	输出外部设备	PLC 输出地址
1	起动按钮 SB1	I0.0	1	电动机正转接触器 KM1	Q0.0
2	停止按钮 SB2	I0.1	2	电动机反转接触器 KM2	Q0.1
3	热继电器 FR	I0.2	3	进料阀门 YV1	Q0.4
4	上液位传感器 SL1	I0.3	4	出料阀门 YV2	Q0.5
5	下液位传感器 SL2	I0.4			

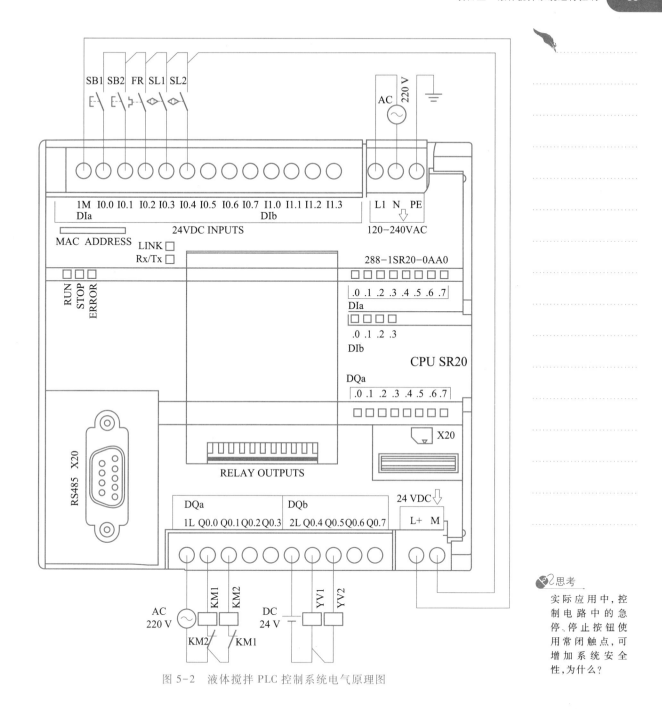

图 5-2　液体搅拌 PLC 控制系统电气原理图

思考
实际应用中,控制电路中的急停、停止按钮使用常闭触点,可增加系统安全性,为什么?

任务二　设计与调试程序

本项目通过学习 S7-200 SMART PLC 计数器指令,完成液体搅拌 PLC 控制系统程序设计与调试。

相关知识

1. 计数器指令

S7-200 SMART PLC 提供 3 种计数器：加计数器、减计数器和加减计数器，用于进行计数操作。计数器指令，见表 5-2。

表 5-2　计数器指令

类型	LAD	STL	功能
加计数器（CTU）	C××× —CU　CTU —R —PV	CTU　C×××,PV	加计数（CU）端出现一次上升沿，加计数当前值（CTU）加 1。加计数当前值大于或等于预设值（PV）时，计数器位接通。当复位输入（R）接通，加计数当前值会复位。达到最大值 32 767 时，计数器停止计数
减计数器（CTD）	C××× —CD　CTD —LD —PV	CTD　C×××,PV	减计数（CD）端出现一次上升沿，减计数当前值（CTD）减 1。减计数当前值等于 0 时，计数器位置"1"。装载输入（LD）接通时，计数器复位并用预设值（PV）装载减计数当前值
加减计数器（CTUD）	C××× —CU　CTUD —CD —R —PV	CTUD　C×××,PV	CU 端出现一次上升沿，加/减计数当前值（CTUD）加 1，当 CD 端出现一次上升沿，加/减计数当前值就会减 1。每次执行计数器指令时，都会将预设值与加/减计数当前值进行比较，达到最大值 32 767 时，CU 端如果出现一次上升沿，加/减计数当前值变为最小值-32 768。当加/减计数当前值达到最小值-32 768 时，CD 端出现一次上升沿，加/减计数当前值变为最大 32 767。加/减计数当前值大于或等于预设值时，计数器位接通；否则，计数器位为"0"。当 R 接通，计数器复位

说明：3 种计数器号的范围都是 0～255，预设值（PV）的取值范围为 1～32 767。

2. 计数器指令应用

分析以下程序及其时序图，有助于更好地理解计数器指令的应用。

（1）加计数器程序及时序图实例如图 5-3 所示。

（2）减计数器程序及时序图实例如图 5-4 所示。

（3）加减计数器程序及时序图实例如图 5-5 所示。

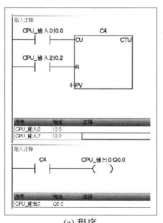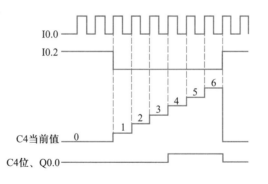

操作视频

加计数器指令应用示例

(a) 程序　　　　　(b) 时序图

图 5-3 加计数器程序及时序图实例

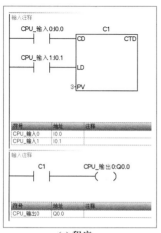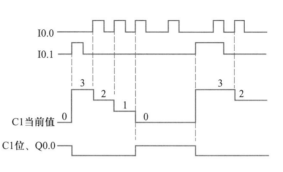

操作视频

减计数器指令应用示例

(a) 程序　　　　　(b) 时序图

图 5-4 减计数器程序及时序图实例

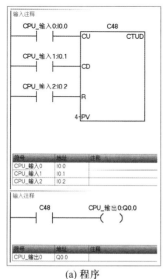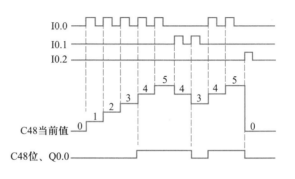

操作视频

加减计数器指令应用示例

(a) 程序　　　　　(b) 时序图

图 5-5 加减计数器程序及时序图实例

3. 计数器的存储器

计数器的标识符为 C, 每个计数器有以下 3 个变量存储单元。

(1) 计数器当前值寄存器 C: 存储 16 位有符号整数, 数据范围为 1 ~ 32 767, 用来存储计数器的计数值, 计数器按输入端信号的上升沿计数。

(2) 计数器状态位寄存器 C: 计数器位为 ON 时, 梯形图中对应的动合触点闭合, 动断触点断开。

(3) 计数器预设值寄存器 PV: 存储 16 位有符号整数, 数据范围为 1 ~ 32 767, 用来设定计数器计数值。

可以用计数器地址来存取计数器数据。计数器地址用"C + 计数器号"来表示。S7-200 SMART PLC 共有 256 个计数器, 计数器号为 0 ~ 255, 对于当前值与状态位的读取皆用"C×"来表示, 如 C0。访问计数器位或计数器当前值取决于所使用的指令: 带位操作数的指令可访问计数器位, 而带字操作数的指令则访问当前值。

✍ 参考方案

1. 建立符号表

选择"项目树"→"符号表"→"I/O 符号", 如图 5-6(a) 所示。双击"I/O 符号", 打开 I/O 符号表, 直接修改对应地址的符号名称即可。液体搅拌 PLC 控制系统的 I/O 符号表如图 5-6(b) 所示。

(a) 操作

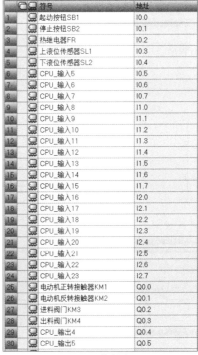

符号表		
	符号	地址
1	起动按钮SB1	I0.0
2	停止按钮SB2	I0.1
3	热继电器FR	I0.2
4	上液位传感器SL1	I0.3
5	下液位传感器SL2	I0.4
6	CPU_输入5	I0.5
7	CPU_输入6	I0.6
8	CPU_输入7	I0.7
9	CPU_输入8	I1.0
10	CPU_输入9	I1.1
11	CPU_输入10	I1.2
12	CPU_输入11	I1.4
13	CPU_输入12	I1.4
14	CPU_输入13	I1.5
15	CPU_输入14	I1.6
16	CPU_输入15	I1.7
17	CPU_输入16	I2.0
18	CPU_输入17	I2.1
19	CPU_输入18	I2.2
20	CPU_输入19	I2.3
21	CPU_输入20	I2.4
22	CPU_输入21	I2.5
23	CPU_输入22	I2.6
24	CPU_输入23	I2.7
25	电动机正转接触器KM1	Q0.0
26	电动机反转接触器KM2	Q0.1
27	进料阀门KM3	Q0.2
28	出料阀门KM4	Q0.3
29	CPU_输出4	Q0.4
30	CPU_输出5	Q0.5

(b) I/O符号表

图 5-6 建立液体搅拌 PLC 控制系统 I/O 符号表

2. 编写程序

液体搅拌 PLC 控制系统参考程序如图 5-7 所示。

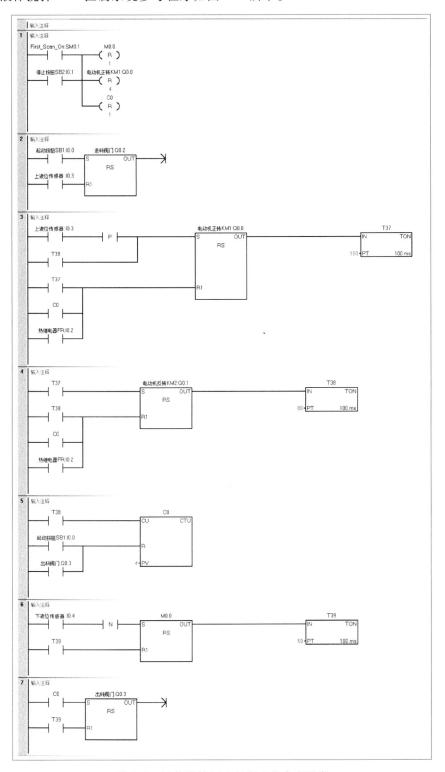

思考

如果控制电路中的停止按钮接常闭触点,程序将如何改变?

图 5-7　液体搅拌 PLC 控制系统参考程序

任务三　安装与调试

参考方案

1. 检查电器元件

按照表 5-3 领取电器元件,并检查其好坏。

表 5-3　电器元件选型表

电器元件名称	型号	数量	功能描述	备注
按钮	LAY39,Φ22	2	控制信号	PLC 输入
空气开关	DZ47-63,3P	1	断路保护	
电磁阀	4V210-08,DC 24V	2	进料阀、出料阀	PLC 输出
交流接触器	CJX2-0901	2	控制电动机	PLC 输出
电动机	功率自选	1	液体搅拌	
热继电器	JR36	2	过热保护	PLC 输入
PLC	SR20,继电器输出	1	控制器	
液位传感器	XKC-Y28	2	液位检测(非接触式)	PLC 输入

2. 系统安装调试

(1) 安装并检查 PLC 控制电路。

(2) 检查电源交流电压和直流电压是否正常。

(3) 测试输入信号是否正常。

(4) 下载程序,进行软、硬件联调,在程序状态监控状态下,查看初始状态并进行程序运行测试。如果上述某一步有问题,可使用万用表采用电压法或电阻法进行故障判断和排除。

项目总结

知识方面	1. 了解 S7-200 SMART PLC 计数器指令,掌握计数器指令格式和功能 2. 掌握 PLC 控制系统安装的步骤和方法及软件调试方法
能力方面	1. 能灵活运用计数器指令进行程序设计 2. 能在具体项目中应用计数器指令
素养方面	1. 具备安全意识、质量意识和成本意识 2. 具备精益求精的工匠精神和职业精神 3. 具备团队协作、语言表达及沟通的能力 4. 具备排除安全隐患的能力

对本项目学习的自我总结：

_____

_____

_____

_____

项目拓展

拓展项目一：大厦人数统计装置

某大厦需要统计进出大厦的人数，因此在唯一的门廊内设置了两个光电检测器，当有人经过时就会遮住光信号，光电检测器 A 输出 ON 状态；反之为 OFF 状态。当光电检测器 A 输出 ON 状态，此时光电检测器 B 检测到上升沿信号时，则表示有人进入大厦，若检测到下降沿信号时，则表示有人离开大厦。其时序图如图 5-8 所示。根据控制要求进行程序设计，统计进出的大厦人数，当达到限定人数（300 人）时，发出报警信号。

图 5-8 拓展项目一时序图

拓展项目二：产品分拣控制系统

设计产品分拣控制系统，按下起动按钮，系统进行产品计数，此时系统运行指示灯点亮，计数满 3 个后，系统完成指示灯点亮，5 s 后指示灯熄灭。参考图 5-9 所示时序图，设计梯形图程序。

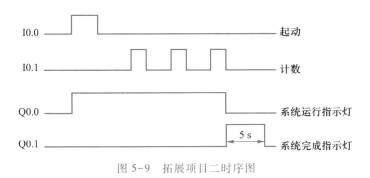

图 5-9 拓展项目二时序图

拓展项目三：综合设计

根据图 5-10 所示梯形图程序及给出的 I0.0 和 I0.2 的时序图，画出 C4 当前值以及 C4 位、Q0.0 的时序图。

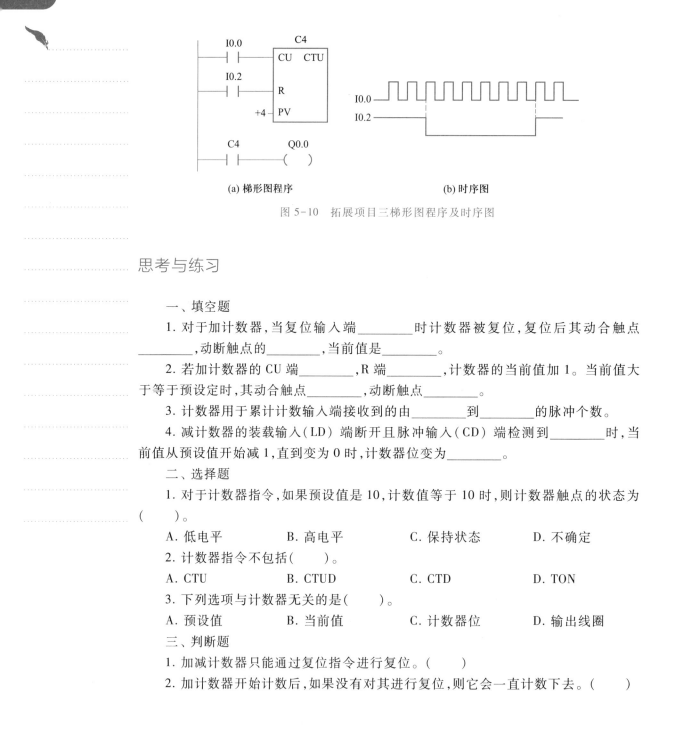

(a) 梯形图程序　　　　　　(b) 时序图

图 5-10　拓展项目三梯形图程序及时序图

思考与练习

一、填空题

1. 对于加计数器,当复位输入端_____时计数器被复位,复位后其动合触点_____,动断触点的_____,当前值是_____。

2. 若加计数器的 CU 端_____,R 端_____,计数器的当前值加 1。当前值大于等于预设定时,其动合触点_____,动断触点_____。

3. 计数器用于累计计数输入端接收到的由_____到_____的脉冲个数。

4. 减计数器的装载输入(LD)端断开且脉冲输入(CD)端检测到_____时,当前值从预设值开始减 1,直到变为 0 时,计数器位变为_____。

二、选择题

1. 对于计数器指令,如果预设值是 10,计数值等于 10 时,则计数器触点的状态为(　　)。

A. 低电平　　　　　B. 高电平　　　　　C. 保持状态　　　　　D. 不确定

2. 计数器指令不包括(　　)。

A. CTU　　　　　B. CTUD　　　　　C. CTD　　　　　D. TON

3. 下列选项与计数器无关的是(　　)。

A. 预设值　　　　　B. 当前值　　　　　C. 计数器位　　　　　D. 输出线圈

三、判断题

1. 加减计数器只能通过复位指令进行复位。(　　)

2. 加计数器开始计数后,如果没有对其进行复位,则它会一直计数下去。(　　)

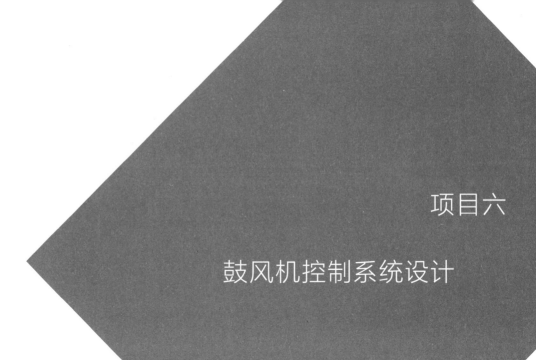

项目六

鼓风机控制系统设计

项目描述

鼓风机控制系统的时序图如图 6-1 所示,根据时序图设计系统的梯形图程序。

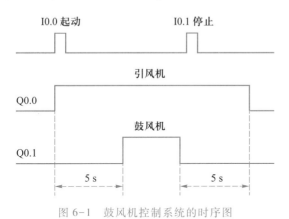

图 6-1 鼓风机控制系统的时序图

控制要求:当按下起动按钮后,引风机开始工作,5 s 后鼓风机开始工作;按下停止按钮,鼓风机立刻停止工作,5 s 后引风机停止工作。

能力目标

1. 了解顺序控制设计法的设计思路,掌握顺序功能图的组成元件及绘制方法。
2. 掌握顺序功能图转换成梯形图的基本原则。
3. 掌握顺序功能图转换为梯形图的方法。
4. 能够运用顺序控制设计法进行较复杂程序的设计。

素养目标

1. 具备质量意识、成本意识以及环保意识。
2. 具备良好的职业道德和职业规范。
3. 具备团队协作、语言表达及沟通的能力。
4. 具备逻辑思维的能力。

项目实施

任务一 绘制顺序功能图

微课

顺序控制设计
法及顺序功
能图

使用基本逻辑指令设计鼓风机控制系统的梯形图程序，这种程序设计方法可以称为经验设计法。经验设计法没有固定的方法和步骤可以遵循，对于相同的控制系统，不同的设计人员设计的程序会有很大差别，具有较大的随意性。对于一些比较复杂的任务，使用经验设计法也能够编写出控制程序，但在编程过程中需要注意某些逻辑关系。尤其对于复杂控制系统，需要考虑的因素很多，分析时容易遗漏某些因素，修改时可能动一点全盘皆动，可能花费很长时间也难以得到满意的结果。有没有其他方式可以解决这种问题呢？本任务介绍一种更方便的编程方法——顺序控制设计法。顺序控制设计法主要适用于顺序控制的系统，所谓顺序控制，就是在各个输入信号的作用下，按照生产工艺的过程顺序，各执行机构自动有序地进行控制操作。顺序功能图是使用图形方式将生产过程表现出来。

相关知识

1. PLC 的编程语言

PLC 的用户程序是根据现场控制要求，使用厂家提供的编程语言自行编写的程序。不同厂家的 PLC 有不同的编程语言，下面以西门子 PLC 的编程语言为例，说明各种编程语言的异同。

（1）顺序功能图

微课

PLC 的编程
语言

顺序功能图（Sequential Function Chart，SFC）是位于其他编程语言之上的图形语言，用来编制顺序控制的程序（如机械手控制程序）。编写时，工艺过程被划分为若干个顺序出现的步，每步中包括控制输出的动作，从一步到另一步的转换由转换条件来控制，特别适合于生产制造过程。西门子 STEP 7-Micro/WIN 软件中的顺序功能图是 S7 Graph。

（2）梯形图

梯形图（Ladder Diagram，LAD）是使用最多的 PLC 编程语言。它与继电器电路很相似，具有直观易懂的特点，很容易被熟悉继电器控制的电气人员所掌握，特别适合于数字量逻辑控制，但不适合于编写大型控制程序。

梯形图由触点、线圈和方框表示的指令构成。触点代表逻辑输入条件,线圈代表逻辑运算结果,方框指令用来表示定时器、计数器或数学运算等指令。

（3）语句表

语句表（Statement List,STL）是一种类似于微机汇编语言的文本编程语言,由多条语句组成一个程序段。语句表适合于经验丰富的程序员使用,可以实现某些梯形图不能实现的功能。

（4）功能块图

功能块图（Function Block Diagram,FBD）使用类似于布尔代数的图形逻辑符号来表示控制逻辑,一些复杂的功能用指令框表示,适合于有数字电路基础的编程人员使用。功能块图用类似于与或非门的方框来表示逻辑运算关系,方框的左侧为逻辑运算的输入变量,右侧为输出变量,输入、输出端的小圆圈表示"非"运算,方框用"导线"连在一起,信号自左向右。

（5）结构化文本

结构化文本（Structured Text,ST）是符合 IEC61131-3 标准的一种专用的高级编程语言。与梯形图相比,它可实现复杂的数学运算,编写的程序非常简洁和紧凑。

在西门子 S7-200 SMART PLC 的编程软件 STEP 7-Micro/WIN 中,主要使用 LAD、STL、FBD 三种语言编写用户程序。

2. S7-200 SMART PLC 指令类型

S7-200 SMART PLC 的指令系统,有梯形图程序指令、语句表程序指令和功能块图程序指令三种形式。不论哪一种指令形式,都由某种图形符号或操作码以及操作数组成。

三种程序指令形式可以相互转换,同一功能不同指令形式如图 6-2 所示。

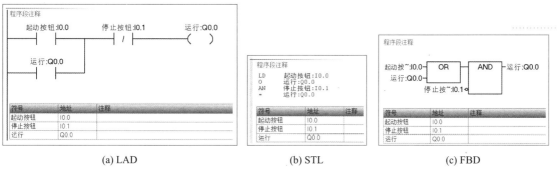

(a) LAD　　　　　　(b) STL　　　　　　(c) FBD

图 6-2　同一功能的不同指令形式

3. 特殊存储器

S7-200 SMART PLC 提供了存放系统数据的特殊存储器（SM）,主要用来反映 CPU 与用户之间的交换信息。特殊存储器提供大量的状态和控制功能,可以按位（比如 SM0.0）、字节（前缀 SMB）、字（前缀 SMW）访问特殊存储器。在 STEP 7-Micro/WIN SMART 软件的系统符号表中已经对特殊存储器进行了定义,如图 6-3 所示。

特殊存储器具体每个位的含义和功能,请自主查看相关系统手册。表 6-1 中列出了 SMB0 和 SMB1 两个字节的功能。

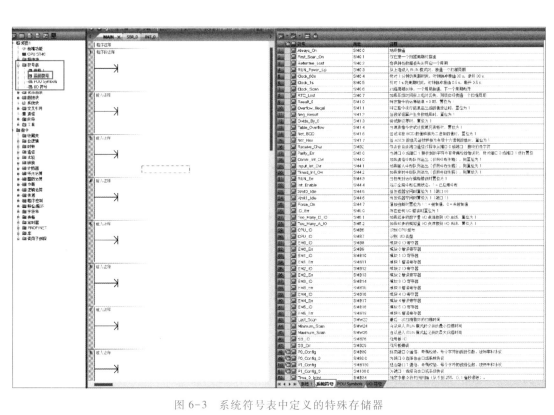

图 6-3　系统符号表中定义的特殊存储器

表 6-1　SMB0 和 SMB1 的功能

序号	符号	地址	说明
1	Always_On	SM0.0	始终接通
2	First_Scan_On	SM0.1	仅在第一个扫描周期时接通
3	Retentive_Lost	SM0.2	在保持性数据丢失时开启一个周期
4	RUN_Power_Up	SM0.3	从上电进入 RUN 模式时，接通一个扫描周期
5	Clock_60s	SM0.4	针对 1 min 的周期时间，时钟脉冲接通 30 s，断开 30 s
6	Clock_1s	SM0.5	针对 1 s 的周期时间，时钟脉冲接通 0.5 s，断开 0.5 s
7	Clock_Scan	SM0.6	扫描周期时钟，一个周期接通，下一个周期断开
8	RTC_Lost	SM0.7	如果系统时间在上电时丢失，则该位将接通一个扫描周期
9	Result_0	SM1.0	特定指令的运算结果＝0 时，置位为"1"
10	Overflow_Illegal	SM1.1	特定指令执行结果溢出或数值非法时，置位为"1"
11	Neg_Result	SM1.2	当数学运算产生负数结果时，置位为"1"
12	Divide_By_0	SM1.3	尝试除以零时，置位为"1"
13	Table_Overflow	SM1.4	当填表指令尝试过度填充表格时，置位为"1"

续表

序号	符号	地址	说明
14	Not_BCD	SM1.6	尝试将非 BCD 数值转换为二进制数值时,置位为"1"
15	Not_Hex	SM1.7	当 ASCII 数值无法被转换为有效十六进制数值时,置位为"1"

在顺序功能图程序中,使用初始化脉冲 SM0.1 作为启动顺序功能图程序的初始条件,使初始步为活动步,等待控制系统启动。

4. 绘制顺序功能图的注意事项

(1)两个步绝对不能直接相连,必须用一个转换将它们分隔开。

(2)两个转换也不能直接相连,必须用一个步将它们分隔开。

(3)初始步必不可少,一方面因为该步与其相邻步相比,从总体上说输出变量的状态各不相同;另一方面,如果没有该步,无法表示初始状态,系统也无法返回等待启动的停止状态。

(4)顺序功能图是由步和有向连线组成的闭环,即在完成一次工艺过程的全部操作之后,应从最后一步返回初始步,系统停留在初始状态,在连续循环工作方式时,应从最后一步返回下一工作周期开始运行的第一步。

微课

顺序功能图的执行流程及编程注意事项

参考方案

以图 6-1 中鼓风机控制系统为例,其工作过程是:按下起动按钮后,引风机开始工作,5 s 后鼓风机开始工作;按下停止按钮后,鼓风机停止工作,5 s 后引风机停止工作。

顺序功能图主要用来描述系统的工艺工程。将系统的一个工作周期根据输出信号的不同划分为各个顺序相连的阶段,这些阶段称为步,使用位存储器(M)或顺序控制继电器(S)来表示各步,在顺序功能图中用方框表示,方框中可以用数字表示该步的编号,也可以用表示该步的编程元件的地址作为步的编号。在任何一步内,各输出信号 ON/OFF 状态不变,但是相邻两步输出信号的状态是不同的。任何系统都有等待启动命令的相对静止的状态,与系统初始状态相对应的步称为初始步,用双线方框表示。

根据输出信号的状态,鼓风机控制系统的一个工作周期可以划分为包括初始步在内的 4 步,分别用 M0.0~M0.3 来表示,如图 6-4 所示。当系统处于某一步所在的阶段时,该步称为"活动步",其前一步称为"前级步",其后一步称为"后续步",其他各步称为"不活动步"。

系统处于某一步需要完成一定的"动作",用方框与步相连。某一步可以有几个动作,也可以没有动作,这些动作之间无顺序关系。例如,在步 M0.1,系统需要完成的动作是引风机 Q0.0 动作,同时启动定时器 T37。

顺序功能图中,表示各步的方框按照它们成为活动步的先后次序顺序排列,并用有向连线将它们连接起来,步与步之间活动状态的进展按照有向连线规定的路线和方向进行。有向连线在从上到下或从左到右的方向上的箭头可以省略,其他方向上的箭

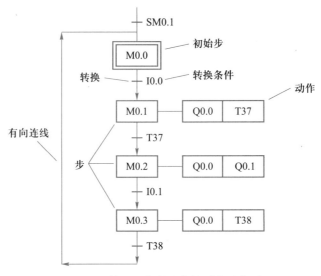

图 6-4　鼓风机控制系统的顺序功能图

头则必须注明。

　　步与步之间的有向连线上与之垂直的短横线称为转换,其作用是将相邻的两步分开。旁边与转换对应的条件称为转换条件,转换条件是系统由当前步进入下一步的信号,分为以下 3 种类型。

　　(1) 外部的输入条件,例如按钮、开关、限位开关的接通或断开等,图 6-4 中步 M0.0 转换到步 M0.1 的条件是按下起动按钮 I0.0。

　　(2) PLC 内部产生的信号,例如定时器、计数器等触点的接通,图 6-4 中步 M0.1 转换到步 M0.2 的条件是定时器 T37 的触点。

　　(3) 若干个信号的"与""或""非"的逻辑组合。

　　顺序功能图中,只有当某一步的前级步是活动步时,该步才有可能变成活动步。如果使用没有断电保持功能的编程元件表示各步,进入 RUN 模式时,它们均处于 OFF 状态,必须用初始化脉冲 SM0.1 将初始步设成活动步,否则因为顺序功能图中没有活动步,系统将无法工作。如果使用断电保持功能的编程元件表示各步,在初次运行程序时,设备处于初始状态,在 SM0.1 将初始步设成活动步的同时,复位其他各步。

　　鼓风机控制系统的顺序功能图中,每一步后仅有一个转换,每一个转换后也只有一个步,这是顺序功能图中最简单的一种基本结构——单序列。

任务二　顺序功能图变换成梯形图

相关知识

　　因为 S7-200 SMART PLC 的编程软件没有提供顺序功能图编程语言,需要将顺序功能图变换成梯形图,可通过起保停电路或置位、复位指令将顺序功能图变换为梯形图。

1. 转换实现的条件

顺序功能图中,转换的实现完成了步的活动状态的进展。转换的实现必须同时满足以下两个条件。

(1)该转换所有的前级步都是活动步。

(2)相应的转换条件得到满足。

2. 转换实现完成的操作

转换实现时应完成以下两个操作,该规则适用于任意结构中的转换。

(1)使所有由有向连线与相应转换条件相连的后续步都变为活动步。

(2)使所有由有向连线与相应转换条件相连的前级步都变为不活动步。

3. 将顺序功能图变换成梯形图程序

无论是采用起保停电路还是置位、复位指令将顺序功能图变换成梯形图程序,关键是要找出启动条件、停止条件。每一步的启动条件是前级步的动合触点串上转换条件,停止条件是后续步的动断触点。当前步的保持,如果采用起保停电路,则使用当前步的动合触点并联到启动条件上形成自锁。如果采用置位、复位指令,因本身置位指令具有保持功能,则不需要单独保持。

参考方案

某一输出量仅在某一步中为 ON 时,可以将它的线圈与对应步的存储器位的线圈并联置位,也可以在程序后面用此步的动合触点驱动动作的线圈;某一输出量在几步中都为 ON 时,可将代表各有关步的存储器位的动合触点并联后一起驱动该输出的线圈,也可以用置位、复位指令进行控制。如果某一步需要持续接通保持,如某一步需要接通定时器,采用起保停电路,可以直接将定时器指令连接到该步的程序中,如图 6-5 所示。

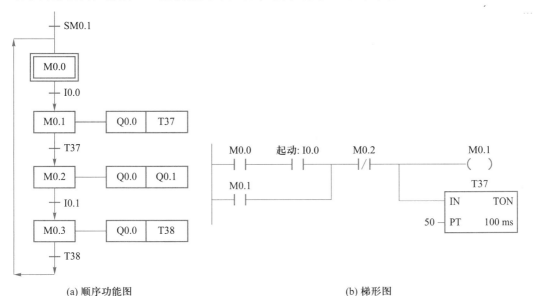

(a) 顺序功能图   (b) 梯形图

图 6-5 起保停电路实现定时器控制

如果采用置位、复位指令时，当前步不能一直保持接通，则需要单独用当前步的动合触点接通定时器，如图6-6所示。

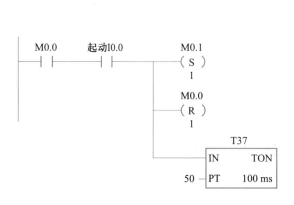

(a) 定时器无法保持接通定时

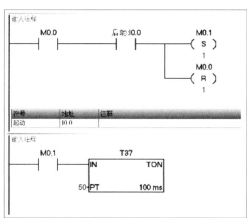

(b) 采用当前步实现接通定时

图6-6　置位、复位指令实现定时器控制

任务三　设计硬件电路

根据鼓风机控制系统控制功能进行硬件电路设计，列出系统 I/O 点，并进行电路设计。

参考方案

鼓风机控制系统 I/O 地址分配见表6-2，鼓风机控制系统 PLC 控制电路电气原理如图6-7所示。

表6-2　鼓风机控制系统 I/O 地址分配

输入点(I)			输出点(O)		
序号	输入外部设备	PLC 输入地址	序号	输出外部设备	PLC 输出地址
1	起动按钮 SB1	I0.0	1	引风机 KM1	Q0.0
2	停止按钮 SB2	I0.1	2	鼓风机 KM2	Q0.1

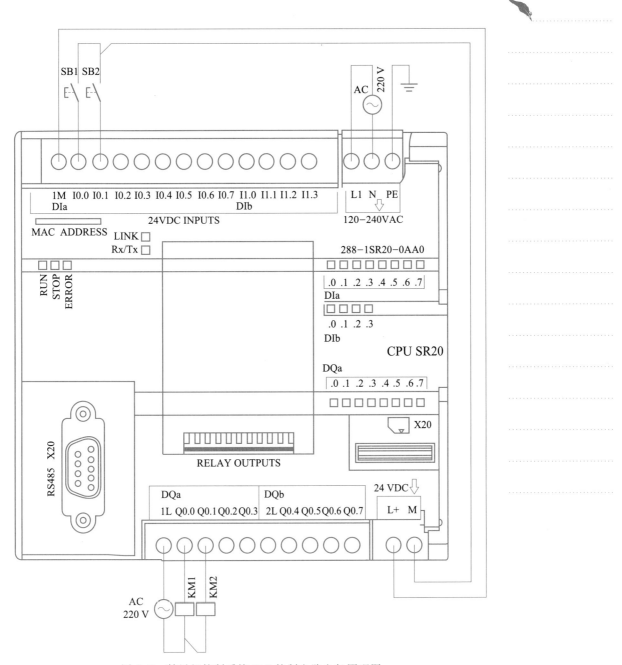

图 6-7 鼓风机控制系统 PLC 控制电路电气原理图

任务四 设计与调试程序

　　根据鼓风机控制系统控制功能的要求,设计顺序功能图(见图6-2)。采用起保停电路编程实现的鼓风机控制系统梯形图程序如图6-8所示,采用置位、复位指令编程实现的梯形图程序如图6-9所示。

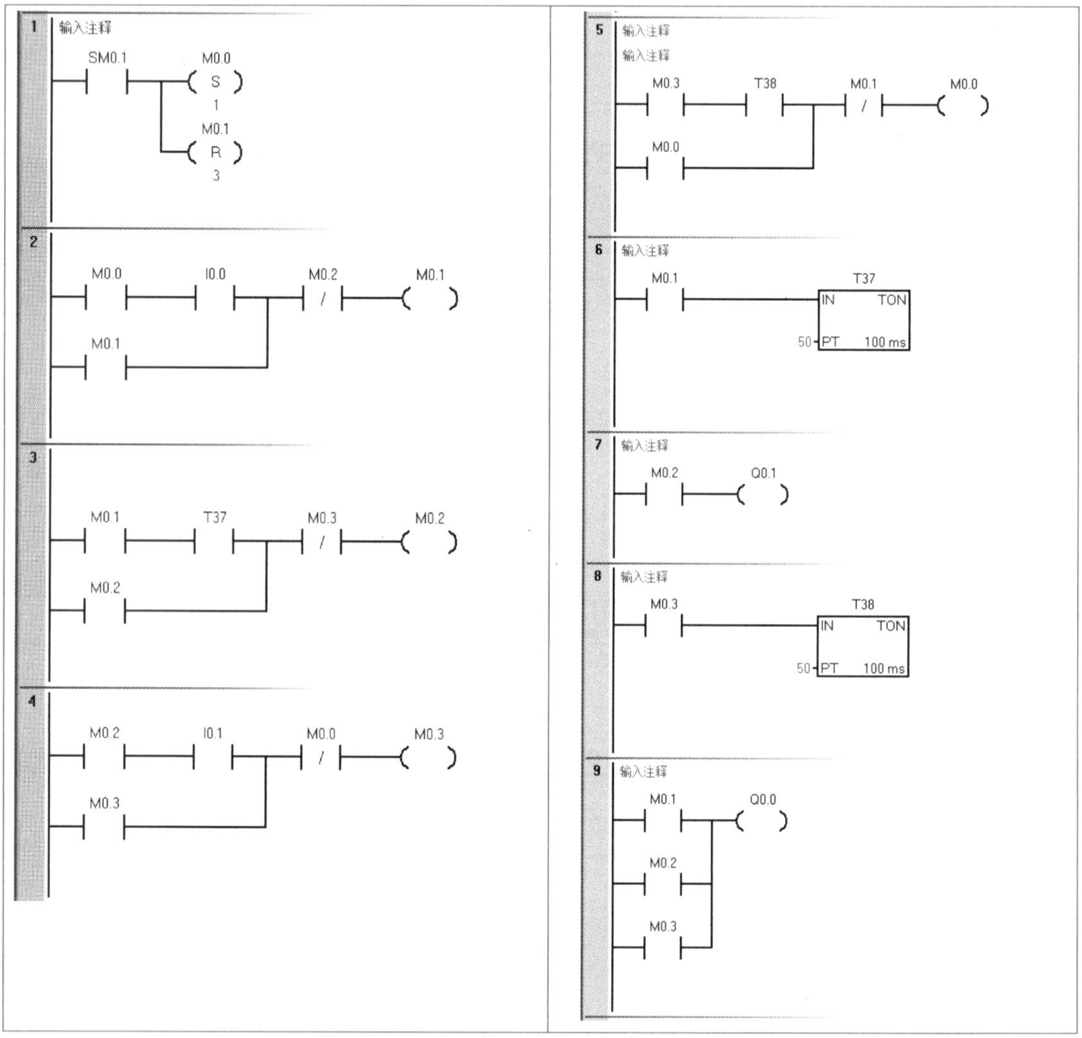

图6-8　起保停电路编程实现的鼓风机控制系统梯形图程序

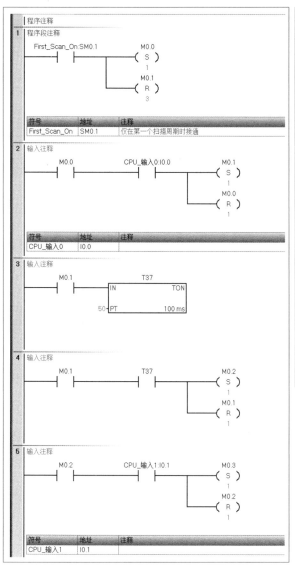
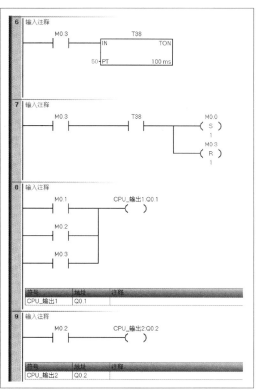

图 6-9 置位、复位指令编程实现的鼓风机控制系统梯形图程序

任务五 安装与调试

参考方案

1. 检查电器元件

按照表 6-3 中所列领取电器元件,并检查其好坏。

表 6-3　电器元件选型表

电器元件名称	型号	数量	功能描述	备注
按钮	LAY39,Φ22	2	控制信号	PLC 输入
交流接触器	CJX2-0901	2	控制电动机	PLC 输出
电动机	功率自选	2	引风机、鼓风机	
PLC	SR20 继电器输出	1	控制器	

2. 系统安装调试

（1）安装并检查 PLC 控制电路。

（2）检查电源交流电压和直流电压是否正常。

（3）测试输入信号是否正常。

（4）下载程序，进行软、硬件联调。在程序状态监控状态下，查看初始状态，并进行程序运行测试。如果上述某一步有问题，可使用万用表通过电压法或电阻法进行故障判断和排除。

项目总结

知识方面	1. 掌握顺序控制功能图的绘制方法 2. 掌握顺序控制功能图变换为梯形图程序的方法
能力方面	1. 能根据控制要求绘制顺序功能图 2. 能够运用顺序控制设计法进行复杂控制功能的编程
素养方面	1. 具备质量意识、成本意识以及环保意识 2. 具备良好的职业道德和职业规范 3. 具备团队协作、语言表达及沟通的能力 4. 具备逻辑思维的能力

对本项目学习的自我总结：

_____

_____

_____

_____

项目拓展

知识拓展:特殊存储器

SMB0~SMB29、SMB480~SMB515、SMB1000~SMB1699、SMB1800~SMB1946 为 S7-200 SMART PLC 内部的只读特殊存储器，见表 6-4。SMB30~SMB194、SMB566~SMB749、SMB800~SMB848 为 S7-200 SMART PLC 内部的读/写特殊存储器，见表 6-5。

表 6-4 S7-200 SMART PLC 内部的只读特殊存储器

序号	存储单元	功能描述
1	SMB0	系统状态位
2	SMB1	指令执行状态位
3	SMB2	自由端口接收字符
4	SMB3	自由端口奇偶校验错误
5	SMB4	中断队列溢出、运行时程序错误、中断已启用、自由端口发送器空闲和强制值
6	SMB5	I/O 错误状态位
7	SMB6~SMB7	CPU ID、错误状态和数字量 I/O 点
8	SMB8~SMB19	模块 ID 和错误
9	SMW22~SMW26	扫描时间
10	SMB28~SMB29	信号板 ID 和错误
11	SMB480~SMB515	数据日志状态
12	SMB1000~SMB1049	CPU 硬件/固件 ID
13	SMB1050~SMB1099	SB(信号板)硬件/固件 ID
14	SMB1100~SMB1399	EM(扩展模块)硬件/固件 ID
15	SMB1400~SMB1699	EM(扩展模块)模块特定的数据
16	SMB1800~SMB1939	PROFINET 设备状态
17	SMB1940~SMB1946	Web 服务器状态

表 6-5 S7-200 SMART PLC 内部的读/写特殊存储器

序号	存储单元	功能描述
1	SMB30(端口 0) SMB130(端口 1)	集成 RS485 端口（端口 0)和 CM01 信号板（SB)上的 RS232/RS485 端口（端口 1)的端口组态
2	SMB34、SMB35	定时中断的时间间隔
3	SMB36~SMB45(HSC0) SMB46~SMB55(HSC1) SMB56~SMB65(HSC2) SMB136~SMB145(HSC3) SMB146~SMB155(HSC4) SMB156~SMB165(HSC5)	高速计数器组态和操作
4	SMB66~SMB85	PLS0 和 PLS1 高速输出
5	SMB86~SMB94 SMB186~SMB194	接收消息控制

续表

序号	存储单元	功能描述
6	SMW98	I/O 扩展总线通信错误
7	SMW100~SMW114	系统报警
8	SMB146~SMB155（HSC4） SMB156~SMB165（HSC5）	高速计数器组态和操作
9	SMB166~SMB169	PTO0 包络定义表
10	SMB176~SMB179	PTO1 包络定义表
11	SMB186~SMB194	接收消息控制
12	SMB566~SMB575	PLS2 高速输出
13	SMB576~SMB579	PTO2 包络定义表
14	SMB600~SMB649	轴 0 开环运动控制
15	SMB650~SMB699	轴 1 开环运动控制
16	SMB700~SMB749	轴 2 开环运动控制
17	SMB800~SMB848	轴组开环运动控制

拓展项目一：信号灯控制

按下起动按钮，红灯点亮，延时 8 s，红灯灭，黄灯点亮，延时 6 s，黄灯灭，绿灯点亮，延时 4 s，绿灯灭，红灯点亮，循环往复。按下停止按钮，所有灯都熄灭。画出顺序功能图并转换为梯形图。

拓展项目二：绘制顺序功能图并变换为梯形图程序

画出图 6-10 所示时序对应的顺序功能图并变换为梯形图程序。

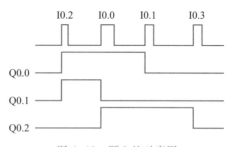

图 6-10   题 2 的时序图

拓展项目三：小车自动往返控制

小车在初始状态时停在中间，限位开关 I0.0 为 ON，按下起动按钮 I0.3，小车按图 6-11 所示的顺序运动，最后返回并停在初始位置。画出控制系统的顺序功能图并变换为梯形图程序。

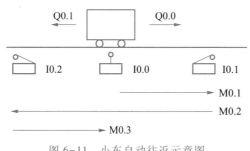

图 6-11 小车自动往返示意图

拓展项目四:组合机床动力头控制

某组合机床动力头进给运动示意图如图 6-12 所示,设动力头在初始状态时停在左边,限位开关 I0.1 为 ON。按下起动按钮 I0.0 后,Q0.0 和 Q0.2 为"1",动力头向右快速进给(简称快进),碰到限位开关 I0.2 后变为工作进给(简称工进),Q0.0 为"1",碰到限位开关 I0.3 后,暂停 5 s;5 s 后 Q0.2 和 Q0.1 为"1",工作台快速退回(简称快退),返回初始位置后停止运动。画出顺序功能图并变换为梯形图程序。

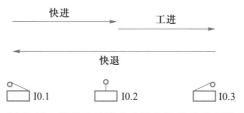

图 6-12 某组合机床动力头进给运动示意图

思考与练习

一、填空题

1. 顺序功能图中步的划分依据是_____状态的变化。

2. 转换的实现必须同时满足两个条件:该转换所有的_____都是活动步;相应的_____得到满足。

二、选择题

1. 下列哪种情况不能作为转换条件?(　　)

A. 限位开关的接通/断开　　　　　　B. 定时器触点提供的信号

C. 计数器触点提供的信号　　　　　　D. 系统命令

2. 下列不能作为转换条件的是(　　)。

A. I2.0 的断开　　　　　　　　　　B. Q0.0 触点接通

C. C6 触点断开　　　　　　　　　　D. T0 触点接通

3. 顺序功能图的组成元件包括(　　)。

A. 步、转换、有向连线、单序列

B. 初始步、动作、转换条件、选择序列

C. 动作、步、有向连线、转换

D. 双序列、有向连线、转换、转换条件

三、判断题

1. 顺序功能图中转换实现的条件是该转换所有的前级步都是活动步且相应的转换条件得到满足。(　　)

2. 绘制顺序功能图时两个步可以直接相连。(　　)

3. 顺序功能图中,"活动步"只能有一步。(　　)

4. 绘制顺序功能图时两个步绝对不能直接相连,必须用一个转换将它们分隔开。(　　)

5. 转换实现时所有由有向连线与相应转换符号相连的后续步都变为不活动步。(　　)

四、简答题

1. 转换实现时应完成的操作有哪些?

2. 转换实现必须同时满足的条件是什么?

3. 转换条件有哪些类型?

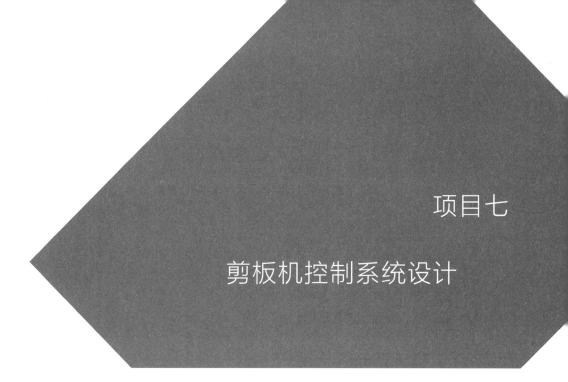

项目七

剪板机控制系统设计

项目描述

剪板机控制系统示意图如图 7-1 所示。在初始状态,压钳和剪刀在上限位置,限位开关 I0.0 和 I0.1 为 ON,按下起动按钮 I1.0,工作过程如下:首先板料右行(Q0.0 为 ON)至限位开关 I0.3 动作,然后压钳下行(Q0.1 为 ON 并保持),压紧板料后,压力继电器 I0.4 为 ON,压钳保持压紧,剪刀开始下行(Q0.2 为 ON),剪断板料后,I0.2 变为 ON,压钳和剪刀同时上行(Q0.3 和 Q0.4 为 ON,Q0.1 和 Q0.2 为 OFF),它们分别碰到限位开关 I0.0 和 I0.1 后,分别停止上行,全部上升到位后,开始下一周期的工作。连续剪完10 块板料后停止并停在初始状态。

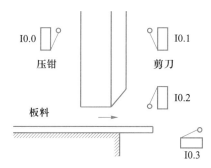

图 7-1 剪板机控制系统示意图

控制要求:绘制剪板机控制系统顺序功能图,并完成其梯形图程序的设计。

能力目标

1. 掌握顺序功能图的 3 种基本结构,掌握选择序列和并行序列的绘制方法。
2. 掌握顺序控制指令(SCR)的格式、功能和编程设计方法。
3. 掌握用顺序控制指令将顺序功能图变换为梯形图程序的方法。

素养目标

1. 具备质量意识、成本意识以及环保意识。
2. 具备精益求精的工匠精神。
3. 具备工程思维。

项目实施

任务一　采用顺序控制寄存器编写顺序控制程序

相关知识

S7-200 SMART PLC 的顺序控制寄存器(S)又称状态元件,专门用于编制与时序相关的控制程序,与顺序控制指令配合使用,用于控制设备的顺序操作。SMART PLC 的顺序控制寄存器存储空间是 256 位(32 字节),地址编号范围为 S0.0～S31.7,可通过按位、字节、字和双字来存取。下面介绍顺序控制寄存器相关指令。

1. 顺序控制指令

顺序控制(SCR)指令一般用在需要控制的动作具有明确的工艺顺序,并且周而复始循环的场合。它提供控制程序的逻辑分段,通过 SCR 指令可使程序结构化,使编程和调试更加快速和简单。

SCR 相关指令见表 7-1。

微课

顺序控制指令

表 7-1　SCR 相关指令

类型	梯形图	语句表	说明
SCR 装载(LSCR)指令	bit SCR	LSCR bit	段开始
SCR 传送(SCRT)指令	bit —(SCRT)	SCRT bit	段转换
SCR 结束指令	—(SCRE)	SCRE	无条件段结束
		CSCRE	有条件段结束

　　采用 SCR 指令编写的一个完整的 SCR 程序段(即一个完整的步),如图 7-2 所示,
LSCR 指令放在程序段开头,SCRE 指令放在最后,作为结束指令。在程序段开始和程
序段结束中间编写该步的动作和步转换,动作表示执行该步时的相关输出,步转换表
示执行该步时,满足条件进行步的跳转。执行跳转后,转到 SCRT 指令地址对应的步,
此步即成前级步,变为不活动步。

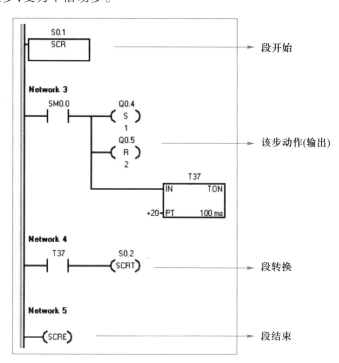

图 7-2　一个完整的 SCR 程序段

操作视频

顺序控制指令编
程示例

2. SCR 指令编程方法

　　例如鼓风机控制系统,按下起动按钮 I0.0 后,引风机开始工作,5 s 后鼓风机开始工
作,按下停止按钮 I0.1 后,鼓风机停止工作,5 s 后引风机再停止工作,如图 7-3 所示。

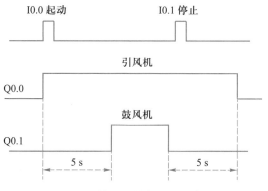

图 7-3　鼓风机控制系统时序图

　　根据鼓风机控制系统控制要求,用前面介绍过的位存储器 M 作为顺序控制的步,
其顺序功能图如图 7-4 所示。

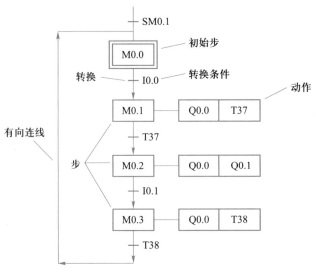

图 7-4   采用位存储器 M 作为步绘制顺序功能图

在本项目中,采用顺序控制寄存器 S 作为顺序控制的步,绘制思路跟用位存储器一样,只需将表示顺序功能图步的 M 替换成 S 即可,如图 7-5 所示。

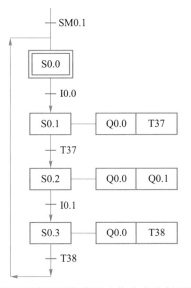

图 7-5   采用顺序控制寄存器 S 作为步绘制顺序功能图

将上面的顺序功能图变换为梯形图时,需要初始化脉冲 SM0.1 将 S0.0 置位,其他位清零。每一步是一个完整的 SCR 段,包括段开始、段动作、段转换和段结束。其中段动作可以使用 SM0.0 的动合触点驱动在该步中的输出线圈;段转换使用转换条件对应的触点或电路来驱动转换到后续步的 SCRT 指令。虽然 SM0.0 一直为"1",但是只有当某一步活动时相应的 SCR 段内的语句顺序执行,SM0.0 驱动当前步的动作,不活动步的 SCR 段内的语句不执行。

需注意,图 7-5 中多步有相同输出 Q0.0,必须在程序最后使用对应步的动合触点并联输出控制 Q0.0。

参考方案

采用顺序控制指令将图 7-5 所示顺序功能图变换为梯形图程序,如图 7-6 所示。

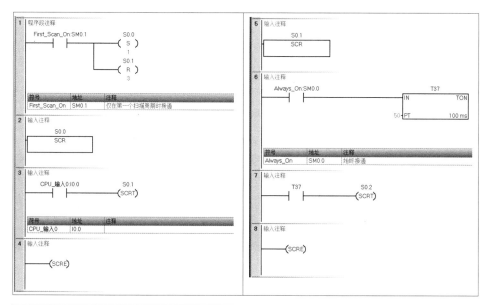

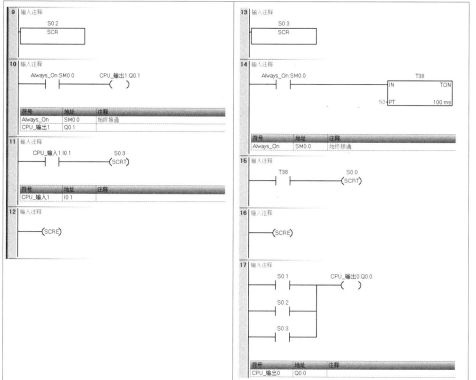

提示

(1) 同一个 S 位不能用于不同的程序中。例如,如果在主程序中使用了 S0.1,在子程序中就不能再使用它。
(2) 无法跳入或跳出 SCR 段,但是可以使用跳转和标号指令跳过 SCR 段或者在 SCR 段内跳转。
(3) 在 SCR 段中不能使用 END 指令。

图 7-6　采用顺序控制指令将图 7-5 所示顺序功能图变换为梯形图程序

任务二　设计硬件电路

根据剪板机控制系统的控制要求，进行 PLC I/O 点地址分配，并进行电气原理图设计。

参考方案

1. I/O 地址分配

剪板机控制系统的 I/O 地址分配见表 7-2。

表 7-2　剪板机控制系统的 I/O 地址分配

输入点（I）			输出点（O）		
序号	输入外部设备	PLC 输入地址	序号	输出外部设备	PLC 输出地址
1	压钳上限位开关	I0.0	1	板料右行电磁阀 YV1	Q0.0
2	剪刀上限位开关	I0.1	2	压钳下行电磁阀 YV2	Q0.1
3	剪刀下限位开关	I0.2	3	剪刀下行电磁阀 YV3	Q0.2
4	板料右限位开关	I0.3	4	压钳上升电磁阀 YV4	Q0.3
5	压力继电器	I0.4	5	剪刀上升电磁阀 YV5	Q0.4
6	起动按钮 SB1	I0.5			

2. PLC 控制电路设计

剪板机控制系统的 PLC 控制电路电气原理图如图 7-7 所示。

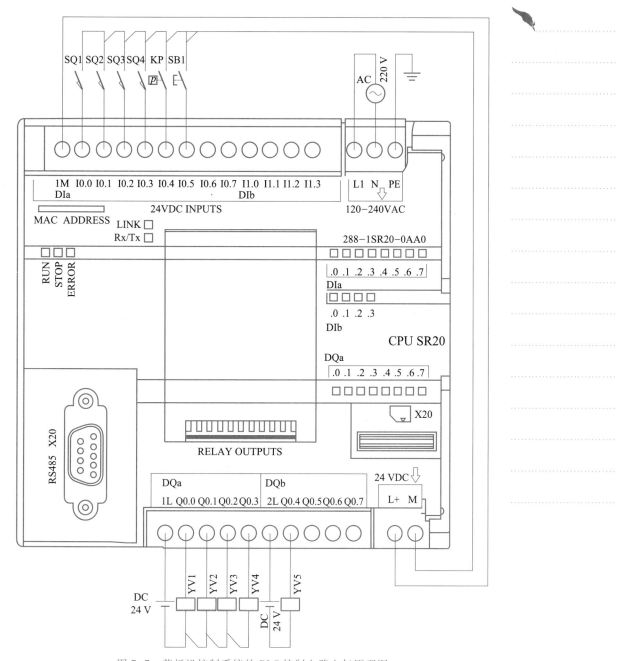

图 7-7　剪板机控制系统的 PLC 控制电路电气原理图

任务三　设计与调试程序

在项目六中,设计的顺序功能图为单序列结构,单序列结构由一系列相继激活的步组成,每一步后仅有一个转换,每一个转换后也只有一个步。本任务中将结合剪板机控制系统的控制要求,介绍选择序列和并行序列顺序功能图的设计。

相关知识

微课

顺序功能图的
基本结构

顺序功能图的基本结构包括单序列、选择序列和并行序列,如图 7-8 所示。图 7-8(b)所示为选择序列,即当系统的某一步活动后,满足不同的转换条件能够激活不同的步。选择序列的开始称为分支,其转换符号只能标在水平连线下方。图 7-8(b)中如果步 1 是活动步,满足转换条件 a 时,步 2 变为活动步;满足转换条件 e 时,步 5 变为活动步。选择序列的结束称为合并,其转换符号只能标在水平连线上方。如果步 3 是活动步且满足转换条件 c,则步 4 变为活动步;如果步 6 是活动步且满足转换条件 g,则步 4 变为活动步。

图 7-8(c)所示为并行序列,即当系统的某一步活动后,满足转换条件后能够同时激活多步。并行序列的开始称为分支,为强调转换的同步实现,水平连线用双线表示,水平双线上只允许有一个转换符号。图 7-8(c)中当步 1 是活动步,满足转换条件 a 时,转换实现后步 2 和步 5 同时变为活动步。并行序列的结束称为合并,在表示同步的水平双线之下只允许有一个转换符号。当步 4 和步 7 同时都为活动步且满足转换条件 d 时,步 8 才能变为活动步。

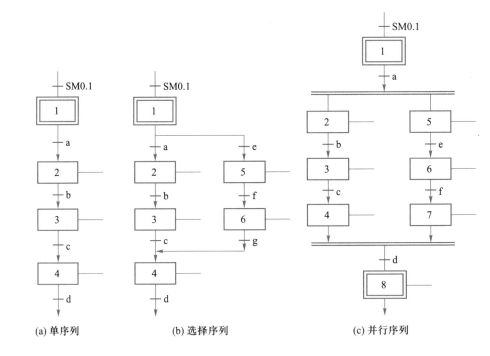

(a) 单序列   (b) 选择序列   (c) 并行序列

图 7-8   顺序功能图的 3 种基本结构

参考方案

根据剪板机控制系统的控制要求,绘制其顺序功能图,如图 7-9 所示。

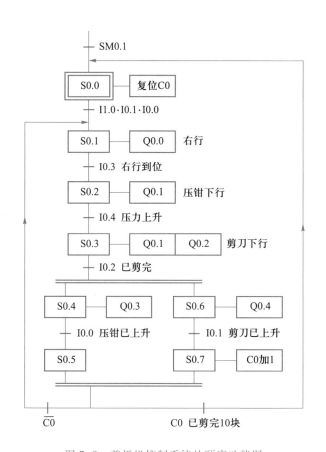

图 7-9 剪板机控制系统的顺序功能图

图 7-9 中既有选择序列,又有并行序列。步 S0.0 是初始步,加计数器 C0 用来控制剪切板料的次数,每次工作循环后 C0 的当前值加 1。未剪完 10 块板料时,C0 的当前值小于设定值 10,计数器触点不动作,C0 为"0",转换条件 $\overline{C0}$ 为"1",将返回步 S0.1 处开始下一次循环。剪切完 10 块板料后,C0 的当前值等于设定 10,C0 触点动作,C0 为"1",满足转换条件 C0,将返回到初始步 S0.0,复位 C0,等待下一次起动命令。

步 S0.5、S0.7 是等待步,用来同时结束并行序列,只要步 S0.5、S0.7 都是活动步,满足转换条件 $\overline{C0}$,步 S0.1 将变为活动步,满足转换条件 C0 已剪完 10 块,步 S0.0 将变为活动步。

接下来,采用顺序控制指令将顺序功能图变换为梯形图程序,如图 7-10 所示。

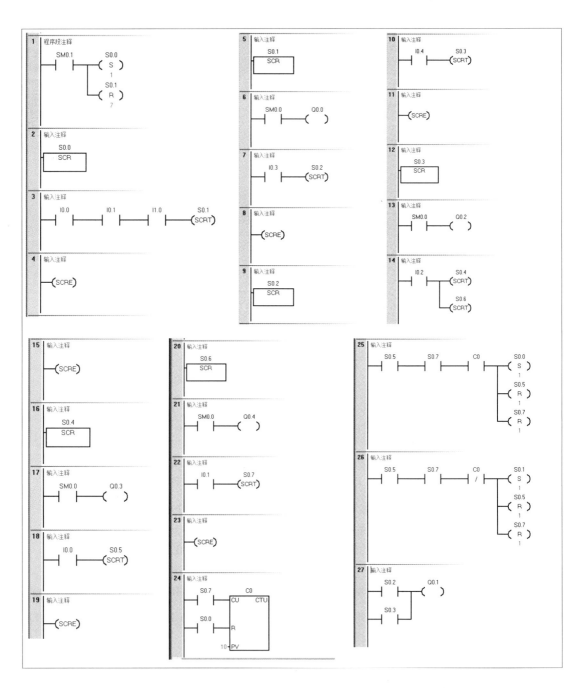

图 7-10　采用顺序控制指令实现剪板机控制系统的程序设计

任务四　安装与调试

参考方案

1. 检查电器元件

按照表 7-3 所列领取电器元件,并检查其好坏。

表 7-3　电器元件选型表

电器元件名称	型号	数量	功能描述	备注
按钮	LAY39,ϕ 22	2	控制信号	PLC 输入
电磁阀	4V210-08 DC 24V	5	上行、下行、右行控制	PLC 输出
限位开关	YBLXW-6-11BZ	4	微动开关	PLC 输入
PLC	SR20 继电器输出	1	控制器	

2. 系统安装调试

（1）安装并检查 PLC 控制电路。

（2）检查电源交流电压和直流电压是否正常。

（3）测试输入信号是否正常。

（4）下载程序,进行软、硬件联调,在程序状态监控状态下,查看初始状态并进行程序运行测试。如果上述某一步有问题,可使用万用表通过电压法或电阻法进行故障判断和排除。

项目总结

知识方面	1. 掌握顺序功能图的 3 种结构,掌握较复杂顺序功能图的绘制方法 2. 掌握顺序控制指令的使用方法 3. 掌握用顺控指令将顺序功能图变换为梯形图程序的方法
能力方面	1. 能根据控制要求绘制顺序功能图 2. 能运用顺控指令将顺序功能图变换为梯形图程序
素养方面	1. 具备质量意识、成本意识以及环保意识 2. 具备精益求精的工匠精神 3. 具备工程思维

对本项目学习的自我总结：

_____

_____

_____

_____

_____

_____

项目拓展

拓展项目一：钻床加工控制

某专用钻床用来加工圆盘状工件上均匀分布的 6 个孔,如图 7-11 所示。钻床开始自动运行时,两个钻头在最上面的位置,限位开关 I0.3 和 I0.5 为 ON。操作人员放好工件后,按下起动按钮 I0.0,Q0.0 变为 ON,工件被夹紧,夹紧后压力继电器 I0.1 为 ON,Q0.1 和 Q0.3 使两只钻头同时开始工作,分别向下钻到由限位开关 I0.2 和 I0.4 设定的深度时,Q0.2 和 Q0.4 使两只钻头分别上升,上升到由限位开关 I0.3 和 I0.5 设定的起始位置时,分别停止上升,设定值为 3 的计数器 C0 的当前值加 1。两个都上升到位后,若没有钻完 3 对孔,C0 的动断触点闭合,Q0.5 使工件旋转 120°。旋转到位时限位开关 I0.6 变为 ON,旋转结束后又开始钻第 2 对孔。3 对孔都钻完后,计数器的当前值等于设定值 3,C0 的动合触点闭合,Q0.6 使工件松开,松到位时,限位开关 I0.7 为 ON,系统返回初始状态。画出 PLC 的外部接线图和控制系统的顺序功能图并编写梯形图程序。

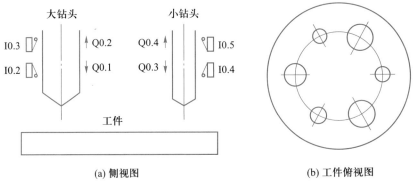

图 7-11　钻床的示意图

拓展项目二：液体混合装置控制

液体混合装置示意图如图 7-12 所示。上限位、下限位和中限位液位传感器被液体淹没时为"1"状态。阀门 A、阀门 B 和阀门 C 为电磁阀,线圈通电时阀门打开,线圈断电时阀门关闭。开始时容器是空的,各阀门均关闭,各传感器均为"0"状态。按下起动按钮后,打开阀门 A,液体 A 流入容器,中限位液位传感器变为 ON 时,关闭阀门 A,打开阀门 B,液体 B 流入容器。液面升到上限位液位传感器时,关闭阀门 B,电动机 M 开始运行,搅拌液体,30 s 后停止搅拌,打开阀门 C,放出混合液体,当液面下降至下限

位液位传感器之后再过 5 s 容器放空,关闭阀门 C,打开阀门 A,又开始下一个周期的操作。按下停止按钮,当前工作周期的操作结束后,才停止操作,返回并停留在初始状态。

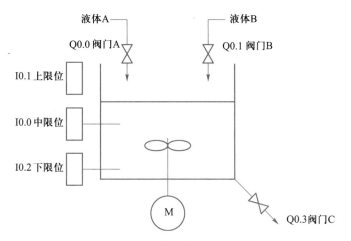

图 7-12 液体混合装置示意图

思考与练习

1. 将图 7-13 所示顺序功能图变换为梯形图程序。

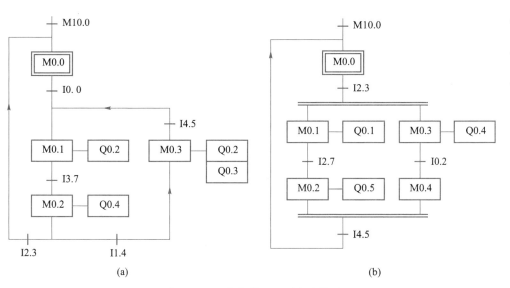

图 7-13 思考与练习 1 顺序功能图

2. 将图 7-14 所示顺序功能图变换为梯形图程序。

3. 将图 7-15 所示顺序功能图变换为梯形图程序。

4. 画出实现红、黄、绿 3 种颜色信号灯循环显示 (要求循环间隔时间为 0.5 s)的顺序功能图。

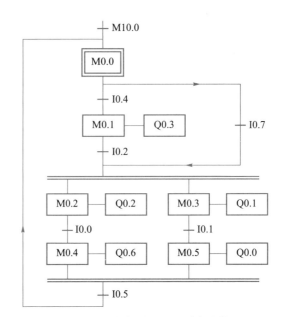

图 7-14　思考与练习 2 的顺序功能图

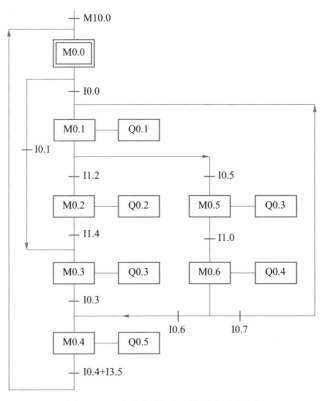

图 7-15　思考与练习 3 的顺序功能图

5. 如图 7-16 所示，小车在初始状态时停在中间，限位开关 I0.0 为 ON，按下起动按钮 I0.3，小车按图示顺序运动，最后返回并停在初始位置。画出该控制系统的顺序功能图。

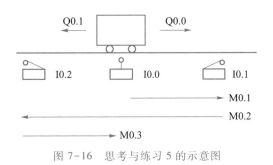

图 7-16 思考与练习 5 的示意图

6. 冲床的运动示意图如图 7-17 所示。初始状态时机械手在最左边,I0.4 为 ON;冲头在最上面,I0.3 为 ON;机械手松开(Q0.0 为 OFF)。按下起动按钮 I0.0,Q0.0 变为 ON,工件被夹紧并保持,2 s 后 Q0.1 变为 ON,机械手右行,直到碰到限位开关 I0.1,之后将顺序完成以下动作:冲头下行,冲头上行,机械手左行,机械手松开(Q0.0 被复位),延时 2 s 后,系统返回初始状态。各限位开关和定时器提供的信号是相应步之间的转换条件,画出控制系统的顺序功能图并编写梯形图程序。

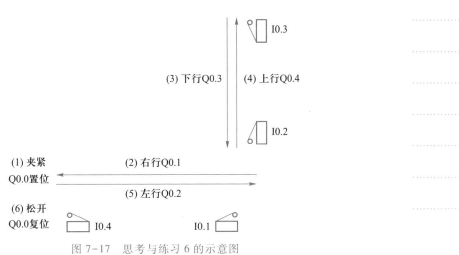

图 7-17 思考与练习 6 的示意图

7. 某组合机床动力头进给运动示意图如图 7-18 所示,设动力头在初始状态时停在左边,限位开关 I0.1 为 ON。按下起动按钮 I0.0 后,Q0.0 和 Q0.2 为"1",动力头向右快速进给(简称快进),碰到限位开关 I0.2 后变为工作进给(简称工进),Q0.0 为"1",碰到限位开关 I0.3 后,暂停 5 s,5 s 后 Q0.2 和 Q0.1 为"1",工作台快速退回(简称快退),返回初始位置后停止运动。画出该控制系统的顺序功能图并设计梯形图程序。

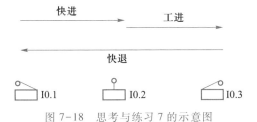

图 7-18 思考与练习 7 的示意图

项目八

机械手控制系统设计

项目描述

图 8-1 所示为一个典型机械手控制系统,可实现物料搬运。该机械手可以在 X 轴方向(水平方向)左右移动,在 Y 轴方向(垂直方向)上下移动,在 Z 轴方向(与 Y 轴垂直的平面)上旋转运动。在上、下、左、右、顺时针旋转到位(从上方向下看)、逆时针旋转到位(从上方向下看)6 个位置上分别有限位开关。本系统完成将左下角物料单元中的物料抓取并放到右上角的物料单元中。

图 8-1 机械手控制系统

控制要求:

系统初始位置:机械手向右沿 X 轴方向伸出,至右限位处,Y 轴上限位处,Z 轴逆时针限位处。在起动之前,如果不在初始位置,则先按下回原点按钮,机械手回到初始位置。

该系统模式分为调试模式和运行模式。

（1）调试模式为机械手单步运行测试，实现机械手上升、下降、左行、右行、逆时针旋转、顺时针旋转和手爪夹紧等动作。要求：机械手不在上限位时，可以执行上升操作，不在下限位时，可以执行下降操作；机械手到达上限位，不在顺时针限位时，可以执行顺时针旋转操作，不在逆时针限位时，可以执行逆时针旋转操作；机械手到达上限位，不在左限位时，可以执行左行操作，不在右限位时，可以执行右行操作。

（2）运行模式包括单周期运行和连续运行。无论是单周期运行模式还是连续运行模式，首先让机械手回原点。单周期运行模式是系统运行一个完整周期后，回到原点位置。连续运行模式是系统连续运行，运行过程中当停止按钮按下后，执行完成当前周期，才回到原点位置停止。只有当机械手运行停止时，才可进行两种模式的切换。机械手控制系统控制面板如图 8-2 所示。

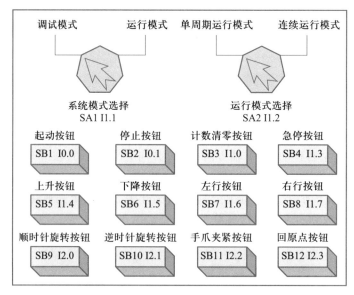

图 8-2　机械手控制系统控制面板

● 单周期运行模式：按下起动按钮，机械手沿 X 轴左行至左限位动作，再沿 Z 轴顺时针方向旋转至顺时针限位，再沿 Y 轴下行至下限位，机械手手爪夹紧，抓紧物料后 1.5 s，机械手沿着 Y 轴方向上行至上限位，再沿 Z 轴方向逆时针运行到逆时针限位，再沿 X 轴方向右行，至右限位动作，再沿 Y 轴方向下行至下限位，手爪松开，物料落下，1.5 s 后机械手沿 Y 轴方向上行至上限位，系统完成单周期运行过程。此过程中停止按钮无效。

● 连续运行模式：按下起动按钮后，系统按照单周期运行模式循环执行。在运行过程中，如按下停止按钮，系统完成当前周期后，停止在初始位置。

在机械手处于上述任意模式运行过程中，一旦按下急停按钮，系统立即停止，当松开急停按钮，重新按下起动按钮后，系统从当前位置继续执行。使用 S7-200 SMART PLC 实现机械手对物料搬运的控制，完成 PLC 控制系统的硬件设计、安装接线、软件编程、系统调试与检修。

能力目标

1. 了解机械手控制系统的硬件组成和工作过程。
2. 掌握子程序的建立和使用方法,了解程序跳转指令的格式和使用方法。
3. 掌握机械手控制系统的设计步骤、硬件接线、编程调试。

素养目标

1. 具备创新精神。
2. 具备团队协作的能力。
3. 具备一丝不苟的精神。

项目实施

任务一　设计硬件电路

根据机械手控制系统的控制要求,列出其 I/O 分配表,然后设计 PLC 控制系统的电气原理图。

相关知识

1. 分析系统所需要的输出点

(1) 系统要实现机械手物料搬运,机械手须在 6 个方向上移动,需要 PLC 控制 6 个继电器,实现电动机转动控制。

(2) 物料搬运时要抓紧,需要 PLC 输出控制 1 个继电器,实现机械手手爪抓紧。

2. 分析系统所需要的输入点

(1) 机械手在 3 轴 6 个方向的移动分别有各自的限位开关,每个限位开关作为一个单独的输入点,控制机械手移动的位置。

(2) 根据项目控制要求,系统模式分为调试模式和运行模式,其中运行模式又分为单周期运行和连续运行。模式的切换需要 2 个输入点,一个是系统模式选择输入,另一个是运行模式选择输入。

(3) 调试模式为机械手单步运行测试,实现机械手上升、下降、左行、右行、逆时针旋转、顺时针旋转和手爪夹紧,这 7 个动作分别需要单独的输入点进行控制,因此需要 7 个输入点。

(4) 系统起动前要让机械手回到初始位置,因此需要 1 个输入点,让机械手回原点。

微课

机械手控制系统
及其硬件电路

（5）在运行模式中，系统的起动和停止需要 2 个输入点。

（6）在系统运行过程中，一旦出现意外情况，需要系统立即停止，因此需要 1 个急停按钮输入点。

通过对机械手控制系统的分析，确定系统共需要 20 个输入点和 7 个输出点，故最终选择 SR40 AC/DC/RLY（24 入/16 出）CPU 模块。机械手控制系统 I/O 地址分配表见表 8-1，机械手控制系统 PLC 控制电路的电气原理图如图 8-3 所示。

参考方案

表 8-1　机械手控制系统 I/O 地址分配

输入点（I）			输出点（O）		
序号	输入外部设备	PLC 输入地址	序号	输出外部设备	PLC 输出地址
1	起动按钮 SB1	I0.0	1	X 轴左行继电器 KA1	Q0.0
2	停止按钮 SB2	I0.1	2	X 轴右行继电器 KA2	Q0.1
3	X 轴左限位 SQ1	I0.2	3	Y 轴上升继电器 KA3	Q0.2
4	X 轴右限位 SQ2	I0.3	4	Y 轴下降继电器 KA4	Q0.3
5	Y 轴上限位 SQ3	I0.4	5	Z 轴顺转继电器 KA5	Q0.4
6	Y 轴下限位 SQ4	I0.5	6	Z 轴逆转继电器 KA6	Q0.5
7	Z 轴顺时针限位 SQ5	I0.6	7	手爪夹紧电磁阀 KA7	Q0.6
8	Z 轴逆时针限位 SQ6	I0.7			
9	计数清零按钮 SB3	I1.0			
10	系统模式选择开关 SA1	I1.1			
11	运行模式选择开关 SA2	I1.2			
12	急停按钮 SB4	I1.3			
13	上升按钮 SB5	I1.4			
14	下降按钮 SB6	I1.5			
15	左行按钮 SB7	I1.6			
16	右行按钮 SB8	I1.7			
17	顺时针旋转按钮 SB9	I2.0			
18	逆时针旋转按钮 SB10	I2.1			
19	手爪夹紧按钮 SB11	I2.2			
20	回原点按钮 SB12	I2.3			

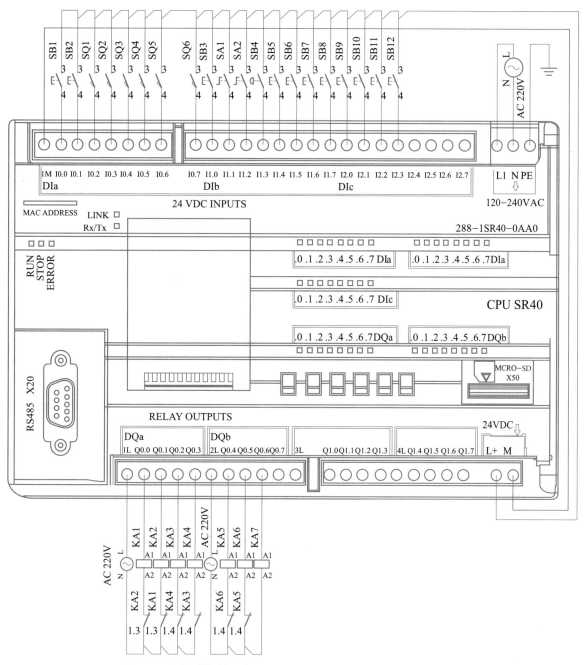

图 8-3 机械手控制系统 PLC 控制电路的电气原理图

任务二 建立子程序

S7-200 SMART PLC 提供了灵活的子程序调用功能。使用子程序可以更好地组织程序结构,便于调试与阅读,缩短程序代码的长度。

🖋

📚 **相关知识**

子程序是应用程序中的可选组件，只有被主程序、中断服务程序或者其他子程序调用时，子程序才会执行。当希望重复执行某项功能时，子程序是非常有用的。调用子程序有如下优点。

● 使用子程序可以减小程序的长度。

● S7-200 SMART PLC 在每个扫描周期中都处理主程序中的代码（不管代码是否执行）。而子程序只有在被调用时，S7-200 SMART PLC 才会处理其代码，因而使用子程序可以缩短程序扫描周期。

● 使用子程序创建的程序代码是可传递的。具有某种独立功能的子程序，可以复制到另一个应用程序中。

子程序有子程序调用和子程序返回两种指令。子程序可以被多次调用，也可以嵌套（最多 8 层），还可以递归调用（自己调自己），使用递归调用时要慎重。

子程序指令见表 8-2。

表 8-2　子程序指令

梯形图	说明
SBR_0 / EN	**子程序调用指令**（CALL）：将程序控制权交给子程序 SBR_N。调用子程序时可以带参数，也可以不带参数。子程序执行完成后，控制权返回到子程序调用指令的下一条指令
—（RET）	**子程序条件返回指令**（CRET）：根据它前面的逻辑条件决定是否终止子程序

在程序编辑器对子程序进行调用的方法如图 8-4 所示。单击指令树的"调用子例程"前面的加号，显示默认存在的子程序 SBR_0，可直接用鼠标将该指令拖放到右侧程序编辑器中，即可在主程序中调用 SBR_0。单击 SBR_0 标签，即可打开子程序编辑窗口。

不同型号的 S7-200 SMART PLC 可以使用的子程序最多都是 128 个，具体见表 8-3。

表 8-3　可使用子程序的范围

序号	CPU 类型	子程序的范围	嵌套深度
1	SR20/ST20/CR20s	128（0~127）	主程序：8 个子程序级别 中断服务程序：4 个子程序级别
2	SR30/ST30/CR30s	128（0~127）	
3	SR40/ST40/CR40s	128（0~127）	
4	SR60/ST60/CR60s	128（0~127）	

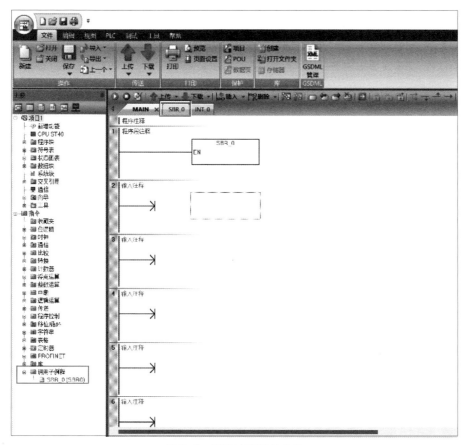

图 8-4 调用子程序的方法

用户可以为子程序加密以保护自己的知识产权,导出导入子程序,或用子程序生成自己的指令库。加密方法如下所述。

右击子程序 SBR_1,如图 8-5 所示,在弹出的菜单中选择"属性"。

图 8-5 设置子程序的属性

在弹出的"属性"对话框中,单击"保护"选项卡,勾选"密码保护此程序块",此时可以输入要设置的密码(例如 123456),在"验证"处再次输入相同的密码(例如 123456),如图 8-6 所示,单击"确定"按钮,密码保护设置完成。

图 8-6 子程序密码保护设置

保护设置后的子程序是看不到具体程序内容的,如图 8-7 所示。

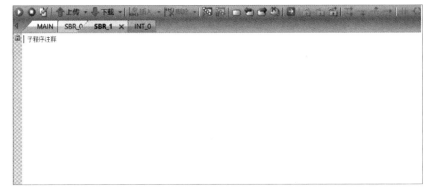

图 8-7 受保护的子程序

如果想查看,只有打开子程序的"属性"对话框,在"保护"选项卡中输入密码,验证通过后,才可以查看和编辑,如图 8-8 所示。

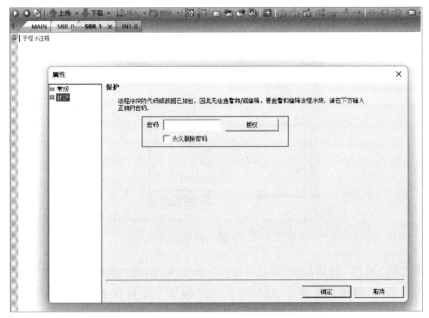

图 8-8 受保护子程序的密码验证

参考方案

1. 子程序建立方法

默认情况下,系统只有一个子程序,如果需要添加新的子程序,可通过如图 8-9 所示的两种方式新建子程序。

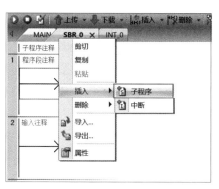

(a) 方法1

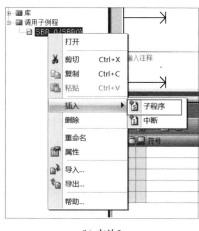

(b) 方法2

图 8-9　新建子程序的方法

插入新的子程序后,在项目树中会看到新建的子程序"SBR_1",如图 8-10 所示。可通过如图 8-11 所示的方法对子程序进行重命名。

图 8-10　子程序 SBR_1　　　　　　图 8-11　子程序重命名

2. 子程序调用

（1）不带参数的子程序调用

如图 8-12 所示，子程序 1 和子程序 2 分别实现对电动机 1 和电动机 2 的运行控制，在主程序中分别进行调用这两个子程序。

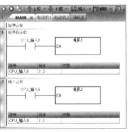　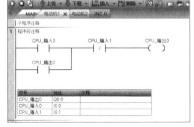　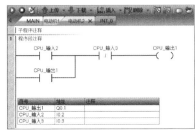

(a) 主程序　　　　　　　　(b) 子程序1　　　　　　　　(c) 子程序2

图 8-12　不带参数的子程序调用

注意：在图 8-12 所示子程序中，使用的是 PLC 的实际地址，如 I0.0、I0.1、Q0.0、Q0.1等。

（2）带参数的子程序调用

单击"视图"→"组件"→"变量表"图标，系统弹出变量表如图 8-13 所示。变量表用来定义在相应子程序中使用的内部变量（称为局部变量）。参数在子程序的变量表中定义，定义参数时必须指定参数的符号名称（最多 23 个英文字符）、变量类型和数据类型。一个子程序最多可以传递 16 个参数。图 8-13 中，起保停电路采用在变量表中定义的局部变量进行编写。

　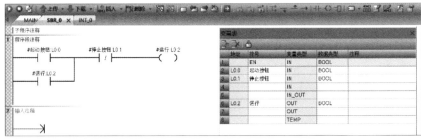

图 8-13　变量表

图 8-13 中的参数是形式参数，并不是具体的数值或者变量地址，而是以符号定义的参数。这些参数在调用子程序时被实际的数据代替。带参数的子程序在每次调用时可以对不同的变量、数据进行相同的运算、处理，提高程序编辑和执行的效率，节省程序存储空间。

参数的变量类型见表 8-4。

表 8-4　参数的变量类型

序号	变量类型	说明
1	IN	子程序输入参数
2	IN_OUT	输入并从子程序返回的参数,输入值和参数值使用同一地址
3	OUT	子程序返回参数
4	TEMP	临时变量,仅用于子程序内部暂存数据

　　在编程软件中,无条件子程序返回指令(RET)为自动默认,不需要在子程序结束时输入任何代码。执行完子程序以后,控制程序回到子程序调用前的下一条指令。子程序可嵌套,嵌套深度最多为 8 层。

任务三　设计与调试程序

　　机械手控制系统是一个较复杂的控制系统,如果仅在主程序中进行编程,程序结构不清晰,在本项目程序设计中将引入子程序。

相关知识

　　根据机械手控制系统的控制要求,将该程序分成主程序和子程序,子程序包括回原点子程序、调试模式子程序、单周期运行子程序和连续运行子程序。

1. 主程序

　　系统上电后,首先调用回原点子程序。然后进行系统模式选择,通过控制面板上的系统模式选择开关选择进入调试模式或运行模式。选择运行模式后,通过控制面板上的运行模式选择开关选择进入单周期运行或连续运行。主程序流程图如图 8-14所示。

微课

机械手控制系统
程序设计

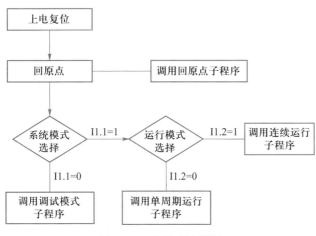

图 8-14　主程序流程图

2. 回原点子程序

回原点子程序主要实现如果当前不在原点位置,即 Y 轴上行到位、X 轴右行到位,Z 轴逆时针旋转到位,则执行相应回原点动作。回原点子程序流程图如图 8-15 所示。

3. 调试模式子程序

根据机械手控制系统的控制要求,首先判断 Y 轴位置,如果不在 Y 轴下限位,则可以在 Y 轴方向下行,如果不在 Y 轴上限位,则可以在 Y 轴方向上行。考虑设备安全性,如果在 Y 轴上限位,则可以进行 X 轴方向的左行和右行,Z 轴方向的顺时针和逆时针旋转。手爪夹紧可以单独控制实现。调试模式子程序流程图如图 8-16 所示。

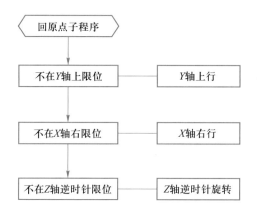

图 8-15　回原点子程序流程图

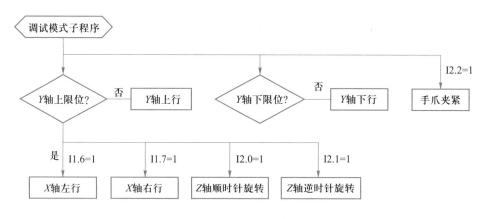

图 8-16　调试模式子程序流程图

4. 运行模式(单周期运行和连续运行)顺序功能图

运行模式的顺序功能图如图 8-17 所示。

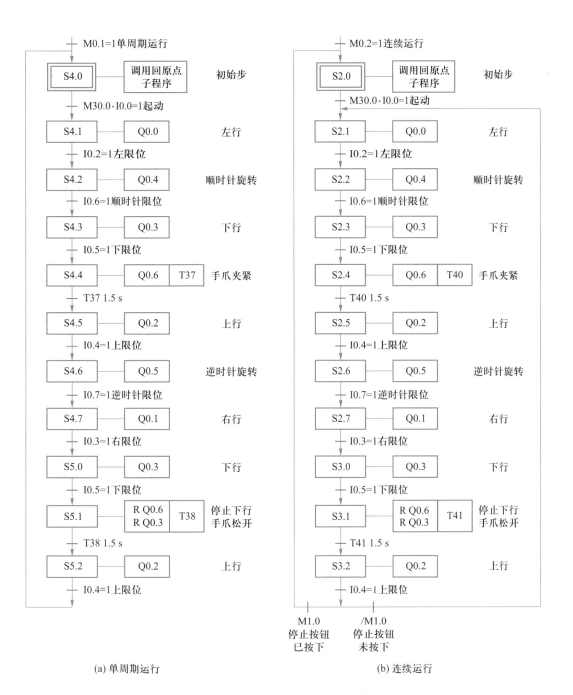

图 8-17　运行模式的顺序功能图

✍ 参考方案

1. 主程序

梯形图程序	注释
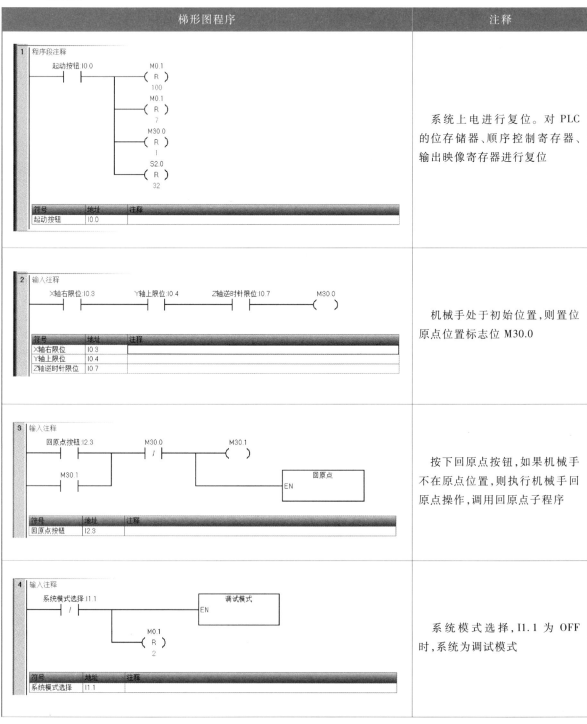	系统上电进行复位。对 PLC 的位存储器、顺序控制寄存器、输出映像寄存器进行复位
	机械手处于初始位置,则置位原点位置标志位 M30.0
	按下回原点按钮,如果机械手不在原点位置,则执行机械手回原点操作,调用回原点子程序
	系统模式选择,I1.1 为 OFF 时,系统为调试模式

续表

梯形图程序	注释
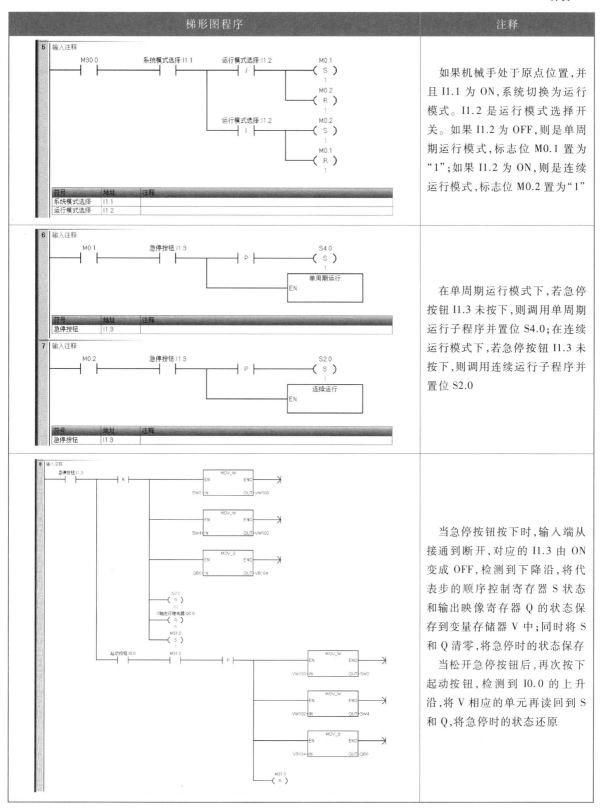	如果机械手处于原点位置,并且 I1.1 为 ON,系统切换为运行模式。I1.2 是运行模式选择开关。如果 I1.2 为 OFF,则是单周期运行模式,标志位 M0.1 置为"1";如果 I1.2 为 ON,则是连续运行模式,标志位 M0.2 置为"1" 在单周期运行模式下,若急停按钮 I1.3 未按下,则调用单周期运行子程序并置位 S4.0;在连续运行模式下,若急停按钮 I1.3 未按下,则调用连续运行子程序并置位 S2.0 当急停按钮按下时,输入端从接通到断开,对应的 I1.3 由 ON 变成 OFF,检测到下降沿,将代表步的顺序控制寄存器 S 状态和输出映像寄存器 Q 的状态保存到变量存储器 V 中;同时将 S 和 Q 清零,将急停时的状态保存 当松开急停按钮后,再次按下起动按钮,检测到 I0.0 的上升沿,将 V 相应的单元再读回到 S 和 Q,将急停时的状态还原

2. 回原点子程序

梯形图程序	注释
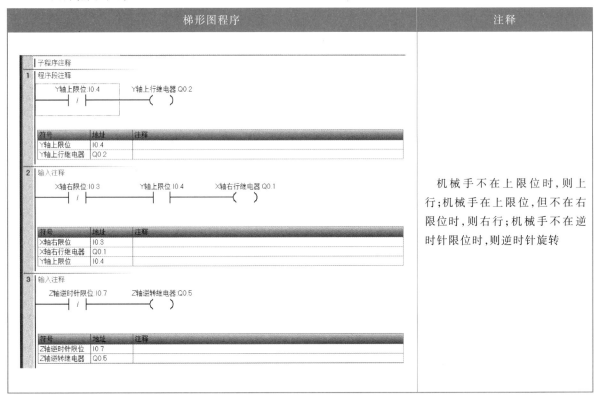	机械手不在上限位时,则上行;机械手在上限位,但不在右限位时,则右行;机械手不在逆时针限位时,则逆时针旋转

3. 调试模式子程序

梯形图程序	注释
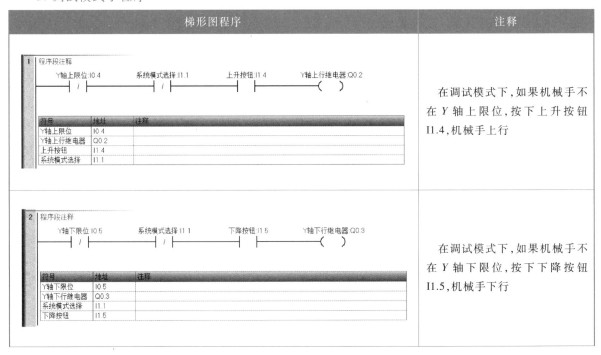	在调试模式下,如果机械手不在 Y 轴上限位,按下上升按钮 I1.4,机械手上行 在调试模式下,如果机械手不在 Y 轴下限位,按下下降按钮 I1.5,机械手下行

续表

梯形图程序	注释
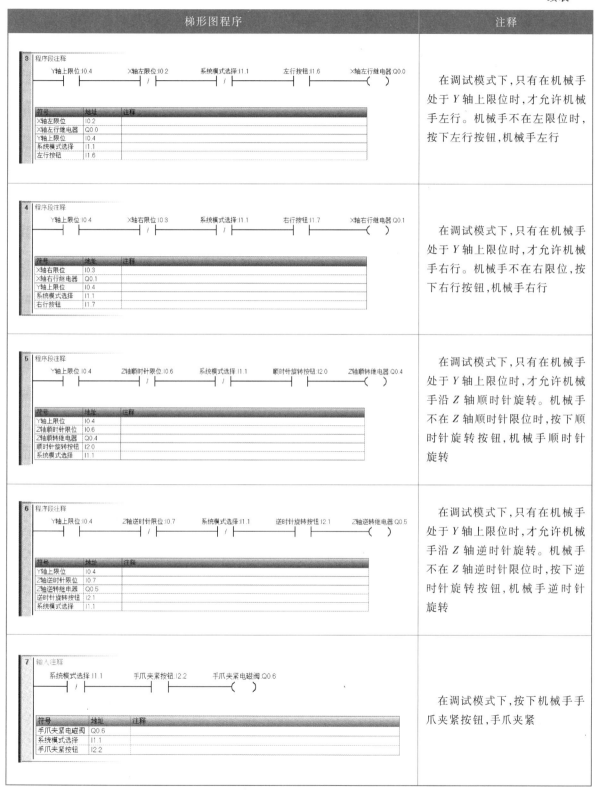	在调试模式下,只有在机械手处于Y轴上限位时,才允许机械手左行。机械手不在左限位时,按下左行按钮,机械手左行
	在调试模式下,只有在机械手处于Y轴上限位时,才允许机械手右行。机械手不在右限位,按下右行按钮,机械手右行
	在调试模式下,只有在机械手处于Y轴上限位时,才允许机械手沿Z轴顺时针旋转。机械手不在Z轴顺时针限位时,按下顺时针旋转按钮,机械手顺时针旋转
	在调试模式下,只有在机械手处于Y轴上限位时,才允许机械手沿Z轴逆时针旋转。机械手不在Z轴逆时针限位时,按下逆时针旋转按钮,机械手逆时针旋转
	在调试模式下,按下机械手手爪夹紧按钮,手爪夹紧

4. 单周期运行子程序

梯形图程序	注释
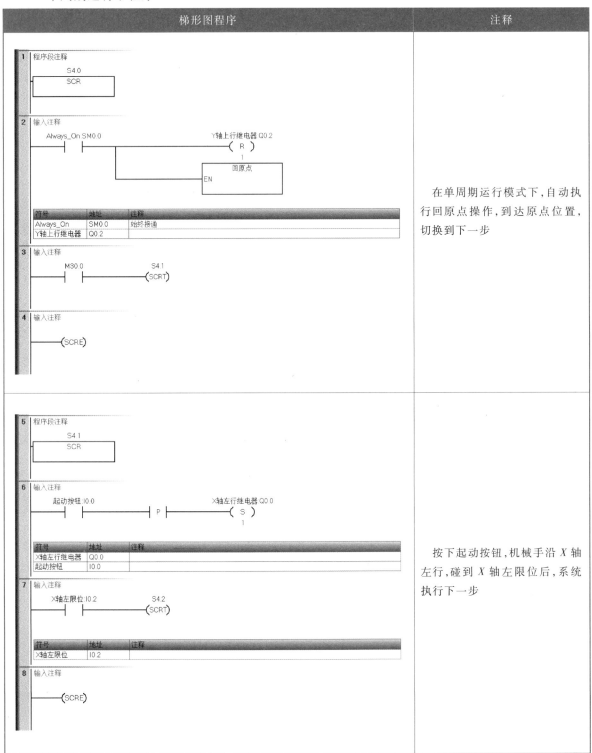	在单周期运行模式下,自动执行回原点操作,到达原点位置,切换到下一步 按下起动按钮,机械手沿 X 轴左行,碰到 X 轴左限位后,系统执行下一步

续表

梯形图程序	注释

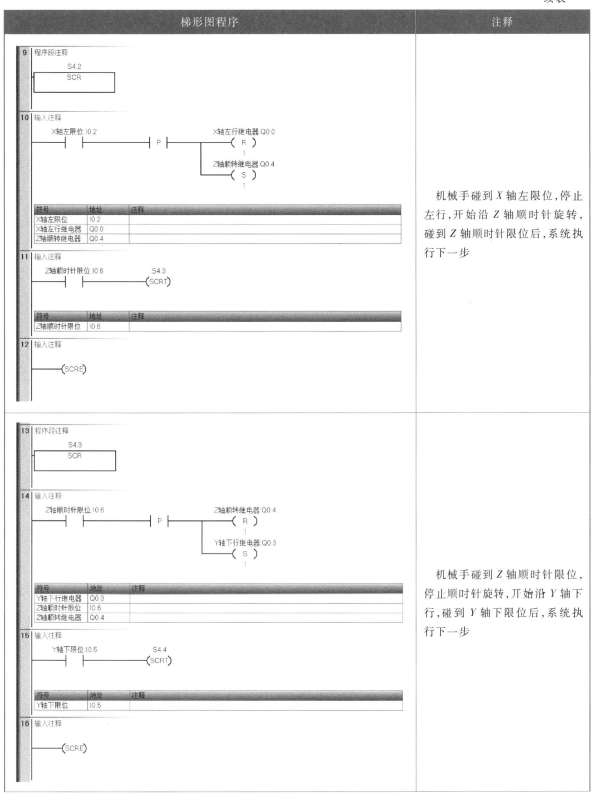

机械手碰到 X 轴左限位,停止左行,开始沿 Z 轴顺时针旋转,碰到 Z 轴顺时针限位后,系统执行下一步

机械手碰到 Z 轴顺时针限位,停止顺时针旋转,开始沿 Y 轴下行,碰到 Y 轴下限位后,系统执行下一步

梯形图程序	注释

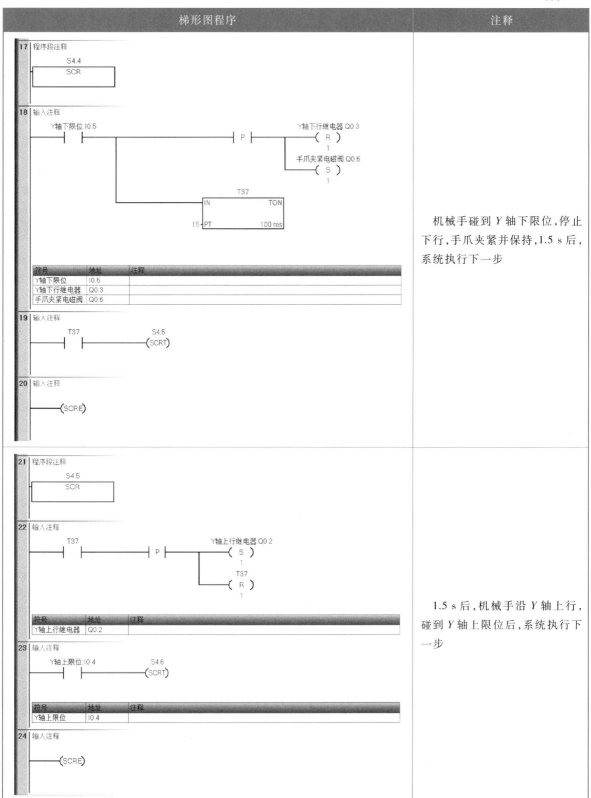

17 程序段注释
S4.4
SCR

18 输入注释

符号	地址	注释
Y轴下限位	I0.5	
Y轴下行继电器	Q0.3	
手爪夹紧电磁阀	Q0.6	

19 输入注释

20 输入注释

机械手碰到 Y 轴下限位，停止下行，手爪夹紧并保持，1.5 s后，系统执行下一步

21 程序段注释
S4.5
SCR

22 输入注释

符号	地址	注释
Y轴上行继电器	Q0.2	

23 输入注释

符号	地址	注释
Y轴上限位	I0.4	

24 输入注释

1.5 s后，机械手沿 Y 轴上行，碰到 Y 轴上限位后，系统执行下一步

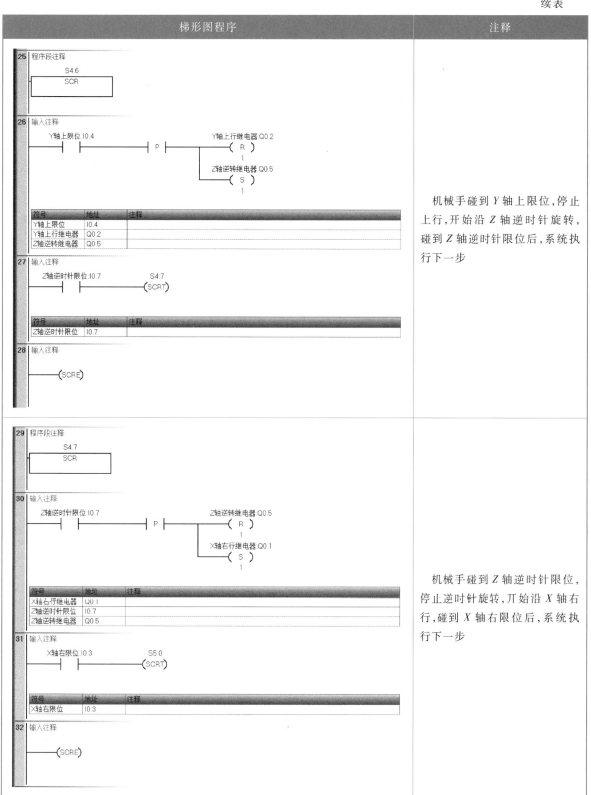

梯形图程序	注释
25 程序段注释 S4.6 SCR **26** 输入注释 Y轴上限位 I0.4 ——P—— Y轴上行继电器 Q0.2 (R) 1 Z轴逆转继电器 Q0.5 (S) 1 符号 / 地址 / 注释 Y轴上限位 / I0.4 Y轴上行继电器 / Q0.2 Z轴逆转继电器 / Q0.5 **27** 输入注释 Z轴逆时针限位 I0.7 —— S4.7 (SCRT) 符号 / 地址 / 注释 Z轴逆时针限位 / I0.7 **28** 输入注释 (SCRE)	机械手碰到 Y 轴上限位,停止上行,开始沿 Z 轴逆时针旋转,碰到 Z 轴逆时针限位后,系统执行下一步
29 程序段注释 S4.7 SCR **30** 输入注释 Z轴逆时针限位 I0.7 ——P—— Z轴逆转继电器 Q0.5 (R) 1 X轴右行继电器 Q0.1 (S) 1 符号 / 地址 / 注释 X轴右行继电器 / Q0.1 Z轴逆时针限位 / I0.7 Z轴逆转继电器 / Q0.5 **31** 输入注释 X轴右限位 I0.3 —— S5.0 (SCRT) 符号 / 地址 / 注释 X轴右限位 / I0.3 **32** 输入注释 (SCRE)	机械手碰到 Z 轴逆时针限位,停止逆时针旋转,开始沿 X 轴右行,碰到 X 轴右限位后,系统执行下一步

续表

梯形图程序	注释
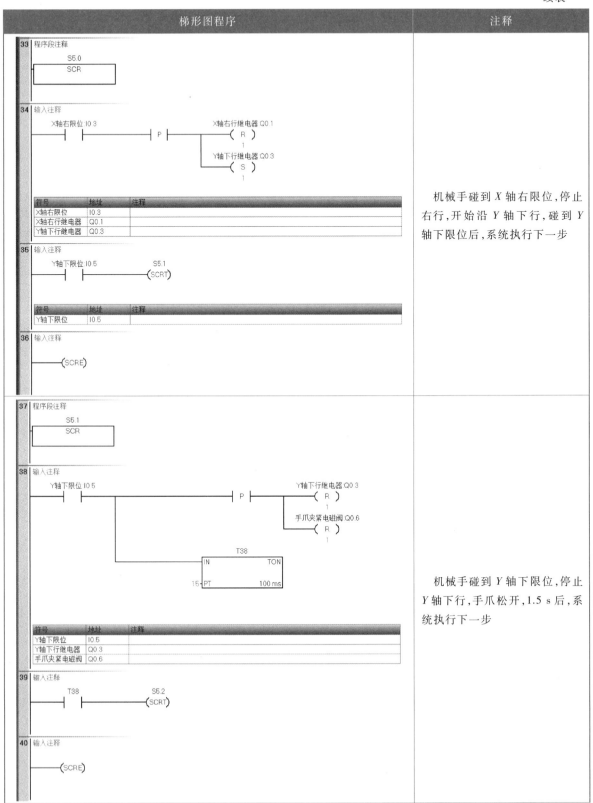	机械手碰到 X 轴右限位,停止右行,开始沿 Y 轴下行,碰到 Y 轴下限位后,系统执行下一步 机械手碰到 Y 轴下限位,停止 Y 轴下行,手爪松开,1.5 s后,系统执行下一步

续表

梯形图程序	注释
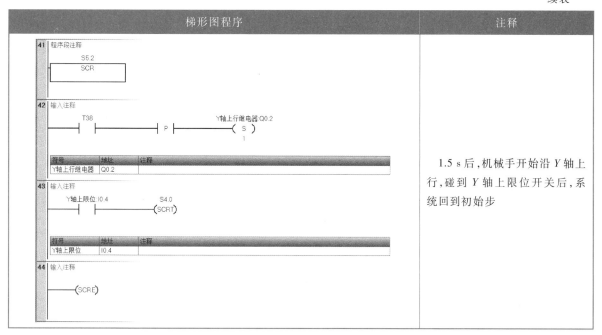	1.5 s后,机械手开始沿 Y 轴上行,碰到 Y 轴上限位开关后,系统回到初始步

5. 连续运行子程序

梯形图程序	注释
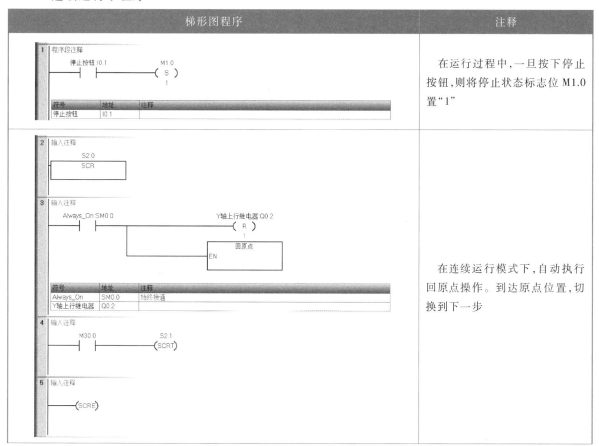	在运行过程中,一旦按下停止按钮,则将停止状态标志位 M1.0 置"1" 在连续运行模式下,自动执行回原点操作。到达原点位置,切换到下一步

续表

梯形图程序	注释
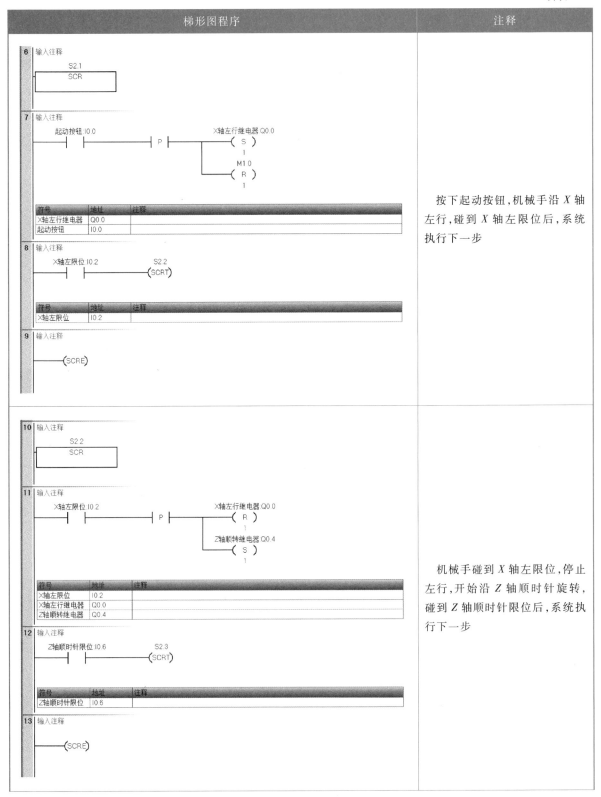	按下起动按钮,机械手沿 X 轴左行,碰到 X 轴左限位后,系统执行下一步 机械手碰到 X 轴左限位,停止左行,开始沿 Z 轴顺时针旋转,碰到 Z 轴顺时针限位后,系统执行下一步

续表

梯形图程序	注释

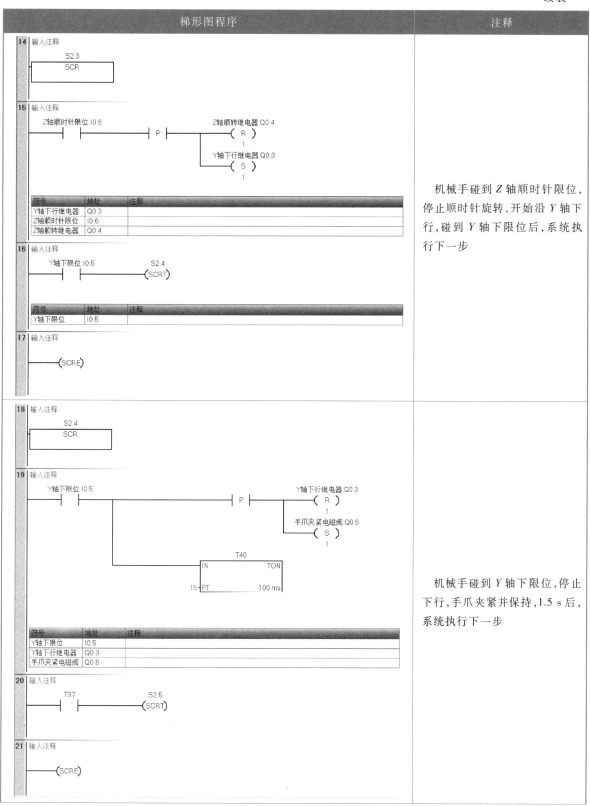

14 输入注释

S2.3
SCR

15 输入注释

Z轴顺时针限位:I0.6 —| |— —|P|— Z轴顺转继电器:Q0.4 —(R)— 1

Y轴下行继电器:Q0.3 —(S)— 1

符号	地址	注释
Y轴下行继电器	Q0.3	
Z轴顺时针限位	I0.6	
Z轴顺转继电器	Q0.4	

16 输入注释

Y轴下限位:I0.5 —| |— S2.4 —(SCRT)

符号	地址	注释
Y轴下限位	I0.5	

17 输入注释

—(SCRE)

注释（14—17）：机械手碰到 Z 轴顺时针限位，停止顺时针旋转，开始沿 Y 轴下行，碰到 Y 轴下限位后，系统执行下一步

18 输入注释

S2.4
SCR

19 输入注释

Y轴下限位:I0.5 —| |— —|P|— Y轴下行继电器:Q0.3 —(R)— 1

手爪夹紧电磁阀:Q0.6 —(S)— 1

T40 IN TON
15-PT 100 ms

符号	地址	注释
Y轴下限位	I0.5	
Y轴下行继电器	Q0.3	
手爪夹紧电磁阀	Q0.6	

20 输入注释

T37 —| |— S2.5 —(SCRT)

21 输入注释

—(SCRE)

注释（18—21）：机械手碰到 Y 轴下限位，停止下行，手爪夹紧并保持，1.5 s 后，系统执行下一步

续表

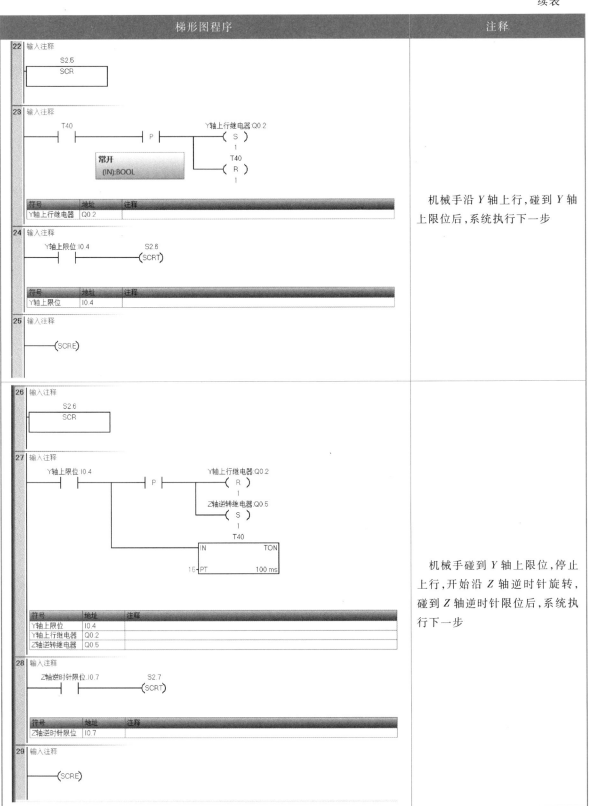

梯形图程序	注释
（图）	机械手沿 Y 轴上行,碰到 Y 轴上限位后,系统执行下一步
（图）	机械手碰到 Y 轴上限位,停止上行,开始沿 Z 轴逆时针旋转,碰到 Z 轴逆时针限位后,系统执行下一步

续表

梯形图程序	注释

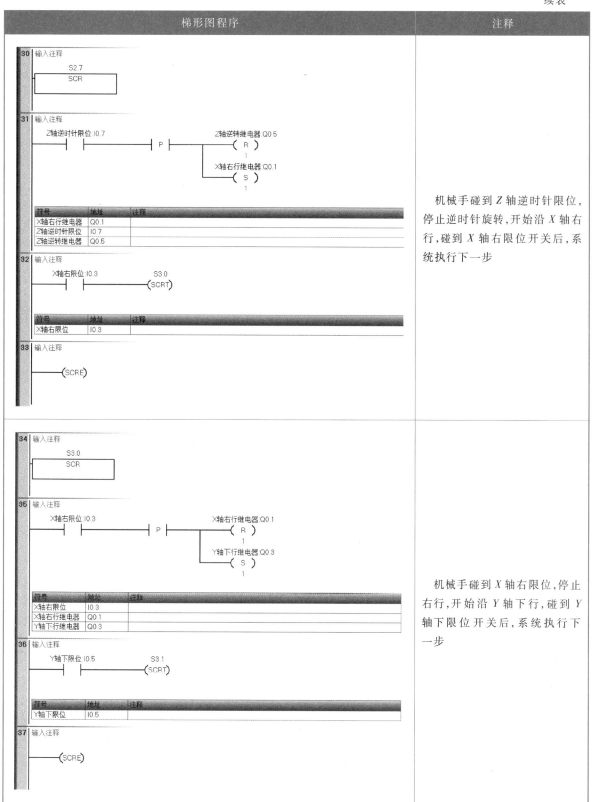

机械手碰到 Z 轴逆时针限位，停止逆时针旋转，开始沿 X 轴右行，碰到 X 轴右限位开关后，系统执行下一步

机械手碰到 X 轴右限位，停止右行，开始沿 Y 轴下行，碰到 Y 轴下限位开关后，系统执行下一步

续表

梯形图程序	注释
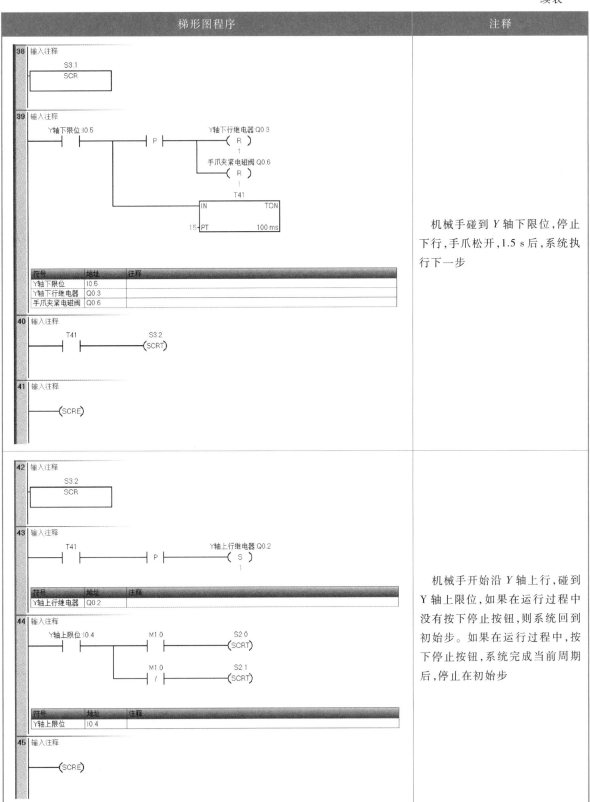	机械手碰到 Y 轴下限位,停止下行,手爪松开,1.5 s 后,系统执行下一步
	机械手开始沿 Y 轴上行,碰到 Y 轴上限位,如果在运行过程中没有按下停止按钮,则系统回到初始步。如果在运行过程中,按下停止按钮,系统完成当前周期后,停止在初始步

任务四 　安装与调试

参考方案

1. 检查电器元件

按照表 8-5 所列领取电器元件，并检查其好坏。

表 8-5　电器元件选型表

电器元件名称	型号	数量	功能描述	备注
按钮	LAY39, Φ22	12	控制信号	PLC 输入
转换开关	NP2-BD25	2	模式选择	PLC 输入
限位开关	SS-5GL2 带柄滚轮	6	位置检测	PLC 输入
空气开关	DZ47-63 3P	1	断路保护	
电磁阀	4V210-08 DC 24V	7	进料阀、出料阀	PLC 输出
PLC	SR40 继电器输出	1	控制器	

2. 系统安装调试

（1）安装并检查 PLC 控制电路。

（2）检查电源交流电压和直流电压是否正常。

（3）测试输入信号是否正常。

（4）下载程序，进行软、硬件联调，在程序状态监控状态下，查看初始状态并进行程序运行测试。如果上述某一步有问题，可使用万用表，通过电压法或电阻法进行故障判断和排除。

项目总结

知识方面	1. 掌握 S7-200 SMART PLC 子程序指令 2. 掌握子程序的建立和调用方法 3. 掌握较复杂程序的编程设计思路
能力方面	1. 能根据系统控制要求，运用子程序指令进行程序设计 2. 能进行较复杂程序的设计、编程及调试
素养方面	1. 具备创新精神 2. 具备团队协作的能力 3. 具备一丝不苟的精神

对本项目学习的自我总结:

_____

_____

_____

_____

_____

项目拓展

知识拓展:常用的控制指令

下面介绍实际中经常用到的一些指令,包括跳转与标号指令、条件结束与停止指令、看门狗复位指令、循环控制指令、数据传送指令。

1. 跳转与标号指令

跳转与标号指令及其说明见表8-6。

表8-6   跳转与标号指令及其说明

梯形图	语句表	说明
???? ——(JMP)	JMP N	跳转指令:当条件满足时,跳转到同一程序的标号(N)处
???? LBL	LBL N	标号指令:标记跳转目的地的位置(N)

说明:N的取值范围是0~255,可以在主程序、子程序或者中断服务程序中使用跳转指令;跳转与标号指令只能用于同一程序段中,其编程举例见表8-7。

表8-7   跳转与标号编程指令举例

梯形图程序	语句表程序
起动按钮 I0.0 20 —┤ ├——┤ ├——(JMP)	LD I0.0 JMP 20
说明:当输入 I0.0 为"1"时,跳转到标号为 20 的程序处	
20 LBL	LBL 20
说明:定义标号 20	

2. 条件结束与停止指令

条件结束与停止指令及其说明见表8-8。

表 8-8　条件结束与停止指令及其说明

梯形图	语句表	说明
——(END)	END	条件结束指令:当条件满足时,终止用户主程序的执行
——(STOP)	STOP	停止指令:立即终止程序的执行,CPU 从 RUN 到 STOP

说明:

● 条件结束指令只能用在主程序,不能用在子程序和中断服务程序。

● 如果停止指令在中断服务程序中执行,那么该中断立即终止并且忽略所有挂起的中断,继续扫描程序的剩余部分,在本次扫描周期的最后完成 CPU 从 RUN 模式到 STOP 模式的转变。

3. 看门狗复位指令

为监控 PLC 运行程序是否正常,PLC 设置了看门狗(Watchingdog)监控程序。运行用户程序开始时,先清零看门狗定时器,并开始计时。当用户程序一个循环运行完,查看看门狗定时器的计时值,若超时(一般不超过 100 ms),则报警;严重超时还可使 PLC 停止工作。用户可依报警信号采取相应的应急措施。看门狗定时器的计时值若不超时,则重复起始的过程,PLC 正常工作。显然,有了这个看门狗监控程序,可保证 PLC 用户程序的正常运行,避免出现"死循环"影响工作的可靠性。

看门狗复位指令(WDR)允许 S7-200 SMART PLC 的看门狗定时器被重新触发,这样可以在不引起看门狗监控程序错误的情况下,增加此扫描所允许的时间。

看门狗复位指令及其说明见表 8-9。

表 8-9　看门狗复位指令及其说明

梯形图	语句表	说明
——(WDR)	WDR	看门狗复位指令:当条件满足时,复位看门狗定时器

4. 循环控制指令

循环控制指令用于构成一段重复循环执行的程序,包括 FOR 和 NEXT 指令。循环控制指令及其说明见表 8-10。

表 8-10　循环控制指令及其说明

梯形图	语句表	说明
FOR EN　ENO ????-INDX ????-INIT ????-FINAL	FOR INDX,INIT,FINAL	当条件满足时,循环开始,INDX 为当前计数值,INIT 为循环次数初值,FINAL 为循环计数终值

续表

梯形图	语句表	说明
─┤├─(NEXT)	NEXT	循环返回,循环体结束指令

说明:由 FOR 和 NEXT 指令构成程序的循环体。使能输入 EN 有效,自动将各参数复位,循环体开始执行,执行到 NEXT 指令时返回,每执行一次循环体,当前计数值 INDX 增 1,达到循环计数终值 FINAL,循环结束。FOR/NEXT 指令必须成对使用,循环可以嵌套,最多为 8 层。循环控制指令编程举例见表 8-11。

表 8-11　循环控制指令编程举例

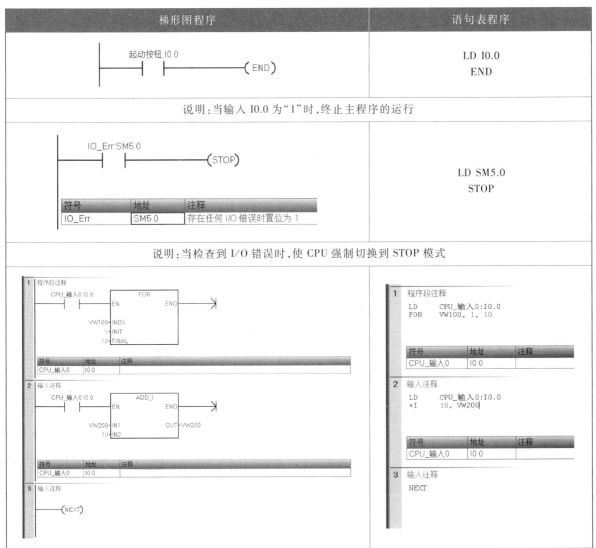

梯形图程序	语句表程序
起动按钮:I0.0 ─┤├─(END)	LD I0.0 END
说明:当输入 I0.0 为"1"时,终止主程序的运行	

说明:当输入 I0.0 为"1"时,终止主程序的运行

说明:当检查到 I/O 错误时,使 CPU 强制切换到 STOP 模式

说明:当输入 I0.0 为"1"时,将各参数复位,执行循环体,INDX 从 1 开始计数,每执行一次循环体,当前计数值 INDX 加 1,执行到 10 次时,当前计数值计到 10,循环结束

5. 数据传送指令

数据传送指令实现将输入数据(常数或某存储器中的数据)传送到输出端(存储器)的功能,传送的过程中不改变数据的原值。

数据传送指令及其说明见表 8-12。

表 8-12 数据传送指令及其说明

梯形图		语句表	功能

MOV_B
EN　ENO
IN　OUT
	MOV_W
	EN　ENO
	IN　OUT
		MOVB IN,OUT
		MOVW IN,OUT
		MOVD IN,OUT
		MOVR IN,OUT
			数据传送指令:实现字节、字、双字、实数的数据传送
			当使能输入端(EN)为"1"时,把输入端(IN)数据传送到输出端(OUT)

MOV_DW EN　ENO IN　OUT	MOV_R EN　ENO IN　OUT		

说明:

● 操作码中的 B(字节)、W(字)、D(双字)和 R(实数),代表被传送数据的类型。

● 操作数的寻址范围与指令码一致,如字节数据传送只能寻址字节型存储器,OUT 不能寻址常数。数据传送指令的数据类型及操作数见表 8-13。

微课

数据传送指令

表 8-13 数据传送指令的数据类型及操作数

数据类型	IN	OUT
字节	VB、IB、QB、MB、SB、SMB、LB、AC、常量	VB、IB、QB、MB、SB、SMB、LB、AC
字整数	VW、IW、QW、MW、SW、SMW、LW、T、C、AIW、AC、常量	VW、T、C、IW、QW、SW、MW、SMW、LW、AC、AQW
双字双整数	VD、ID、QD、MD、SD、SMD、LD、HC、AC、常量	VD、ID、QD、MD、SD、SMD、LD、AC
实数	VD、ID、QD、MD、SD、SMD、LD、AC、常量	VD、ID、QD、MD、SD、SMD、LD、AC

6. 程序举例

有 3 台电动机,设置 2 种起停方式:手动操作方式,用每个电动机各自的起停按钮控制 M1~M3 的起停状态;自动操作方式,按下起动按钮,M1~M3 每隔 5 s 依次起动,按下停止按钮,M1~M3 同时停止。I/O 分配见表 8-14。

表 8-14   I/O 分配表

PLC 地址	功　能	PLC 地址	功　能
I0.0	起动按钮	Q0.0	M1 运行
I0.1	停止按钮	Q0.1	M2 运行
I0.2	方式选择	Q0.2	M3 运行
I0.3 I0.4	M1 起动按钮 M1 停止按钮		
I0.5 I0.6	M2 起动按钮 M2 停止按钮		
I0.7 I1.0	M1 起动按钮 M1 停止按钮		

参考程序如图 8-18 所示。

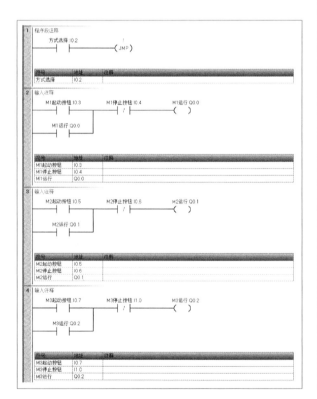
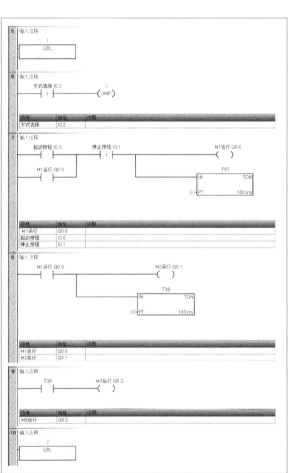

图 8-18   参考程序

试分析程序是如何实现所要求的控制功能的。

思考与练习

一、填空题

1. 子程序标号的范围是_____。

2. 带参数调用的子程序可以传递参数,这些参数在_____中进行定义。

二、选择题

1. (单选题)S7-200 SMART PLC 中子程序最多可达(　　)。

A. 32 　　　　　　　　　　　　　B. 64

C. 60 　　　　　　　　　　　　　D. 81

2. (单选题)在变量表中定义子程序传递参数符号名称最多有(　　)字符。

A. 8 　　　　　　　　　　　　　　B. 16

C. 32 　　　　　　　　　　　　　D. 64

3. (单选题)在变量表中定义子程序传递参数类型有(　　)。

A. IN 　　　　　　　　　　　　　B. OUT

C. IN_OUT 　　　　　　　　　　D. temp

4. (多选题)关于 S7-200 SMART PLC 子程序,下列说法正确的是(　　)。

A. 子程序仅在被调用时执行 　　　B. 同一子程序可以多次被调用

C. 使用子程序会增加程序扫描时间 　D. 使用子程序可以简化程序代码

三、简答题

1. 子程序变量表参数类型的具体含义是?

2. 子程序如何建立以及在使用过程中需要注意哪些问题?

3. 调用子程序有哪些优点?

項目九

十字滑台单轴运动控制

项目描述

运动控制实训平台中的十字滑台能够实现两个方向的定位移动。十字滑台主要由步进电动机、步进驱动器、丝杠传动机构和极限保护机构等构成,如图 9-1 所示。

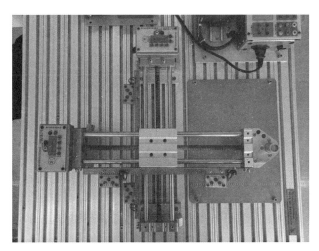

图 9-1　十字滑台

控制要求:使用 S7-200 SMART PLC 实现十字滑台单轴运动控制,要求按下起动按钮,十字滑台可沿其中一个单轴方向运动 50 mm,3 s 后返回初始位置;在运动过程中,一旦按下停止按钮,运动立即停止;可手动将十字滑台移动到原点位置,按下起动按钮可再次起动。根据上述控制要求,完成十字滑台单轴运动 PLC 控制系统的硬件设计、安装接线、软件编程、系统调试与检修。

能力目标

1. 了解步进电动机和步进驱动器的种类、外形和结构,掌握步进驱动器的参数设置和其与 PLC 之间的硬件接线。

2. 掌握高速脉冲输出指令的格式和功能及组态步骤。

3. 掌握十字滑台单轴运行控制系统的设计步骤、硬件接线、编程与调试。

素养目标

1. 具备工程思维和创新设计能力。

2. 具备严谨的工作态度和一丝不苟的精神。

3. 具备安全操作意识。

项目实施

任务一　设计硬件电路

设计硬件电路首先要根据十字滑台单轴运动 PLC 控制系统控制要求,列出 I/O 分配表,然后设计其电气原理图。

相关知识

1. 步进电动机

步进电动机是通过脉冲信号来进行控制,每输入一个脉冲信号,步进电动机前进一步。步进电动机旋转的步距角是在电动机结构的基础上等比例控制产生的,如果控制电路的细分控制不变,那么步进电动机旋转的步距角在理论上是一个固定的角度。在实际运行中,步进电动机旋转的步距角会有微小的差别,这是由于步进电动机结构上的固有误差产生的,而且这种误差不会累积。

步进电动机和步进驱动器外观如图 9-2 所示。当步进驱动器接收到一个脉冲信号,驱动步进电动机按设定的方向转动一个固定的角度(称为步距角),它的旋转是以固定的角度一步一步运行的。可以通过控制脉冲个数来控制角位移量,从而达到准确定位的目的;同时可以通过控制脉冲频率来控制步进电动机转动的速度和加速度,从而达到调速的目的。在使用前要详细了解步进电动机、步进驱动器的相关尺寸以及接线端子的功能。

按照转子分类,步进电动机可分为反应式步进电动机(VR)、永磁式步进电动机(PM)、混合式步进电动机(HB)。反应式步进电动机的定子上有绕组,定子绕组由软磁材料组成,其结构简单、成本低、步距角小,步距角可达 1.2°,但动态性能差、效率低、

图 9-2 步进电动机及步进驱动器外观

发热大,可靠性难以保证;永磁式步进电动机的转子用永磁材料制成,转子的磁极数与定子的磁极数相同,其特点是动态性能好、输出力矩大,但这种电动机步距角大(一般为 7.5°或 15°);混合式步进电动机综合了反应式和永磁式的优点,其定子上有很多相绕组,转子采用永磁材料,转子和定子均有多个小齿以提高步距精度,其特点是输出力矩大、动态性能好、步距角小,但结构复杂且成本相对较高。

按照定子绕组分类,步进电动机分为两相、三相和五相等系列。目前较受欢迎的是两相混合式步进电动机,约占 97%以上的市场份额,其原因是性价比高,配上细分步进驱动器后效果更好。这种电动机的基本步距角为 1.8°,配上半步步进驱动器后,步距角减少为 0.9°;配上细分步进驱动器后,其步距角可细分达 256 倍。由于摩擦力和制造精度等原因,实际控制精度略低。同一台步进电动机可配不同细分的步进驱动器以改变控制精度。

本项目所使用的步进电动机是混合式两相小型化步进电动机,如图 9-3(a)所示型号为 57BYG250C,步距角为 1.8°,每相电流为 1.5 A,所使用的步进驱动器为 SH-20403 型,如图 9-3(b)所示。

(a) 57BYG250C型步进电动机　　(b) SH-20403型步进驱动器

图 9-3 步进电动机及步进驱动器

57BYG250C 型步进电动机的基本参数见表 9-1。

表 9-1　57BYG250C 型步进电动机的基本参数

型号	57BYG250C	尺寸	57 mm×57 mm×76 mm
步距角	1.8°	相数	2
绝缘电阻	DC100 MΩ 500 V	静力矩	2.2 N·m
耐压	AC500 V	相电流	3.0 A
引线数	4	绝缘等级	B

57BYG250C 型步进电动机的一些基本参数如下。

● 步距角:1.8°,它不一定是电动机实际运行时的步距角,实际步距角和步进驱动器细分设置有关。

● 相数:2,表示该步进电动机具有两个定子绕组,是两相步进电动机。

● 静力矩:2.2 N·m,表示步进电动机通电但没有转动时,定子锁住转子的力矩,通常步进电动机在低速时的力矩接近静力矩。静力矩是衡量步进电动机最重要的参数之一。

2. 步进驱动器

57BYG250A 型步进电动机适配的步进驱动器型号为 SH-20403,其供电电源电压为 DC 10~40 V,通常用 DC 24 V 电源。图 9-4 所示为 SH-20403 型步进驱动器的控制面板。

（1）步进驱动器参数设置

输出电流选择:通过步进驱动器控制面板的 6 位拨码开关中电流部分的 5、6、7 三位组合 8 种状态,分别对应 8 种电流。电流设置见表 9-2。

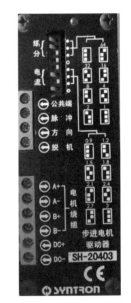

图 9-4　步进驱动器的控制面板

表 9-2　步进驱动器电流设置

序号	拨码 5	拨码 6	拨码 7	电流
1	ON	ON	ON	0.9 A
2	ON	OFF	ON	1.5 A
3	ON	ON	OFF	1.2 A
4	ON	OFF	OFF	1.8 A
5	OFF	ON	ON	2.1 A
6	OFF	OFF	ON	2.7 A
7	OFF	ON	OFF	2.4 A
8	OFF	OFF	OFF	3 A

细分选择:利用步进驱动器控制面板上6位拨码开关中细分部分的1、2、3三位不同组合状态,可分别提供整步、半步、4细分、8细分、16细分、32细分和64细分7种运行模式。细分设置见表9-3。

表9-3　步进驱动器细分设置

序号	拨码1	拨码2	拨码3	运行模式
1	ON	ON	ON	保留
2	OFF	OFF	OFF	整步
3	ON	OFF	OFF	半步
4	OFF	ON	OFF	4细分
5	ON	ON	OFF	8细分
6	OFF	OFF	ON	16细分
7	ON	OFF	ON	32细分
8	OFF	ON	ON	64细分

例如,步进驱动器上的拨码开关的细分部分拨成了"ON、ON、OFF",此时设置为8细分,步距角是$1.8°/8$,此时,步进电动机旋转一周需要脉冲数为$360°/1.8°×8 = 1\ 600$(个)。

（2）步进驱动器输入信号

步进驱动器是把计算机控制系统提供的微弱电信号放大到步进电动机能够接受的电信号,控制系统提供给步进驱动器的信号主要有以下几种。

① 步进脉冲信号CP:这是最重要的一路信号,因为步进驱动器的原理就是把控制系统发出的脉冲信号转化为步进电动机的角位移,或者说,步进驱动器每接收一个步进脉冲信号CP,就驱动步进电动机旋转一个步距角,CP的频率和步进电动机的转速成正比,CP的脉冲个数决定了步进电动机旋转的角度。控制系统通过脉冲信号CP就可以达到调速和定位的目的。

② 方向电平信号DIR:此信号决定电动机的旋转方向。此信号为高电平时步进电动机顺时针旋转,此信号为低电平时步进电动机则逆时针旋转,此种换向方式,为单脉冲方式。另外,还有一种双脉冲换向方式,步进驱动器接收两路脉冲信号(一般标注为CW和CCW),当其中一路(如CW)有脉冲信号时,步进电动机正向运行,当另一路如(如CCW)有脉冲信号时,步进电动机反向运行。

③ 脱机信号FREE:此信号为选用信号,并不是必须要用的,只在一些特殊情况下使用。FREE低电平时有效,此时步进电动机处于无力矩状态;FREE的输入端为高电平或悬空时,此功能无效,步进电动机可正常运行,此功能若用户不采用,只需要将FREE的输入端悬空即可。

3. S7-200 SMART PLC 高速脉冲输出

S7-200 SMART PLC的CPU模块晶体管输出点可以实现轴控制,用于速度和位置控制。CPU模块最多集成3路高速脉冲输出,其中ST20仅有2路100 kHz脉冲信号输出，ST30、ST40、ST60 都有 3 路 100 kHz 脉冲信号输出，支持 PWM/PTO 输出方式，最多支持 3 轴直线插补。采用运动控制向导，首先需要掌握 PLC 每个运动控制轴的输出点，这个是系统默认分配的，见表 9-4。

表 9-4　运动控制轴的输出点分配

信号	功能	Axis0	Axis1	Axis2
P0	P0 和 P1 是脉冲，用以控制电动机的运动和方向	Q0.0	Q0.1	Q0.3
P1		Q0.2	Q0.7/Q0.3	Q1.0
DIS	DIS 输出用来禁止或使能电动机驱动器/放大器	Q0.4	Q0.5	Q0.6

说明：

● Axis0 的 P0 始终组态为 Q0.0，如果未组态为单相，则 Axis0 的 P1 组态为 Q0.1。

● Axis1 的 P0 始终组态为 Q0.1，如果 Axis1 组态为双向输出或者 A/B 相输出，则 Axis1 的 P1 被分配到 Q0.3，但此时 Axis2 将不能使用。其他模式，则 Axis1 的 P1 分配到 Q0.7。

● Axis2 的 P0 始终组态为 Q0.3，如果未组态为单相，则 Axis2 的 P1 组态为 Q1.0；如果 Axis1 组态为双向输出或者 A/B 相输出，则 Axis2 不能使用。

4. 步进驱动器及步进电动机与 PLC 的接线

在了解了步进电动机的相关参数后，下面介绍步进电动机的接线。

两相步进电动机常采用的接线方式有两种：单极性（unipolar）和双极性（bipolar）。步进电动机的发展初期受到晶体管成本的影响，单极性电动机因其控制电路使用的晶体管数量少而得到一定范围的应用，但是随着 20 世纪五六十年代半导体材料的高速发展，晶体管成本大大降低，双极性电动机凭借着性能上的优势其使用量急剧增加。

双极性步进电动机的驱动电路如图 9-5 所示，它使用 8 个晶体管来驱动两组相位，通过切换线圈 AC 和线圈 BD 的电流方向来切换磁极的正、反方向。

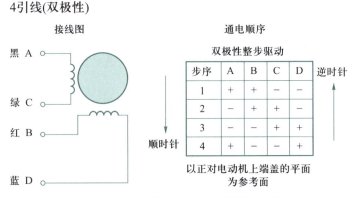

图 9-5　双极性步进电动机的驱动电路

步进驱动器及步进电动机与 PLC 的接线示意图如图 9-6 所示。

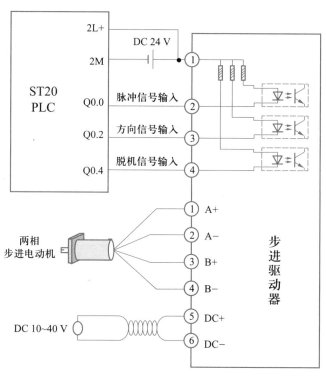

图 9-6　步进驱动器及步进电动机与 PLC 的接线示意图

参考方案

根据十字滑台单轴运动 PLC 控制系统的控制要求,进行 I/O 地址分配,见表 9-5。

表 9-5　十字滑台单轴运动 PLC 控制系统的 I/O 地址分配

输入点(I)			输出点(O)		
序号	输入外部设备	PLC 输入地址	序号	输出外部设备	PLC 输出地址
1	反向限位开关 SQ1	I0.0	1	脉冲输出 P0	Q0.0
2	正向限位开关 SQ2	I0.1	2	方向控制 P1	Q0.2
3	起动按钮 SB1	I0.2			
4	停止按钮 SB2	I0.3			
5	点动控制按钮 SB3	I0.4			
6	正向点动按钮 SB4	I0.5			
7	反向点动按钮 SB5	I0.6			
8	点动控制正向按钮 SB6	I0.7			
9	点动控制反向按钮 SB7	I1.0			

十字滑台单轴运动 PLC 控制系统的电气原理图如图 9-7 所示：

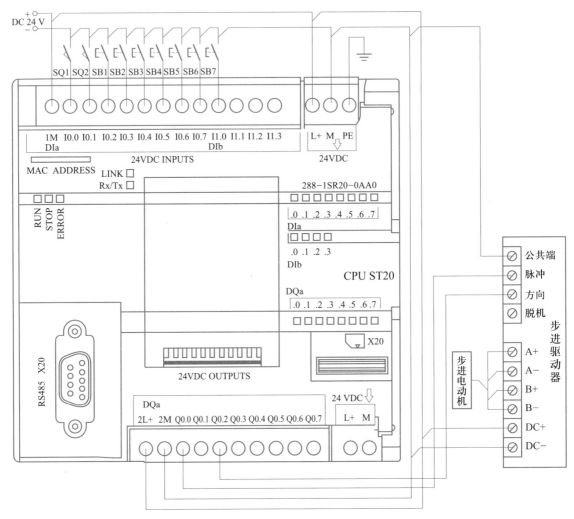

图 9-7 十字滑台单轴运动 PLC 控制系统的电气原理图

任务二 使用位控向导组态

微课

位控向导组态

S7-200 SMART PLC 的 CPU 模块提供了 3 个数字输出（Q0.0、Q0.1 和 Q0.3），可以通过 PLS（脉冲输出）指令将其组态为脉冲串输出（PTO）或脉宽调制（PWM）输出，也可以通过 PWM 向导将其组态为 PWM 输出或通过运动控制向导将其组态为运动控制输出。

相关知识

1. S7-200 SMART PLC 开环运动控制方式

S7-200 SMART PLC 提供了 4 种开环运动控制方式。

（1）脉冲串输出（PTO）：PLC 通过 PLS（脉冲输出）指令，生成一个周期可调、占空比为 50% 的脉冲串,用于步进电动机或伺服电动机的速度和位置控制。

（2）脉宽调制（PWM）:PLC 通过 PWM 向导或 PLS(脉冲输出)指令,生成一个周期、占空比可调的脉冲串,用于步进电动机或伺服电动机的速度和位置控制以及负载的循环控制。

（3）运动轴:通过运动控制向导提供带有方向控制和禁止输出的单脉冲串输出、可编程输入、自动参考点搜索等功能,可以组态运动轴生成 13 个子程序。

（4）运动轴组:运动轴组为步进电动机或伺服电动机的速度和位置控制提供了统一的解决方案,S7-200 SMART PLC 从 STEP 7 Micro/WIN SMART V2.7 版本开始提供基于脉冲控制的 2 轴/3 轴直线运动插补功能,可实现多轴之间的协调联动。该版本软件将运动轴组的配置界面融合到运动控制向导中,在配置运动轴组之前,需先启用对应单轴,单轴的配置组态与之前版本的软件操作完全相同,勾选要组态的运动轴后即可选择开启运动轴组功能。

STEP 7-Micro/WIN SMART 软件提供了运动控制向导来组态运动轴和运动轴组,并提供了 PWM 向导来组态 PWM,这些向导会生成相应的组件和子程序。运动控制向导生成的组件与子程序见表 9-6,用户可以调用这些子程序对速度和位置进行控制。

表 9-6 运动控制向导生成的组件与子程序

序号	类型	类别	名称	功能说明
1	运动轴	项目组件	AXISx_DATA	组态基于变量存储器 V 的数据页
2	运动轴	项目组件	AXISx_SYM	组态创建的符号表
3	运动轴	子程序	AXISx_CTRL	运动轴初始化子程序
4	运动轴	子程序	AXISx_CFG	读取组态的程序块并更新运动轴设置
5	运动轴	子程序	AXISx_DIS	激活 DIS 输出
6	运动轴	子程序	AXISx_GOTO	控制运动轴转到指定位置
7	运动轴	子程序	AXISx_LDOFF	建立偏移参考点位置的新零点位置
8	运动轴	子程序	AXISx_LDPOS	更改运动轴当前位置为新值
9	运动轴	子程序	AXISx_MAN	运动轴的手动模式操作
10	运动轴	子程序	AXISx_RSEEK	寻找参考点位置
11	运动轴	子程序	AXISx_RUN	控制运动轴执行组态的运动曲线
12	运动轴	子程序	AXISx_SRATE	修改已组态的运动曲线(加速、减速、急停)
13	运动轴	子程序	AXISx_CACHE	预先加载已组态的运动曲线
14	运动轴	子程序	AXISx_RDPOS	读取当前轴的位置
15	运动轴	子程序	AXISx_ABSPOS	从 V90 型伺服驱动器中读取绝对位置值

续表

序号	类型	类别	名称	功能说明
16	运动轴	子程序	ABSPOS_SBR	中断服务程序和驱动装置进行通信
17	运动轴组	项目组件	AXESGRP0_DATA	组态基于变量存储器 V 的数据页
18	运动轴组	项目组件	AXESGRP0_SYM	组态创建的符号表
19	运动轴组	子程序	GRP0_2D_MOVELINEAR	进行二维直线插补运动
20	运动轴组	子程序	GRP0_RESET	进行运动轴组重置
21	运动轴组	子程序	GRP0_MOVEPATH	进行运动轴组路径规划

　　运动控制向导组态完成后在符号表和数据块中生成的项目组件如图 9-8(a)(b)所示,子程序如图 9-8(c)所示。对于运动轴,STEP 7-Micro/WIN SMART 软件在工具菜单中提供了运动控制面板,可以通过该控制面板控制、监视和测试运动操作。

(a) 符号表

(b) 数据块

(c) 子程序

图 9-8　运动控制向导组态生成的项目组件及子程序

2. 运动控制相关参数

S7-200 SMART PLC 可以提供最多 3 个轴的控制功能,发出脉冲的速度为 20 个脉冲/s 至 100 000 个脉冲/s。

(1)最大速度和起动/停止速度

在运动控制向导中需要输入最大速度(MAX_SPEED)和起动/停止速度(SS_SPEED),如图 9-9 所示。

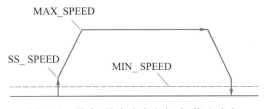

图 9-9 最大/最小速度和起动/停止速度

最大速度(MAX_SPEED)是指在电动机扭矩能力范围内,电动机的最大运行速度。运动控制向导根据输入的最大速度自动计算最小速度(MIN_SPEED)。

起动/停止速度(SS_SPEED)是最大速度 MAX_SPEED 的 5% ~ 15%。如果 SS_SPEED数值过低,电动机和负载在运动的开始和结束时可能会摇摆或颤动;如果 SS_SPEED数值过高,电动机会在起动时丢失脉冲,并且负载在试图停止时会使电动机超速。

(2)加速和减速时间

在运动控制向导中需要设置加速时间(ACCEL_TIME)和减速时间(DECEL_TIME),如图 9-10 所示。加速时间是从起动/停止速度(SS_SPEED)到最大速度(MAX_SPEED)的时间。减速时间是从最大速度(MAX_SPEED)的时间到起动/停止速度(SS_SPEED)的时间。一般加速时间和减速时间的默认设置均为 1 s(软件组态单位是 ms,即 1 000 ms)。

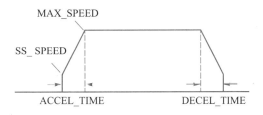

图 9-10 加速和减速时间

(3)运动包络

通过运动控制向导可以定义运动包络。运动包络描述具体的移动速度和移动距离。运动轴最多支持 32 个包络,每个包络可以选择运动轴模式(绝对位置、相对位置、单速连续旋转等),如图 9-11 所示。

每个运动包络最多可以组态 16 个步,每个步允许指定目标速度和位置,包括加速时间和减速时间内移动的距离。不同步数的运动包络如图 9-12 所示。

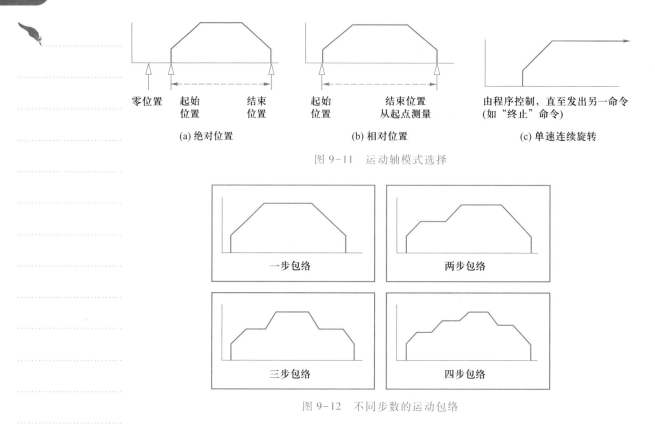

图 9-11　运动轴模式选择

图 9-12　不同步数的运动包络

3. 运动轴的控制信号

S7-200 SMART PLC 在运动控制向导中根据需要可组态输入、输出信号，支持急停、线性加速及减速，支持 4 种寻参考点模式，可以设置起始寻找方向和最终接近方向，可以组态 6 个数字量输入和 4 个数字量输出的功能，具体见表 9-7。

表 9-7　运动轴的输入、输出信号

类型	信号	功能
输入	STP	可使 CPU 停止正在进行的运动。在运动控制向导中可选择所需的 STP 操作
	RPS	作为参考点开关输入，为绝对运动操作建立参考点或零点位置。某些模式下可通过 RPS 输入使正在进行的运动行进指定距离后停止
	ZP	作为零脉冲输入，帮助建立参考点或零点位置。通常，电动机每转一圈，电动机驱动器/放大器就会产生一个 ZP 脉冲。需要一个未使用的 HSC 输入，仅在 RP 搜索模式 3 和 4 中使用
	LMT+/LMT−	正/反方向运动最大限值
	TRIG	某些模式下，TRIG（触发）输入会触发 CPU，使正在进行的运动在行进指定距离后停止
输出	P0/P1	P0 和 P1 为脉冲输出，用于控制电动机的运动和方向
	DIS	用于禁用或启用电动机的驱动器/放大器

参考方案

STEP 7-Micro/WIN SMART 软件提供运动控制向导来组态运动轴,提供 PWM 向导来组态 PWM,这些向导会生成运动指令,可对速度和位置进行动态控制。

以 V2.7 版本软件为例,运动控制向导组态步骤如下。

1. 组态运动轴

可以通过两种方式来组态运动轴。如图 9-13 所示,选择菜单"工具"→"运动"图标或在项目树中选择"向导"→"运动"并双击,打开"运动控制向导"对话框,如图9-14所示,选择要组态的轴"轴 0",进行相关参数组态。如果需要组态其他轴,需要勾选对应轴。如果需要组态轴组,"2D 直线插补"至少需要选择 2 个轴,"3D 直线插补"至少需要选择 3 个轴。设置完成后单击"下一个"按钮,进入修改运动轴名称界面。

图 9-13 启动运动控制向导

2. 修改运动轴名称

可以结合实际功能对运动轴进行命名,如图 9-15 所示,给轴 0 命名为"Y 轴",单击"下一个"按钮,进入测量系统界面。

3. 组态测量系统

"选择测量系统"选择"工程单位"或"相对脉冲"。如果选择"工程单位",则所有组态的速度及位置都以工程单位来计算;如果选择"相对脉冲",则所有组态的速度及位置都以相对脉冲来计算。

如图 9-16 所示,本项目选择"工程单位",步进驱动器设置为 8 倍细分,所以电动机旋转一周所需要的脉冲数为 1 600,对应实际运动距离为 4 mm。设置完成后,运动控制器将根据设定的目标速度和位置自动计算所需要的脉冲频率和脉冲数。

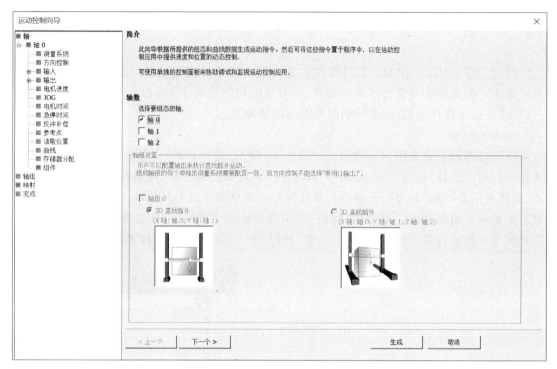

图 9-14　"运动控制向导"对话框

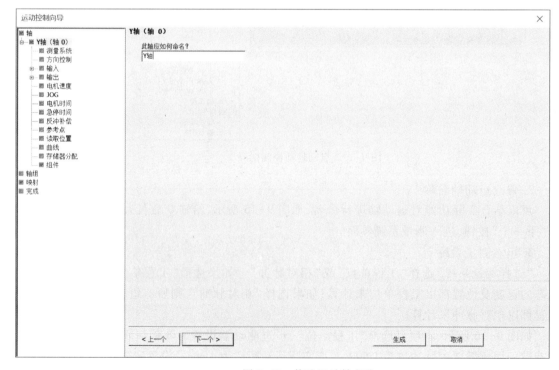

图 9-15　修改运动轴名称

　　运动控制向导根据所选的测量系统自动组态速度参数(Speed 和 C_Speed)和位置参数(Pos 或 C_Pos)的值,对于相对脉冲,这些参数为 DINT 值;对于工程单位,这些参数是 REAL 值。例如:如果选择厘米(cm),则以厘米为单位将位置参数存储为 REAL 值并以厘米/秒(cm/sec)为单位将速度参数存储为 REAL 值。设置完成后,单击"下一个"按钮,进入方向控制界面。

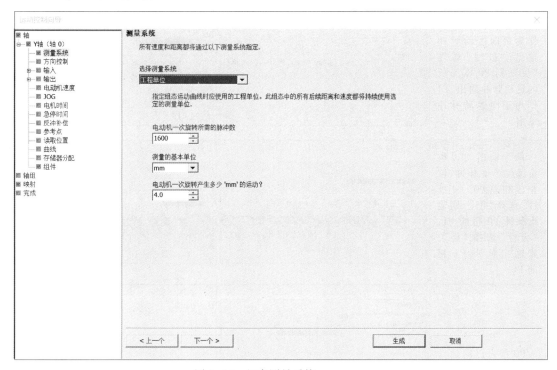

图 9-16　组态测量系统

4. 组态方向控制

　　本项目采用"脉冲+方向","相位"选择"单相(2 输出)","极性"选择"正"。P0 为脉冲输出,P1 指示运动方向。如果选择极性为正,P1 端高电平时,正方向移动,P1 端低电平时,负方向移动,如图 9-17(a)所示;如果选择极性为负,P1 端高电平时,负方向移动,P1 端低电平时,正方向移动,如图 9-17(b)所示。

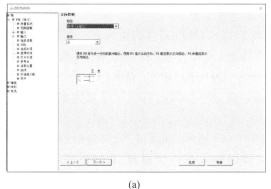

(a)　　　　　　　　　　　　　　　　(b)

图 9-17　组态方向控制

方向控制界面中的其他"相位"模式见表 9-8。

表 9-8　其他"相位"模式

类型	功能	正方向	负方向
双相(2个输出)	"极性"选择"正",则 P0 作为正向运动脉冲输出,P1 作为负向运动脉冲输出;"极性"选择"负",则 P0 作为负向运动脉冲输出,P1 作为正向运动脉冲输出	使用 P0 作为正向运动的脉冲输出。使用 P1 作为负向运动的脉冲输出。	使用 P0 作为负向运动的脉冲输出。使用 P1 作为正向运动的脉冲输出。
AB 正交相位(2个输出)	两个输出均以指定速度产生脉冲,但相位相差 90°。"极性"选择"正",则输出脉冲 P0 超前 P1;"极性"选择"负",则输出脉冲 P1 超前 P0	P0 和 P1 均以命令的速率发出脉冲。方向由两个脉冲通道的相位决定。如果 P0 在 p1 之前转换(领先),则方向为正向。如果 P0 在 p1 之后转换(滞后),则方向为负向。	P0 和 P1 均以命令的速率发出脉冲。方向由两个脉冲通道的相位决定。如果 P0 在 p1 之前转换(领先),则方向为负向。如果 P0 在 p1 之后转换(滞后),则方向为正向。
单相脉冲(1个输出)	P0 作为正向运动产生单路脉冲,没有方向选择	使用 P0 作为正向运动的脉冲输出。	无

设置完成后,单击"下一个"按钮,进入组态输入信号界面。

5. 组态输入信号

每个运动轴有 6 个输入信号,根据需要选择组态。

(1) 选择正、负方向的限位,分别设置 LMT+、LMT-对应的输入点。如图 9-18(a)所示,LMT+的"输入"选择"I0.0";"响应"选择"立即停止";"有效电平"选择"上限",表示高电平信号时有效。如图 9-18(b)所示,LMT-的"输入"选择"I0.1";"响应"选择"立即停止";"有效电平"选择"上限",表示高电平信号时有效。设置完成后单击"下一个"按钮。

(2) 设置 RPS(参考点或原点)。如图 9-19 所示,如果需要,勾选"已启动",确定绝对移动参考点或者原点,启用后选择对应的输入点作为原点,有效电平可以是上限(高电平)有效或下限(低电平)有效。选择"输入"和"有效电平"。组态 RPS 输入后,才可以组态参考点。本项目无须设置,直接单击"下一步"按钮即可。

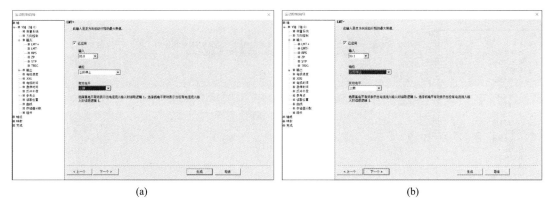

(a)　　　　　　　　　　　　　　　　　　(b)

图 9-18　设置正、负方向限位

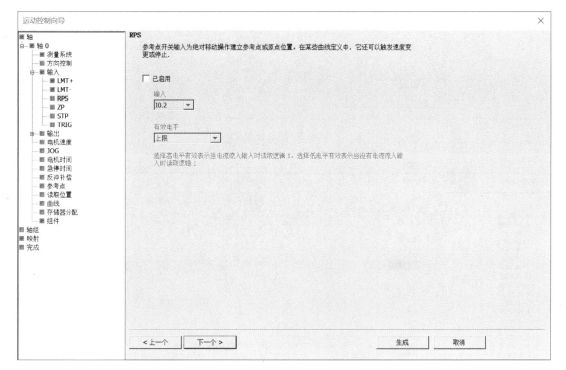

图 9-19　设置 RPS

（3）设置 ZP。如图 9-20 所示，ZP 信号需要一个未使用的 HSC 输入，在参考点查找模式 3、4 中使用。回参考点操作，必须要有 RPS 信号，但是不一定需要 ZP 信号。本项目无须设置，直接单击"下一个"按钮即可。

（4）设置 STP。通过该输入信号可以使运动停止。如图 9-21 所示，勾选"已启用"，"输入"选择"I0.2"，"响应"可选择"减速停止"或"立即停止"，此处选择"立即停止"。"触发"方式可以是"电平触发"或者"边沿触发"，如果电平触发可以是高电平或低电平；如果是边沿触发，则可以选择上升沿或下降沿。本项目中选择电平触发，高电平有效。设置完成后单击"下一个"按钮。

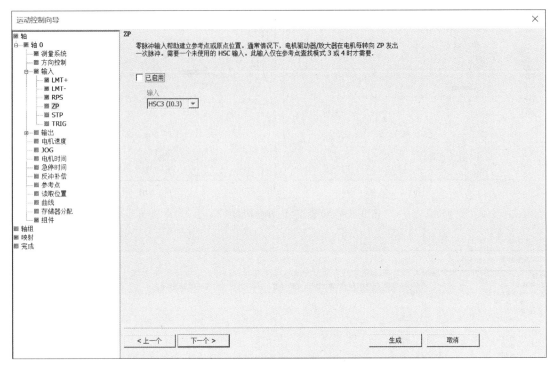

图 9-20　设置 ZP 信号

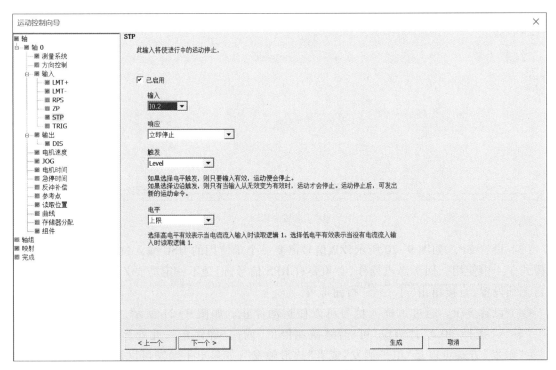

图 9-21　设置 STP 输入

（5）设置 TRIG。该输入用于在特定曲线中触发停止信号，具体设置如图 9-22 所示。

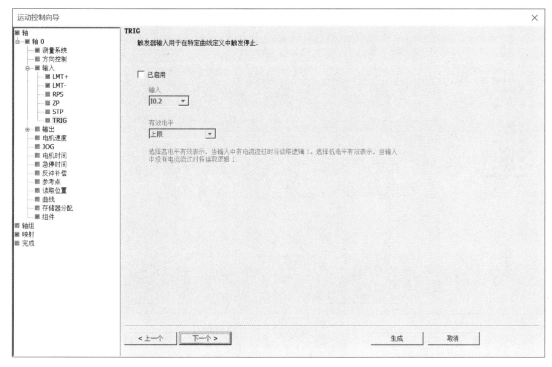

图 9-22 设置 TRIG 触发器

6. 组态输出信号

每个运动轴有输出信号 DIS，如图 9-23 所示，DIS 用于禁用或启用电机驱动器/放大器，PLC 自动分配输出地址，不能修改，其中轴 0 为 Q0.4、轴 1 为 Q0.5、轴 2 为 Q0.6。该输出点可以控制步进驱动器的脱机信号。

7. 组态电动机速度和相关参数

（1）设置步进电动机速度最大值和起动/停止速度。如图 9-24 所示，该值受运动控制器的输出频率限制，也和测量系统有关。图中设置电动机的最大转速为 20.0 mm/s，电动机的最小转速为 4.0 mm/s。

（2）设置电动机点动（JOG）速度。当接收到 JOG 命令超过 0.5 s，运动控制器按照点动速度进行运转，直到 JOG 命令消失。当接收到 JOG 命令小于 0.5 s，运动控制器执行点动增量距离。如图 9-25 所示，电动机的点动速度为 10 mm/s，在收到小于 0.5 s 的 JOG 命令后刀具移动的距离为 1.0 mm。

（3）设置电动机加速/减速时间。设置最大速度和起动/停止速度的加速或减速时间，如图 9-26 所示，加速时间设置为 1 s，减速时间设置为 0.2 s。

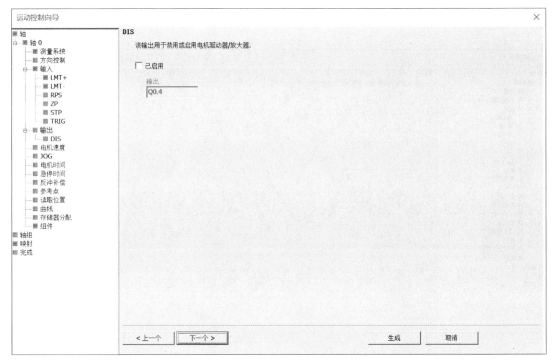

图 9-23　组态输出信号

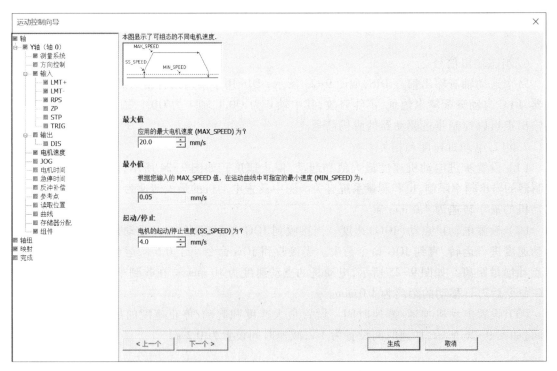

图 9-24　设置电机速度

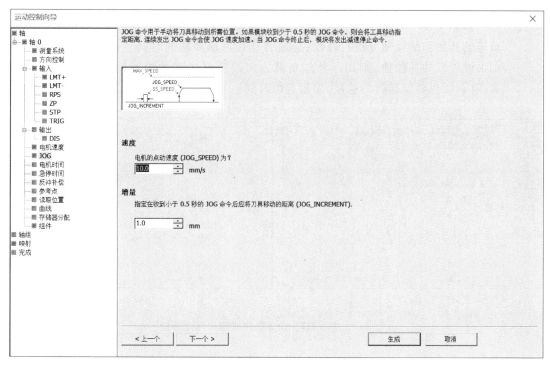

图 9-25　设置电机点动速度

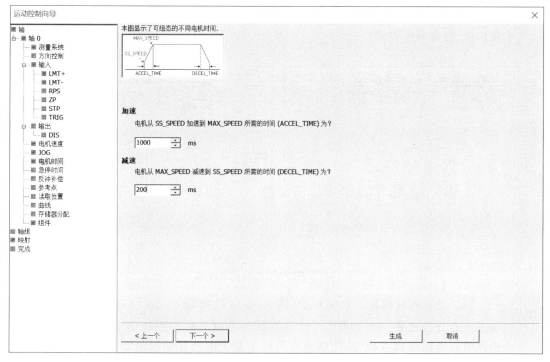

图 9-26　设置电机加速/减速时间

8. 设置急停时间和反冲补偿

如图 9-27(a)所示,如果设置补偿时间为 0,表示不补偿;反之若不为 0,在加速和减速的开始和结束部分进行补偿,必定会延长加速和减速时间。如图 9-27(b)所示,如果设置反冲补偿值,则用于补偿负载方向改变时出现的机械反冲而必须移动的距离,有利于提高反转时的速度,缩短定位时间。

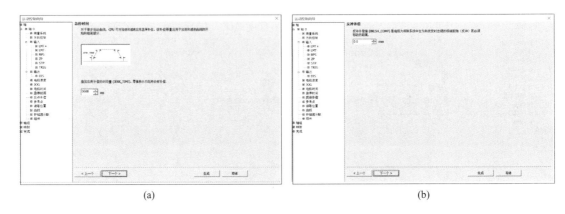

(a)　　　　　　　　　　　(b)

图 9-27　设置急停时间和反冲补偿

9. 组态参考点

如果需要从一个绝对位置处开始运动或以绝对位置作为参考点,则必须建立一个参考点(RP)或零点位置,如图 9-28(a)所示,启用 RPS 后才可以组态参考点。如图 9-28(b)所示,启用参考点后,即可设置参考点搜索过程,在向导左侧出现参考点查找、偏移量、搜索顺序等设置。

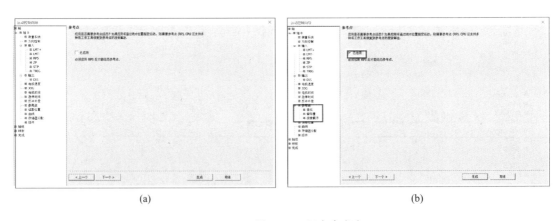

(a)　　　　　　　　　　　(b)

图 9-28　组态参考点

(1)设置查找参数。如图 9-29 所示,设置快速参考点查找速度(RP_FAST)和慢速参考点寻找速度(RP_SLOW),快速查找参考点速度为查找参考点(RP)起始速度,设置值较大以提高查找效率,该速度值约为最大电动机速度的 2/3。慢速参考点寻找速度是最终接近参考点(RP)时速度,设置值较小可保证寻找参考点精度,该速度值一般等于起动/停止电动机速度。

　　设置查找的起始方向和参考点逼近方向。设置查找参考点的起始方向(正方向或负方向),就是开始查找后首先按照哪个方向进行寻找(通常这个方向是工作区到 RP 附近,具体正、负方向需要测试后确定,默认方向是反向),如果在查找参考点过程中碰到限位开关,则电动机会自动反转,进行反向查找。参考点逼近方向是最终接近 RP 的方向,为减少反冲及提高精度,一般使用 RP 移动到工作区的方向来接近参考点,默认是正方向。

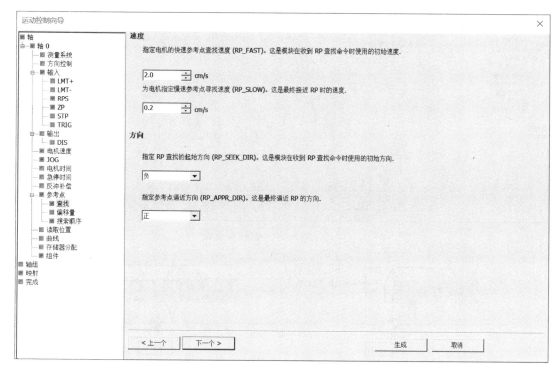

图 9-29　设置查找参数

　　(2)设置偏移量。如图 9-30 所示,参考点 RP 偏移量是 RP 到零点位置的偏移距离,可在运动控制子程序中进行修改偏移量,默认值为 0。

　　(3)搜索顺序。运动轴提供了一个参考点开关(RPS)作为输入,在搜索 RP 的过程中使用。以 RPS 为参考,确定一个位置作为 RP,可以将 RPS 的有效区的中点、边沿或从边沿开始一定数量的脉冲(ZP)的位置作为 RP,具体有 4 种搜索模式,如图 9-31 所示。

　　● 搜索模式 1:RP 定位在靠近工作区一侧的 RPS 输入激活的位置,从图 9-31(a)中可以看到 RP 定位到 RPS 的左侧(工作区位于 RPS 的左侧)。

　　● 搜索模式 2:RP 定位在 RPS 输入有效区中间位置,如图 9-31(b)所示。

　　● 搜索模式 3:RP 定位在 RPS 输入有效区之外,如图 9-31(c)所示,需要设置 RPS 取消激活后应收到的 ZP(零脉冲)数。

　　● 搜索模式 4:RP 定位在 RPS 输入有效区之内,如图 9-31(d)所示,需要设置 RPS 激活后应收到的 ZP(零脉冲)数。

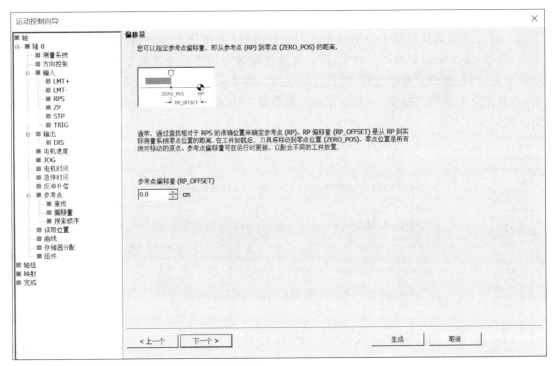

图 9-30　偏移量设置

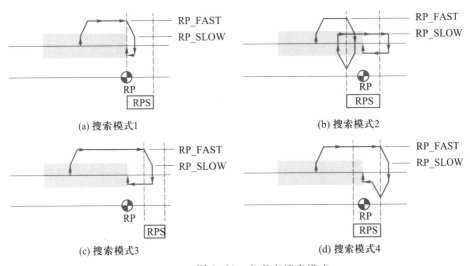

图 9-31　参考点搜索模式

10. 从驱动器读取绝对位置

如图 9-32 所示,本项目不启用该功能。如果启用,则可以从伺服驱动器读取当前位置值,该功能生成一个可用于用户程序的运动控制子程序,用于读取位置。

11. 曲线组态设置

如图 9-33 所示,单击"添加"按钮,即可添加运动曲线,可以修改曲线名称,最多可以添加 32 个运动曲线。每个曲线可以选择控制曲线的控制模式(绝对位置、相对位置

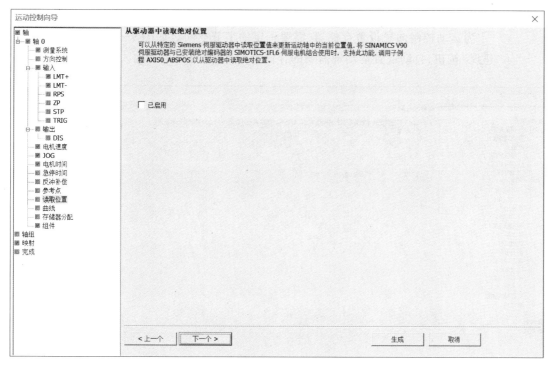

图 9-32　从驱动器读取绝对位置

和单速连续旋转),同一条曲线只能是相同的控制模式。每个曲线最多可以组态 16 个步,可为每步指定目标速度和位置。

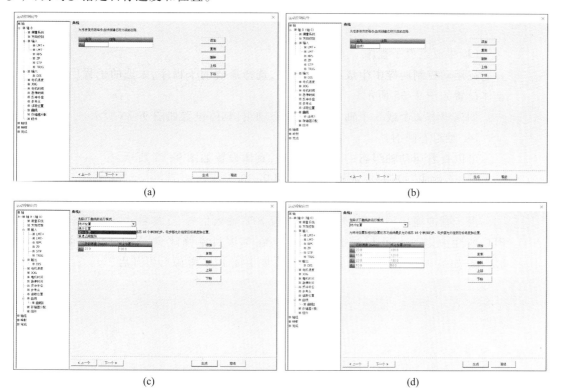

(a)　　　　　　　　　　　　　(b)

(c)　　　　　　　　　　　　　(d)

图 9-33　曲线组态设置

12. 存储器分配

为运动控制向导设置存储器,需要一定的字节空间。如图 9-34 所示,本项目单击"建议"按钮,自动设置运动轴需要的存储器地址,也可以手动输入存储器地址范围。

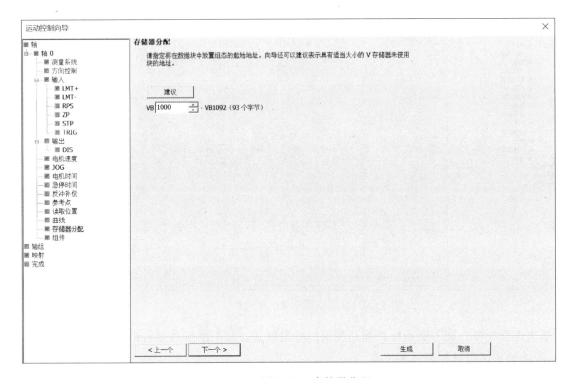

图 9-34　存储器分配

13. 生成组件子程序

在运动控制向导中生成相关子程序,选择需要的子程序,未选的子程序不能使用,具体设置如图 9-35 所示。

如果组态 2 个或 3 个轴,则可以组态轴组,具体设置如图 9-36 所示。

14. 轴组态映射

可以查看运动轴组态的 I/O 映射表,具体设置如图 9-37 所示。

单击"生成"按钮,完成轴组态,如图 9-38 所示。

完成后,在项目树中生成相应的子程序,如图 9-39 所示。

由于脉冲输出频率高,为了最快响应 STP 输入信号,立即停止脉冲串输出,需要在 PLC 属性中修改 STP 信号的滤波时间,在本项目中修改 I0.2 的滤波时间为最小值 0.2 μs,如图 9-40 所示。设置完成后,需要关闭 PLC 电源后再开启。

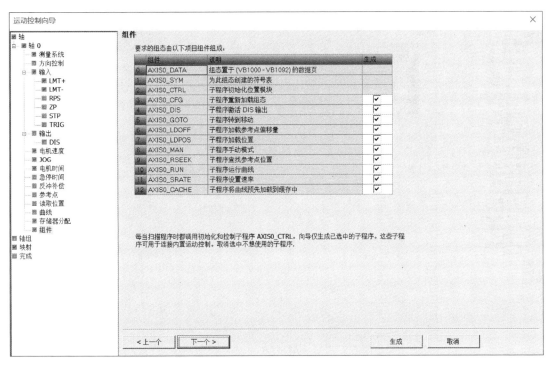

图 9-35　生成组件子程序

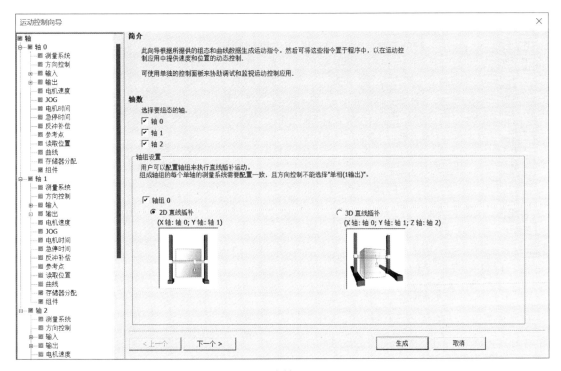

图 9-36　组态轴组

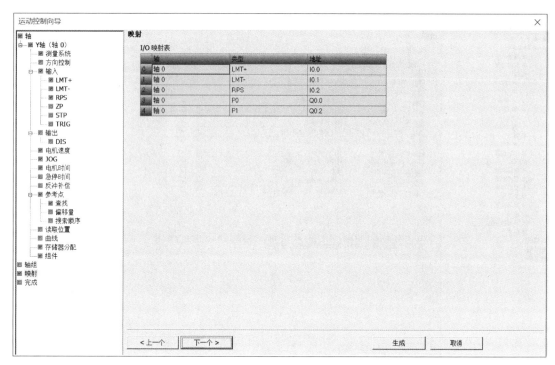

图 9-37　轴组态使用的 I/O 映射表

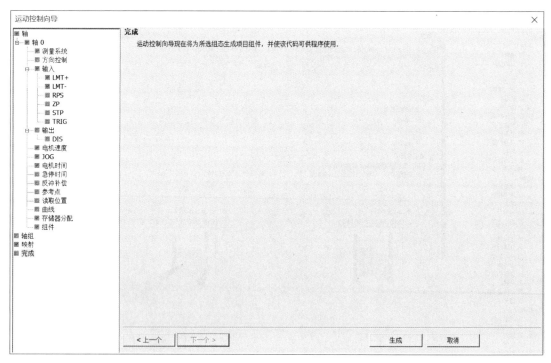

图 9-38　完成轴组态

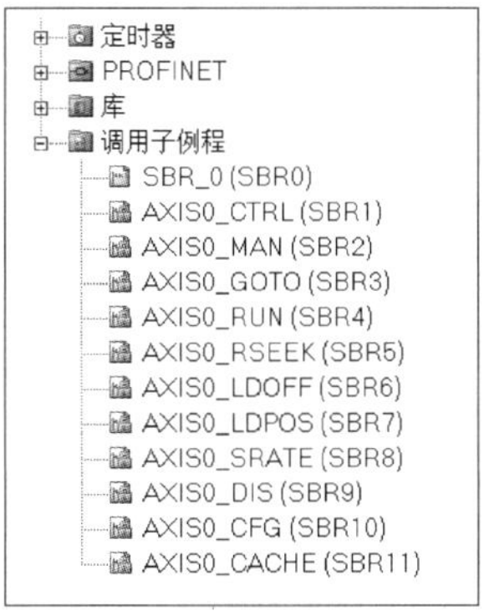

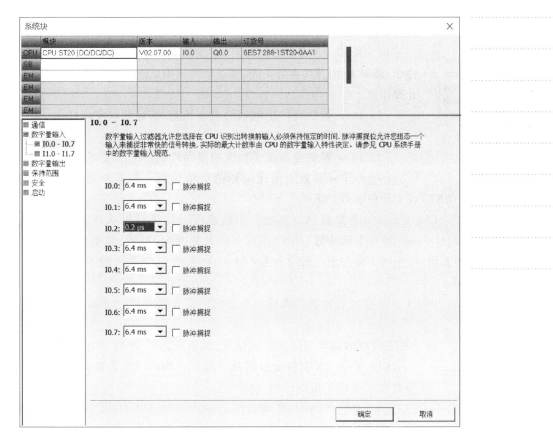

图 9-39 生成的子程序

图 9-40 修改输入滤波时间

任务三 设计与调试程序

完成了轴组态之后,生成子程序都有哪些功能?如何使用这些子程序完成十字滑台单轴运动 PLC 控制系统程序设计与调试呢?

相关知识

使用运动控制子程序的一些准则如下：要在每次扫描时执行子程序，请在程序中插入 AXISx_CTRL 子程序并使用 SM0.0 触点；要指定运动到绝对位置，必须首先使用 AXISx_RSEEK 或 AXISx_LDPOS 子程序建立零位置；要根据程序输入移动到特定位置，请使用 AXISx_GOTO 子程序；要运行通过运动控制向导组态运动曲线，请使用 AXISx_RUN 子程序。常用运动控制子程序的具体功能如下所述。

1. AXISx_CTRL 子程序

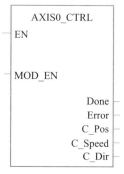

图 9-41　AXIS0_CTRL 子程序指令

该子程序用于控制启用和初始化运动轴，其指令如图 9-41 所示。注：各子程序指令的序号均默认从 0 开始。

每个运动轴在项目中只需要调用一次，并确保程序会在每次扫描时调用此子程序，使用 SM0.0（始终开启）作为 EN 参数的输入。

（1）MOD_EN 参数必须开启，才能启用其他运动控制子程序向运动轴发送命令；如果 MOD_EN 参数关闭，则运动轴将中止进行中的任何指令并执行减速停止操作。

（2）Done 参数提供运动轴的当前状态，当运动轴完成任何一个子程序时，Done 参数会开启。

（3）Error 参数包含该子程序的错误代码。

（4）C_Pos 参数表示运动轴的当前位置。根据测量单位，该值是脉冲数（DINT）或工程单位数（REAL）。

（5）C_Speed 参数提供运动轴的当前速度。如果针对脉冲组态运动轴的测量系统，C_Speed 是一个脉冲数（DINT），其中包含脉冲数/每秒；如果针对工程单位组态测量系统，C_Speed 是一个工程单位数（REAL），其中包含选择的工程单位数/每秒（REAL）。

（6）C_Dir 参数表示电动机的当前方向。信号状态 0 = 正向；信号状态 1 = 反向。

2. AXISx_GOTO 子程序

AXISx_GOTO 子程序的调用

该子程序控制运动轴运动到指定位置，其指令如图 9-42 所示。

（1）开启 EN 参数会启用此子程序。确保 EN 参数保持开启，直至 DONE 参数指示子程序执行已经完成。

（2）开启 START 参数会向运动轴发出 GOTO 指令。在执行扫描时，当 START 参数开启且运动轴当前不繁忙时，该子程序向运动轴发送一个 GOTO 指令。为了确保仅发送了一个 GOTO 指令，使用边沿检测指令，采用脉冲方式开启 START 参数。

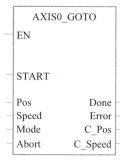

图 9-42　AXISx_GOTO 子程序指令

（3）Pos 参数指示要移动的位置（绝对移动）或要移动的距离（相对移动）。根据所选的测量单位，该值是脉冲数（DINT）或工程单位数（REAL）。

（4）Speed 参数确定该移动的最高速度。根据所选的测量单位，该值是脉冲数/每秒或工程单位数/每秒。

（5）Mode 参数选择移动的类型：0 表示绝对位置；1 表示相对位置；2 表示

单速连续正向旋转;3 表示单速连续反向旋转。

（6）开启 Abort 参数会命令运动轴停止执行指令并减速,直至电动机停止。

（7）当运动轴完成此子程序时,Done 参数会开启。

（8）Error 参数包含该子程序的错误代码。

（9）C_Pos 参数包含运动轴的当前位置。根据测量单位,该值是脉冲数（DINT）或工程单位数（REAL）。

（10）C_Speed 参数包含运动轴的当前速度。根据所选的测量单位,该值是脉冲数/每秒或工程单位数/每秒。

3. AXISx_MAN 子程序

该子程序将运动轴设置为手动模式,控制电动机按照不同的方向和速度运行,并可以实现手动正、反转控制,其指令如图 9-43 所示。

（1）开启 RUN 参数后,运动轴按照指定速度（Speed 参数）和方向（Dir 参数）运行。电动机运行过程中可以更改速度,但不能更改方向。当 RUN 断开后,运动轴减速,直至电动机停止。

（2）JOG_P（点动正向旋转）和 JOG_N（点动反向旋转）参数可以实现运动轴正向或反向点动。

（3）同一时刻,仅能启用 RUN、JOG_P、JOG_N 参数中的一个。

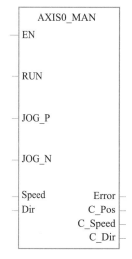

图 9-43　AXISx_MAN
子程序指令

4. AXISx_RUN 子程序

该子程序控制运动轴按照运动控制向导组态的曲线执行运动操作,其指令如图9-44所示。

（1）开启 EN 参数会启用此子程序。确保 EN 参数保持开启,直至 Done 参数指示子程序执行已经完成。

（2）START 参数用于向运动轴发出 RUN 指令,一般采用边沿检测指令触发。

（3）Profile 参数用于设置运动曲线的编号,其值必须为 0~31。

（4）当 Abort 参数接通时,发出停止指令,电动机减速停止。

（5）C_Profile 参数显示运动轴当前执行的曲线。

（6）C_step 参数显示运动轴当前执行的曲线步数。

（7）当运动轴执行完子程序,Done（完成标志）参数置"1"。

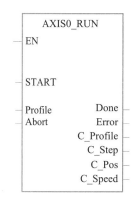

图 9-44　AXISx_RUN
了程序指令

5. AXISx_RSEEK 子程序

该子程序用于启动运动控制向导中组态的参考点搜索,当寻找完参考点且运动停止后,运动轴将运动控制向导中 RP_OFFSET 参数载入当前位置,其指令如图 9-45 所示。

（1）开启 EN 参数会启用此子程序。确保 EN 参数保持开启,直至 Done 参数指示子程序执行已经完成。

（2）START 参数用于向运动轴发出 RSEEK 指令,一般采用边沿检测指令触发。

（3）RP_OFFSET 参数的默认值一般为 0,可以采用运动控制向导设置,也可以通过 AXISx_LDOFF 子程序进行修改。

图 9-45　AXISx_RSEEK
子程序指令

6. AXISx_LDPOS 子程序

```
AXIS0_LDPOS
─ EN

─ START

─ New_Pos    Done ─
             Error ─
             C_Pos ─
```

图 9-46　AXISx_LDPOS
子程序指令

该子程序用于将运动轴中的当前位置更改为新位置值，其指令如图 9-46 所示。

（1）开启 EN 参数会启用此子程序。确保 EN 参数保持开启，直至 Done 参数指示子程序执行已经完成。

（2）开启 START 参数会向运动轴发出 LDPOS 指令。对于在 START 参数开启且运动轴当前不繁忙时执行的每次扫描，该子程序向运动轴发送一个 LD-POS 指令。为了确保仅发送了一个 LDPOS 指令，请使用边沿检测元素用脉冲方式开启 START 参数。

（3）New_Pos 参数提供当前位置值。

（4）Error 参数包含子程序结果。

（5）C_Pos 参数包含运动轴当前位置。

其中，New_Pos 参数和 C_Pos 参数根据所选的测量单位，该值是脉冲数（DINT）或工程单位数（REAL）。

7. AXISx_ABSPOS 子程序

该子程序用于读取 SINAMICS V90 伺服驱动器的绝对位置，其指令如图 9-47 所示。

```
AXIS0_ABSPOS
─ EN

─ START

─ RDY

─ INP

─ Res       Done ─
─ Drive     Error ─
─ Port      D_Pos ─
```

图 9-47　AXISx_ABSPOS
子程序指令

（1）开启 EN 参数会启用此子程序。确保 EN 参数保持开启，直至 Done 参数指示子程序执行已经完成。

（2）START 参数开启后可获取伺服驱动器当前位置，一般采用边沿检测指令触发。

（3）RDY 参数指示伺服驱动器处于就绪状态，一般通过伺服驱动器的数字量输出反馈到 PLC 的数字量输入端，仅当该参数开启后，该子程序才读取绝对位置。

（4）INP 参数指示伺服驱动器处于静止状态，一般通过伺服驱动器的数字量输出反馈到 PLC 的数字量输入端，仅当该参数闭合后，该子程序才读取绝对位置。

（5）Res 参数必须设置为伺服电动机中绝对值编码器的分辨率。

（6）Drive 参数为伺服驱动器中所设置的 RS485 站地址。

（7）Port 参数为伺服驱动器通信的 CPU 端口（0 表示 CPU 集成的 RS485 端口；1 表示 RS485/RS232 信号板）。

注：运动控制其他子程序参考 S7-200 SMART PLC 系统手册进行学习。

✏️ 参考方案

梯形图程序	注释
1 程序上电初始化. 　First_Scan_On:SM0.1　　脉冲输出P0:Q0.0 　├─┤ ├──────────(R)　4　M0.0　(R)　8　符号　地址　注释　First_Scan_On　SM0.1　仅在第一个扫描周期时接通　脉冲输出P0　Q0.0	调用 First_Scan_On：SM0.1，进行系统上电初始化，接通一次复位线圈，将 Q、M 点复位

续表

梯形图程序	注释
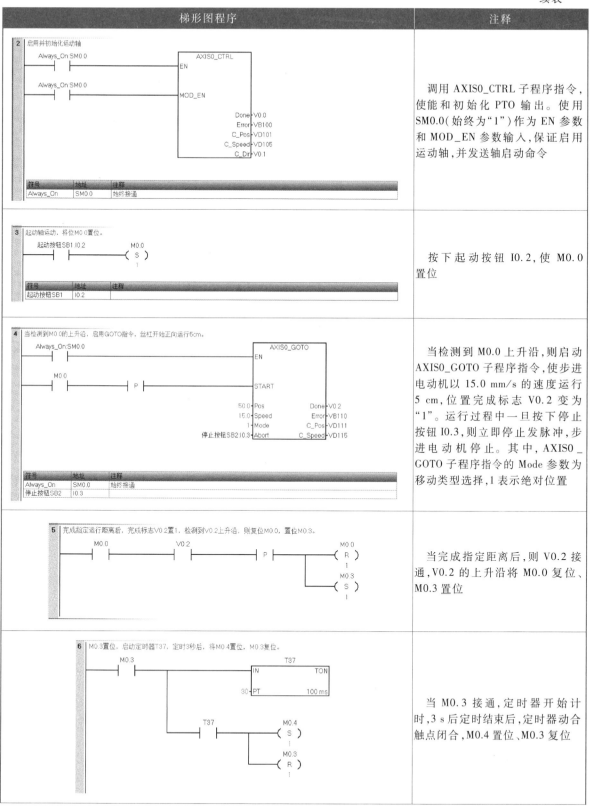	

调用 AXIS0_CTRL 子程序指令，使能和初始化 PTO 输出。使用 SM0.0(始终为"1")作为 EN 参数和 MOD_EN 参数输入，保证启用运动轴，并发送轴启动命令

按下起动按钮 I0.2，使 M0.0 置位

当检测到 M0.0 上升沿，则启动 AXIS0_GOTO 子程序指令，使步进电动机以 15.0 mm/s 的速度运行 5 cm，位置完成标志 V0.2 变为"1"。运行过程中一旦按下停止按钮 I0.3，则立即停止发脉冲，步进电动机停止。其中，AXIS0_GOTO 子程序指令的 Mode 参数为移动类型选择，1 表示绝对位置

当完成指定距离后，则 V0.2 接通，V0.2 的上升沿将 M0.0 复位、M0.3 置位

当 M0.3 接通，定时器开始计时，3 s 后定时结束后，定时器动合触点闭合，M0.4 置位、M0.3 复位

梯形图程序	注释
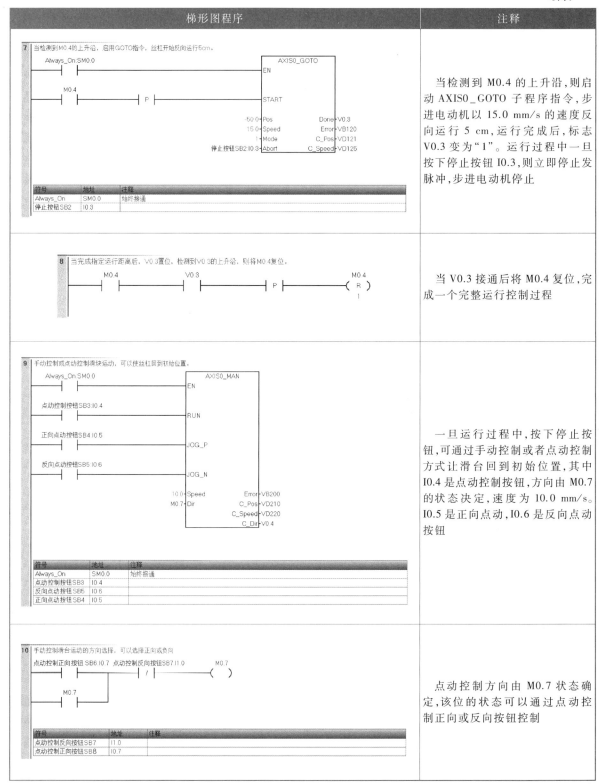	当检测到 M0.4 的上升沿,则启动 AXIS0_GOTO 子程序指令,步进电动机以 15.0 mm/s 的速度反向运行 5 cm,运行完成后,标志 V0.3 变为"1"。运行过程中一旦按下停止按钮 I0.3,则立即停止发脉冲,步进电动机停止
	当 V0.3 接通后将 M0.4 复位,完成一个完整运行控制过程
	一旦运行过程中,按下停止按钮,可通过手动控制或者点动控制方式让滑台回到初始位置,其中 I0.4 是点动控制按钮,方向由 M0.7 的状态决定,速度为 10.0 mm/s。I0.5 是正向点动,I0.6 是反向点动按钮
	点动控制方向由 M0.7 状态确定,该位的状态可以通过点动控制正向或反向按钮控制

对于运动控制,STEP 7-Micro/WIN SMART 软件还提供了控制面板,可以通过控制面板进行控制、监视和测试运动操作。

任务四　安装与调试

参考方案

1. 检查电器元件

检查 PLC、步进电动机和步进驱动器是否正常。

2. 系统安装调试

(1) 安装并检查 PLC 控制电路。

(2) 检查电源交流电压和直流电压是否正常。

(3) 测试输入信号是否正常。

(4) 下载程序,进行软硬联调,在程序状态监控下查看初始状态并进行程序运行测试。如果上述某一步有问题,可使用万用表,通过电压法或电阻法进行故障判断和排除。

项目总结

知识方面	1. 了解步进电动机和步进驱动器的种类、外形、结构 2. 掌握步进驱动器的设置与 PLC 之间的硬件接线 3. 掌握轴组态步骤 4. 掌握运动控制相关功能指令的编程方法
能力方面	1. 能够根据控制要求正确设置步进驱动器拨码开关 2. 能够根据电气原理图完成步进电动机与 PLC 之间的硬件接线 3. 能进行轴的组态过程 4. 能运用运动控制功能指令进行程序设计
素养方面	1. 具备工程思维和创新设计的能力 2. 具备严谨的工作态度和一丝不苟的精神 3. 具备安全操作的能力

对本项目学习的自我总结:

_____

_____

_____

_____

项目拓展

拓展项目一：十字滑台 Y 轴方向往返运动控制

运用 AXISx_RUN、AXISx_RSEEK 子程序指令，完成十字滑台 Y 轴方向往返运行控制。控制要求：按下复位按钮，首先寻原点，完成原点寻找后，按下起动按钮，正方向运动 10 cm，到达相应位置停止，2 s 后沿负方向运动 10 cm，回到原点，循环 3 次后自动停止。如果运行过程中一旦按下停止按钮，则十字滑台立即停止运动。设计 PLC 控制系统电气原理图，并进行程序编写调试。

拓展项目二：步进电动机停止的另外一种实现方法

除了通过设置 STP 输入停止正在运行的电动机外，还可以通过组态 DIS 来实现电动机的停止。DIS 的输出点为默认（见表 9-4），如图 9-48 所示，选中"已启用"，将输出接到步进驱动器的 Free 端（脱机信号），当 Q0.4 输出为"1"时，则电动机处于脱机状态，立即停止。

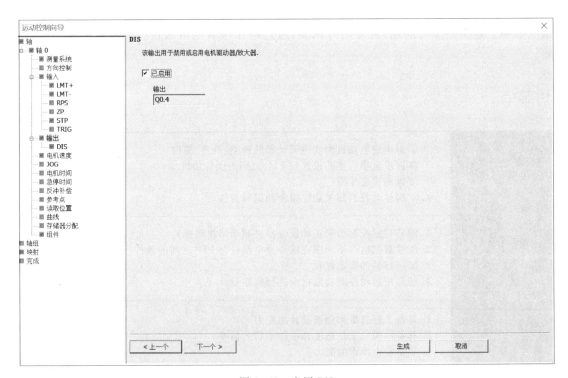

图 9-48　启用 DIS

提示：将图 9-7 所示电气原理图修改为如图 9-49 所示。

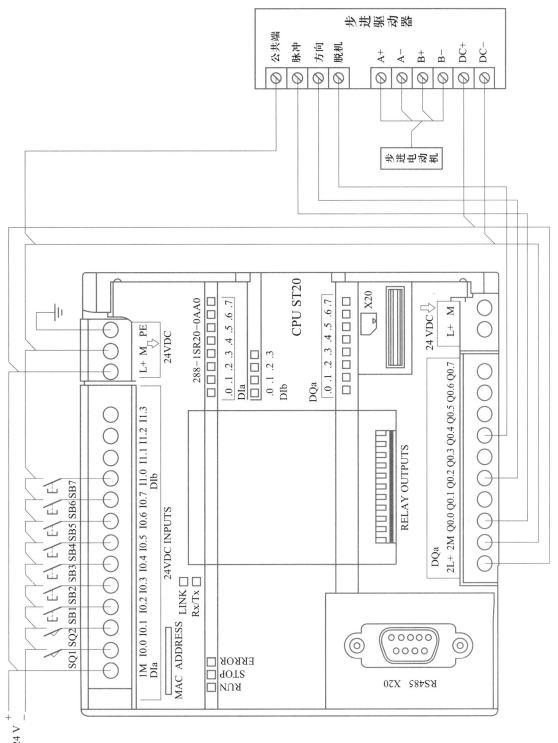

图 9-49　增加脱机信号的控制电路

思考与练习

一、填空题

1. 步进电动机步距角为 1.8°,将步进驱动器设置为 16 倍细分,则 PLC 发_____个脉冲,电动机转一圈。

2. ST40 有_____路脉冲输出。

3. ST 系列 PLC 输出点输出为 1 时,对应的端口是_____电平。

二、判断题

1. SR 和 CR 系列 PLC 也可以发出高速脉冲信号来控制步进电动机运行。(　　　)

2. ST20 有 2 路脉冲输出。(　　　)

三、简答题

1. 什么是脉冲当量? 如何计算? 请举例说明。

2. 脱机信号 FREE 是如何工作的?

项目描述

现有一台三相异步电动机,与电动机同轴安装有一个编码器,采用 PLC 控制电动机转动后,要求通过编码器实时测量电动机的转速,如图 10-1 所示。

图 10-1　带编码器的三相异步电动机

能力目标

1. 了解编码器的结构、组成和工作原理,掌握编码器的硬件接线方法。

2. 了解 PLC 高速计数器的计数方式、工作模式,了解计数器的控制字节、初始值和预置寄存器以及状态字节等高速计数器相关存储器,掌握高速计数器指令的格式和功能。

3. 掌握高速计数器的组态及编程,掌握数据运算指令的格式、功能及在具体项目中的应用。

4. 理解中断、中断事件、中断优先级等概念,了解各类中断事件及中断优先级,掌握中断指令的格式和功能,掌握中断服务程序的编写。

素养目标

1. 通过了解国产器件,树立科技报国的理想。
2. 具有严谨精细的职业精神和工作态度。
3. 具有团队协作、语言表达及沟通的能力。

项目实施

PLC 普通计数器的计数过程与扫描工作方式有关,CPU 通过每一个扫描周期读取一次被测信号的方法来捕捉被测信号的上升沿。普通计数器的工作频率很低,一般仅有几十赫兹,当被测信号的频率较高时,会丢失计数脉冲。高速计数器用于捕捉比 CPU 扫描速度更快的事件,并产生中断,执行中断程序,完成预定的操作,高速计数器的计数频率取决于 CPU 的类型,S7-200 SMART PLC 最高计数频率为 200 kHz。高速计数器可连接编码器等脉冲产生装置,用于检测位置和速度,在现代自动控制的精确定位控制领域有重要的应用价值。本项目利用 PLC 的高速计数器采集编码器输出的脉冲,用来检测电动机的实时速度。

任务一　设计硬件电路

设计硬件电路首先要根据三相电动机转速测量 PLC 控制系统的控制要求,列出 I/O 分配表,然后设计其电气原理图。

相关知识

1. 认识编码器

编码器(encoder)是一种能把距离(直线位移)和角度(角位移)转换成电信号并输出的传感器,如图 10-2 所示。编码器通常用于工业运动控制中,测量并反馈被测物体的位置和状态,广泛应用于数控机床、工业机器人等系统中。

(1) 编码器分类

根据工作原理的不同,编码器可分为光学编码器、磁性编码器和电容式编码器等。

光学编码器:由 LED 光源(通常是红外光源)和光电探测器组成,二者分别位于编码器码盘两侧。在多尘且肮脏的工业应用环境中,污染物会堆积在码盘上,从而阻碍 LED 光透射到光学传感器,极大地影响了光学编码器的可靠性和精度。光学编码器分辨

图 10-2　编码器

率较高,需消耗 100 mA 以上的电流,因此也会影响其应用于移动设备或电池供电设备。

　　磁性编码器:其结构与光学编码器类似,工作原理利用磁场而非光束。磁性编码器使用磁性码盘替代光电码盘,磁性码盘上带有间隔排列的磁极,并在一列霍尔效应传感器或磁阻传感器上旋转。码盘转动产生信号传输至信号调理前端电路以确定轴的位置。相较于光学编码器,磁性编码器的优势在于更耐用、抗振和抗冲击,而且在遇到灰尘、污垢和油渍等污染物的情况下也不受影响,因此非常适合恶劣环境应用。

　　电容式编码器:由转子、固定发射器和固定接收器三部分组成。电容感应使用条状或线状纹路,一极位于固定元件上,另一极位于活动元件上,以构成可变电容,并配置成一对接收器/发射器。转子上蚀刻了正弦波纹路,随着电动机轴的转动,这种纹路可产生特殊但可预测的信号,以计算轴的位置和旋转方向。电容式编码器的工作原理与数字游标卡尺相同,它克服了光学和磁性编码器的许多缺点,封装尺寸更小,在整个分辨率范围内电流消耗更小(只有 6~18 mA),这就使它更适合电池供电应用,不过电动机(尤其是步进电动机)产生的电磁干扰会对磁性编码器造成极大的影响,并且温度变化也会使其产生位置漂移。

　　根据码盘结构的不同,编码器又可以分为增量式编码器和绝对式编码器。

　　增量式编码器:直接利用光电转换原理输出 3 组方波脉冲 A、B 和 Z 相,A、B 两相脉冲相位差 90°,从而可方便地判断出旋转方向,而 Z 相为每转一个脉冲,用于基准点定位。它的优点是构造简单,机械平均寿命可在几万小时,抗干扰能力强,可靠性高,适合于长距离传输,其缺点是无法输出轴转动的绝对位置信息。

　　增量式编码器如图 10-3 所示。

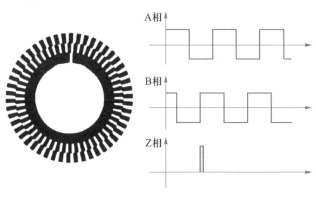

图 10-3　增量式编码器

绝对式编码器：在其圆形码盘上沿径向有若干同心码盘，每条码道由透光和不透光的扇形区相间组成，相邻码道的扇区数目是双倍关系，码盘上的码道数是它的二进制数码的位数，在码盘的一侧是光源，另一侧对应每一码道有一光电元件，当码盘处于不同位置时，各光电元件根据受光照与否转换出相应的电平信号，形成二进制数。这种编码器的特点是在转轴的任意位置都可读取一个固定的与位置相对应的数字码，码道数越多精度越大，目前国内已有 16 位的绝对编码器产品。采用不同的光电元件，码盘的制造和形式也不同，常用的绝对值编码器有接触编码器、光学编码器和磁性编码器。

绝对式编码器如图 10-4 所示。

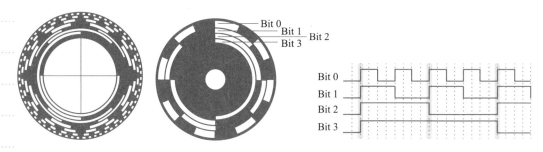

图 10-4　绝对式编码器

（2）增量式光电编码器

增量式光电编码器主要由光源、转轴、码盘、挡光板、光电元件和转换电路等组成，如图 10-5 所示。

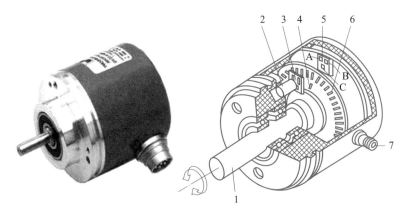

图 10-5　增量式光电编码器

1—转轴；2—LED 光源；3—挡光板；4—零位标记槽；
5—光电元件；6—码盘；7—信号线输出口

如图 10-6 所示，码盘上刻有节距相等的辐射状透光缝隙，相邻两个透光缝隙之间代表一个增量周期；挡光板上刻有 A、B 两组与码盘相对应的透光缝隙，用以通过或阻挡光源和光电元件之间的光线。它们的节距和码盘上的节距相等，并且两组透光缝隙错开 1/4 节距，使得光电元件输出的信号在相位上相差 90°电度角。

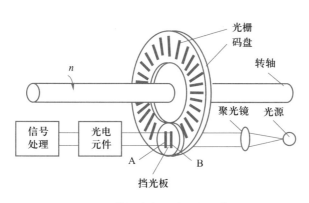

图 10-6 增量式光电编码器工作原理

当码盘随着被测转轴转动时,挡光板不动,光线透过码盘和挡光板上的透光缝隙照射到光电元件上,光电元件就输出两组相位相差 90°电度角的近似于正弦波的电信号,电信号经过转换电路的信号处理,就可以得到矩形波,如图 10-7 所示。

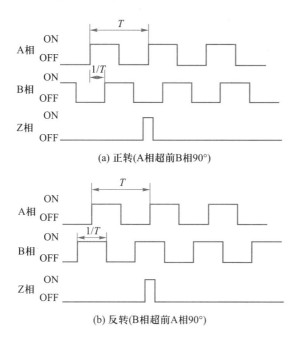

(a) 正转(A相超前B相90°)

(b) 反转(B相超前A相90°)

图 10-7 输出信号波形

当电动机正转时,A 相脉冲信号的相位超前 B 相脉冲信号的相位 90°;当电动机反转时,A 相脉冲信号的相位滞后 B 相脉冲信号的相位 90°,根据超前和滞后的关系可以确定电动机的转向。参考零位的 Z 相标志(指示)脉冲信号,码盘每旋转一周,只发出一个标志脉冲信号,标志脉冲信号通常用来指示机械位置或对积累量清零。

编码器的分辨率是以编码器轴转动一周所产生的输出脉冲数来表示的,即脉冲数/转(PPR)。码盘上的透光缝隙的数目就等于编码器的分辨率,码盘上刻的缝隙越多,编码器的分辨率就越高。

在大多数情况下,直接从编码器的光电元件获取的信号电平较低,波形也不规则,还不能适应于控制、信号处理和远距离传输的要求,应将此信号放大、整形,经过处理的输出信号一般近似于正弦波或矩形波。增量式编码器的输出电路包括集电极开路输出、电压输出、线驱动输出、互补型输出和推挽式输出。

(3) 编码器与 PLC 之间的接线方法

集电极开路输出电路是以晶体管的发射极为公共端,信号从集电极输出的电路。由于晶体管分为 NPN 和 PNP 两种,相应的编码器集电极输出电路也分为 NPN 和 PNP 两种。图 10-8 所示为 NPN 型编码器与 PLC 的接线示意图。

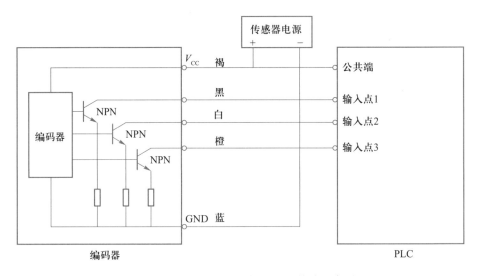

图 10-8　NPN 型编码器与 PLC 的接线示意图

编码器的 V_{CC} 和 GND 分别接到传感器电源的“+”和“-”,输出信号线对应接到 PLC 的输入信号端。当编码器接收到感应信号后,主回路控制 NPN 型晶体管饱和导通,输出信号端(如黑、白、橙等)电平拉到低电平,对应 PLC 输入点电平接近 0 V。此时,要让 PLC 输入电路导通,则 PLC 的公共端需要接高电平(即电源“+”)。

完成接线后,当编码器转轴转动时,编码器即可输出一系列脉冲,利用 PLC 高速计数器功能即可完成对脉冲信号的计数。

2. 高速计数器的工作模式

S7-200 SMART PLC 的高速计数器可处理比 PLC 扫描周期更短的事件,并产生中断,执行中断服务程序。当高速计数器的当前值等于预置值时可以产生中断;外部复位信号有效时可以产生外部复位中断;计数方向改变时可以产生中断。通过中断服务程序实现对控制目标的控制。

高速计数器可连接增量旋转编码器等脉冲产生装置,来自轴式编码器的时钟和复位脉冲作为高速计数器的输入,用于检测位置和速度。

S7-200 SMART PLC 的高速计数器有 4 类 8 种工作模式,见表 10-1。并非所有的计数器都可以使用每一种模式。

微课

高速计数器

表 10-1　高速计数器的工作模式和输入端子的关系

模式	描述		输入点		
	高速计数器编号	HSC0	I0.0	I0.1	I0.4
		HSC1	I0.1		
		HSC2	I0.2	I0.3	I0.5
		HSC3	I0.3		
		HSC4	I0.6	I0.7	I1.2
		HSC5	I1.0	I1.1	I1.3
0	带有内部方向控制的单相计数器		时钟		
1			时钟		复位
3	带有外部方向控制的单相计数器		时钟	方向	
4			时钟	方向	复位
6	带有增减计数时钟的双相计数器		增时钟	减时钟	
7			增时钟	减时钟	复位
9	A/B 相正交计数器		时钟 A	时钟 B	
10			时钟 A	时钟 B	复位

图 10-9　设置滤波时间

在表 10-1 中,可以看到高速计数器相关的时钟、方向控制和复位输入点的分配,高速计数器的工作模式确定以后,高速计数器所使用的输入端子便被指定。这些输入端子与普通数字量输入接口使用相同的地址,已定义用于高速计数器的输入点不应再用于其他的功能。如选择 HSC0 在模式 9 下工作,则应用 I0.0 作为 A 相脉冲输入端,I0.1 作为 B 相脉冲输入端,这两个输入点不能再做他用。

需要注意的是,使用高速计数器计数高频信号,应确保对其输入进行正确接线和滤波,在 S7-200 SMART PLC 中,所有高速计数器输入均连接至内部输入滤波电路。S7-200 SMART PLC 默认输入滤波设置为 6.4 ms,最大计数速率限定为 78 Hz,如需更高频率计数,必须更改滤波器设置,在"系统块"→"数字量输入"中减小滤波时间,如图 10-9 所示。

参考方案

要设计编码器与 PLC 的硬件电路,首先要确定高速计数器的工作模式。由于编码器输出两相正交信号,根据表 10-1 可知,可采用模式 9 或模式 10。在本项目中,不需要对高速计数器进行单独的复位,所以选择模式 9。本项目可选择 HSC0、HSC2、HSC4、HSC5 这 4 个高速计数器,这里选择 HSC0,I0.0 作为 A 相脉冲输入端,I0.1 作为 B 相脉冲输入端。另外,停止按钮和热继电器保护触点采用动断触点输入,以保证系统可靠性。三相电动机转速测量 PLC 控制系统 I/O 地址分配见表 10-2。

表 10-2　三相电动机转速测量 PLC 控制系统 I/O 地址

输入点(I)			输出点(O)		
序号	输入外部设备	PLC 输入地址	序号	输出外部设备	PLC 输出地址
1	编码器 A 相脉冲输入端	I0.0	1	正转接触器 KM	Q0.0
2	编码器 B 相脉冲输入端	I0.1			
3	起动按钮 SB1	I0.3			
4	停止按钮 SB2	I0.4			
5	热继电器保护 FR	I0.5			

图 10-10　E6A2-CW5C 型编码器

本项目使用的编码器如图 10-10 所示,型号为 E6A2-CW5C,分辨率为 100P/R,表示每转一圈编码器输出的脉冲数为 100 个。其引出线的颜色分类:棕色线接电源正(12~24 V),蓝色线接电源负(0 V),黑色线接 A 相,白色线接 B 相。

E6A2-CW5C 型编码器相关信息见表 10-3,从中可以看出该编码器为集电极开路输出(NPN 输出)。

表 10-3　E6A2-CW5C 型编码器

电源电压	输出形式	输出相	分辨率/(脉冲数/转)	型号
DC 5~12 V	电压输出	A 相、B 相、Z 相	100、200、360	E6A2-CWZ3E（分辨率）0.5M 示例：E6A2-CWZ3E 100P/R 0.5M
			500	
	集电极开路输出（NPN 输出）		100、200、360	E6A2-CWZ3C（分辨率）0.5M 示例：E6A2-CWZ3C 100P/R 0.5M
			500	
DC 12~24 V			100、200、360	E6A2-CWZ5C（分辨率）0.5M 示例：E6A2-CWZ5C 100P/R 0.5M
			500	
DC 5~12 V	电压输出	A 相、B 相	100、200、360	E6A2-CW3E（分辨率）0.5M 示例：E6A2-CW3E 100P/R 0.5M
			500	
	集电极开路输出（NPN 输出）		100、200、360	E6A2-CW3C（分辨率）0.5M 示例：E6A2-CW3C 100P/R0.5M
			500	
DC 12~24 V			100、200、360	E6A2-CW5C（分辨率）0.5M 示例：E6A2-CW5C 100P/R0.5M
			500	
DC 5~12 V	电压输出	A 相	10、20、60、100、200、300、360	E6A2-CS3E（分辨率）0.5M 示例：E6A2-CS3E 10P/R0.5M
			500	
	集电极开路输出（NPN 输出）		10、20、60、100、200、300、360	E6A2-CS3C（分辨率）0.5M 示例：E6A2-CS3C 10P/R 0.5M
			500	
DC 12~24 V			10、20、60、100、200、300、360	E6A2-CS5C（分辨率）0.5M 示例：E6A2-CS5C 10P/R0.5M
			500	

　　因本项目中编码器为 NPN 型,所以 PLC 输入信号公共端接 DC 24 V,A、B 两相脉冲信号线与 PLC 的输入端(I0.0、I0.1)连接。接线示意图如图 10-11 所示。

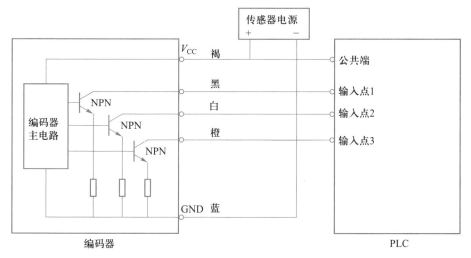

图 10-11　E6A2-CW5C 型编码器与 PLC 接线示意图

三相电动机转速测量 PLC 控制系统电气原理图如图 10-12 所示。

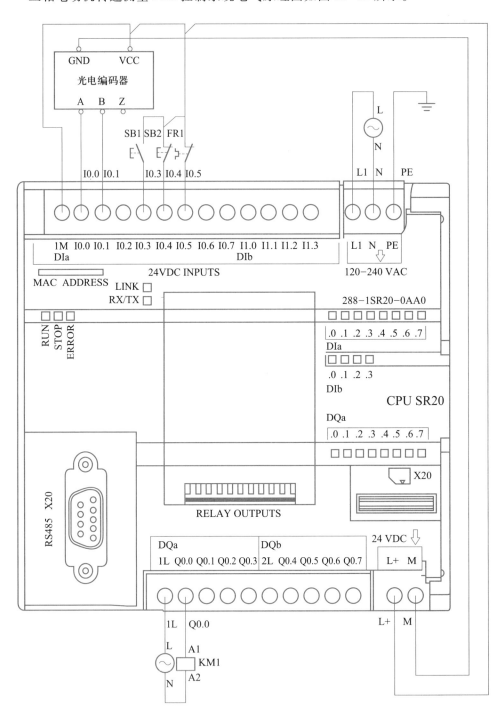

图 10-12　三相电动机转速测量 PLC 控制系统电气原理图

任务二 设计与调试程序

通过学习高速计数器相关指令以及组态方法和步骤,完成三相电动机转速测量PLC控制系统程序设计与调试。

相关知识

1. 高速计数器指令及其编程

(1) 高速计数器相关指令

高速计数器相关指令见表10-4。用户可以使用HDEF(高速计数器定义)和HSC(高速计数器)指令创建自己的HSC(高速计数器)程序,使用HSC指令前,应执行HDEF指令选择计数器模式,可通过特殊存储器位SM0.1(首次扫描为1)执行HDEF指令,或调用包含HDEF指令的子程序。

表10-4 高速计数器相关指令

梯形图	语句表	说明
HDEF EN ENO HSC MODE	HDEF HSC,MODE	高速计数器定义(HDEF)指令用于设置高速计数器(HSC 0~5)的工作模式,即定义高速计数器的时钟、方向和复位功能。6个高速计数器在使用高速计数器(HSC)指令前均需使用高速计数器定义指令对工作模式进行定义
HSC EN ENO N	HSC N	高速计数器(HSC)指令根据其特殊存储器位的状态组态和控制高速计数器

说明:参数N指定高速计数器号(0~5),参数MODE指定高速计数器的工作模式(0、1、3、4、6、7、9、10)。每个高速计数器只能用一条HDEF指令。

(2) 高速计数器的控制字节

每个高速计数器在S7-200 SMART PLC特殊存储器中拥有各自的控制字节,用来定义高速计数器的计数方式和计数模式,控制字节及其含义见表10-5。

表 10-5   高速计数器的控制字节及其含义

HSC0	HSC1	HSC2	HSC3	HSC4	HSC5	含义
SM37.0	不支持	SM57.0	不支持	SM147.0	SM157.0	复位信号有效电平： 0=高电平有效；1=低电平有效
SM37.2	不支持	SM57.2	不支持	SM147.2	SM157.2	正交计数器的倍率选择： 0=4 倍率；1=1 倍率
SM37.3	SM47.3	SM57.3	SM137.3	SM147.3	SM157.3	计数方向控制位： 0=减计数；1=加计数
SM37.4	SM47.4	SM57.4	SM137.4	SM147.4	SM157.4	向 HSC 写入计数方向： 0=不更新；1=更新
SM37.5	SM47.5	SM57.5	SM137.5	SM147.5	SM157.5	向 HSC 写入新的预设值： 0=不更新；1=更新
SM37.6	SM47.6	SM57.6	SM137.6	SM147.6	SM157.6	向 HSC 写入新的当前值： 0=不更新；1=更新
SM37.7	SM47.7	SM57.7	SM137.7	SM147.7	SM157.7	启用 HSC： 0=禁用 HSC；1=启用 HSC

例如，对照图 10-13 所示程序，查阅资料，理解高速计数器特殊存储器的设置。

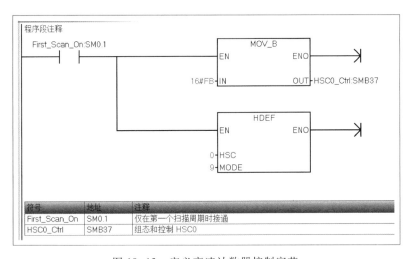

图 10-13   定义高速计数器控制字节

程序中控制字节 SMB37 写入 16#FB，对应查表 10-5 中控制字节各个位的含义，可得出此控制字节将计数器 HS0 复位输入设为低电平有效并选择 4 倍率模式。高速计数器定义(HDEF)指令中，HSC 端写入 0，MODE 端写入 9，表示将 HSC0 组态为具有复位输入的 AB 正交计数器(模式 9)。

(3) 高速计数器的当前值和预设值

每个高速计数器对应有两个 32 位(双字)的特殊存储器，用来存储当前值（CV）

和预设值（PV）。当前值是计数器的实际计数值,预设值是计数器触发中断服务程序时的计数值。表 10-6 列出了每种计数器当前值和预设值对应的特殊存储器地址,通过设置相应的特殊存储器,即可将新的当前值或预设值载入高速计数器。

表 10-6　高速计数器当前值和预置值

高速计数器号	HSC0	HSC1	HSC2	HSC3	HSC4	HSC5
新当前值(新 CV)	SMD38	SMD48	SMD58	SMD138	SMD148	SMD158
新预设值(新 PV)	SMD42	SMD52	SMD62	SMD142	SMD152	SMD162
计数器当前值(CV)	HC0	HC1	HC2	HC3	HC4	HC5

使用以下步骤将新当前值或新预设值写入高速计数器。

将当前值或预设值写入相应的特殊存储器。

控制字节的位×.5 控制预设值的更新,位×.6 控制当前值的更新,"1"表示更新;"0"表示不更新。

执行相应的 HSC 指令,如果控制字节指定更新当前值、预设值,则将新当前值和新预设值复制到高速计数器内部寄存器中。

更新当前值和预设值的示例程序如图 10-14 所示。

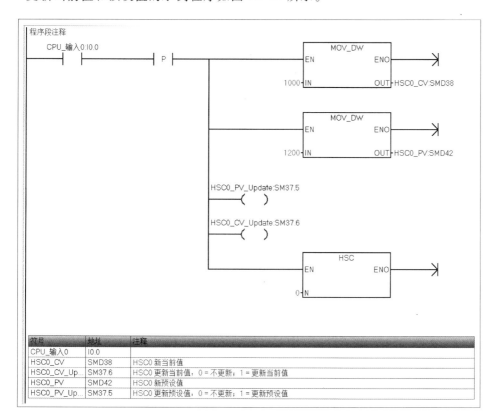

图 10-14　更新当前值和预置值的示例程序

说明:当 I0.0 接通时,HSC0 的当前计数值更新为 1000,预设值更新为 1200。

（4）高速计数器的状态字节

每个高速计数器对应的状态字节及其含义见表 10-7,用于指示高速计数器的计数方向(×.5)以及当前值和预设值的比较结果。

表 10-7   高速计数器的状态字节及其含义

HSC0	HSC1	HSC2	HSC3	HSC4	HSC5	含义
SM36.5	SM46.5	SM56.5	SM136.5	SM146.5	SM156.5	当前计数方向状态位: 0=减计数;1=加计数
SM36.6	SM46.6	SM56.6	SM136.6	SM146.6	SM156.6	当前值等于预设值状态位: 0=不相等;1=相等
SM36.7	SM46.7	SM56.7	SM136.7	SM146.7	SM156.7	当前值大于预设值状态位: 0=小于或等于;1=大于

微课

高速计数器的
组态

（5）高速计数器的组态

使用高速计数器向导来完成高速计数器的组态,在命令菜单中单击"工具"→"向导"→"高速计数器",也可以在项目树中选择"向导"文件夹中的"高速计数器",如图10-15 所示。在向导中配置计数器号和模式、计数器预设值、计数器当前值、初始计数方向、计数速率等。

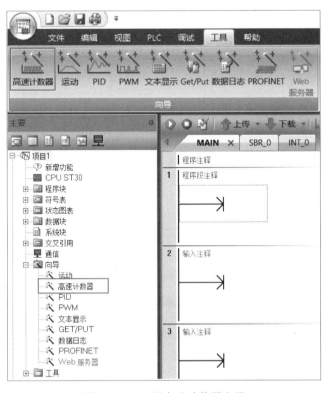

图 10-15   选择高速计数器向导

① 选择高速计数器号,如图 10-16 所示。

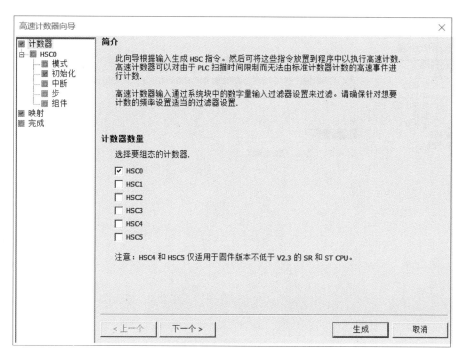

图 10-16　选择高速计数器号

② 为高速计数器命名,如图 10-17 所示。

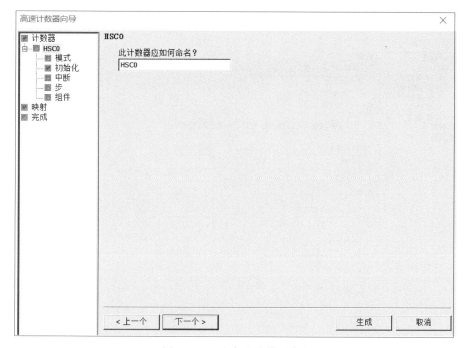

图 10-17　为高速计数器命名

③ 选择高速计数器模式。本项目选择模式 9,A/B 正交计数器,无复位输入,如图 10-18 所示。

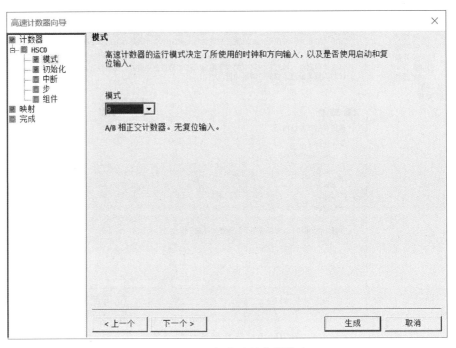

图 10-18　选择高速计数器模式

④ 配置初始化信息,如图 10-19 所示。

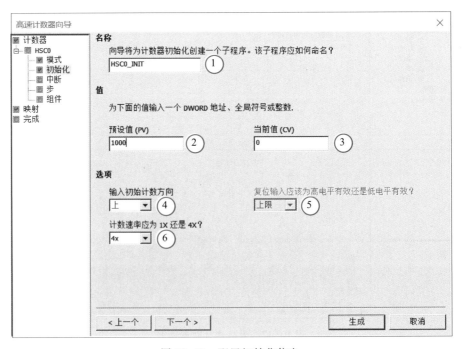

图 10-19　配置初始化信息

在图 10-20 中设置如下。

● 为初始化子程序命名,或者使用默认名称。

● 设置计数器"预设值":可以为整数、双字地址或符号名,如 1000、VD100、PV_HC0。

● 设置计数器"当前值":可以为整数、双字地址或符号名,5000、VD100、CV_HC0。

● 选择"输入初始计数方向":增、减。

● 对于带外部复位端的高速计数器,可以设定复位信号为高电平有效或者低电平有效。

● 使用 A/B 相正交计数器时,可以将计数频率设为 1 倍速(1x)或 4 倍速(4x)。使用非 A/B 相正交计数器时,此项为虚。

⑤ 配置中断,不需要时可不配置,如图 10-20 所示。

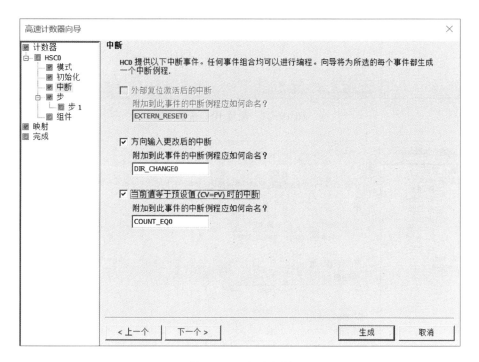

图 10-20　配置中断

一个高速计数器最多可以有 3 个中断事件,可在方框中填写中断服务程序名称或者使用默认名称,在这里不是必须配置中断事件,用户可根据自己的控制工艺要求设置。

⑥ 配置 HSC 步数,最多可设置 10 步,如图 10-21 所示。

⑦ 配置步的参数,如图 10-22 所示。

本项目配置的是当前值等于预设值时中断的服务程序中的操作。

● 向导会自动为当前值等于预设值匹配一个新的中断服务程序,用户可以对其重新命名或者使用默认的名称。

● 勾选"更新预设值"后,用户在右侧输入新的预设值。

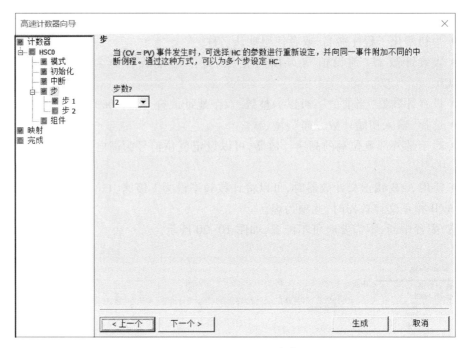

图 10-21   配置 HSC 步数

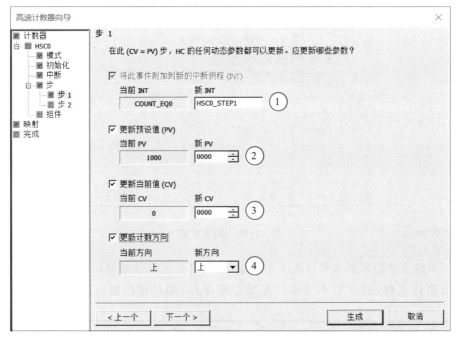

图 10-22   配置步的参数

● 勾选"更新当前值"后,用户在右侧输入新的当前值。

● 如果选用的高速计数器模式有内部方向控制位,用户在右侧设置新的计数方向。使用相同的方法完成其余步的设置。

⑧ 完成向导,如图 10-23 所示。单击"高速计数器向导"对话框左侧树形目录中

的"组件"选项,可以看到此时向导生成的子程序和中断服务程序名称及描述,单击"生成"按钮,完成向导。

⑨ 调用子程序,如图 10-24 所示。

HSC0_INIT 为初始化子程序,在主程序块中使用 SM0.1 或一条边沿触发指令调用一次此子程序。向导生成的中断服务程序及子程序都未上锁,用户可以根据自己的控制需要进行修改。

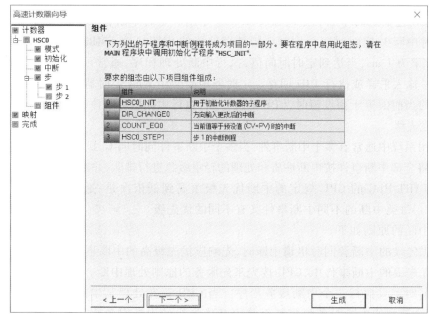

图 10-23　完成向导

图 10-24　调用子程序

2. PLC 中断处理功能

中断是计算机在实时处理和实时控制中不可缺少的一项技术。当控制系统在执行正常程序中,出现了某些急需处理的异常情况或特殊请求时,系统暂时中断当前的程序,转去处理紧急事件(即中断服务程序),中断服务程序处理完毕,系统自动回到原来的程序继续执行。S7-200 SMART PLC 中使用中断服务程序来响应这些内部、外部的中断事件,中断功能是 S7-200 SMART PLC 的重要功能,用于实时控制、高速处理、通信和网络等复杂和特殊的控制任务。中断服务程序与子程序最大的不同是,中断服务程序不能由用户程序调用,而只能由特定的事件触发执行。

 微课

PLC 中断处理功能

(1) 中断事件

中断事件向 CPU 发出中断请求,S7-200 SMART PLC 最多有 38 个中断源(9 个预留),每一个中断事件都分配一个编号用于识别,称为中断事件号。中断事件大致可以分为三大类:通信中断、I/O 中断和时基中断。

① 通信中断:CPU 的串行通信端口可通过程序进行控制,通信端口的这种控制模式称为自由端口模式,在自由端口模式下,可用程序定义波特率、每个字符的位数、奇偶校验和协议。

② I/O 中断:包括指定输入点的上升沿/下降沿中断、高速计数器中断和高速脉冲输出中断。CPU 可对输入点 I0.0、I0.1、I0.2 和 I0.3(数字量输入信号板的 I7.0 和 I7.1)捕捉上升沿和下降沿事件,这些事件可用于指示在事件发生时必须立即处理的中断。

高速计数器中断可以对下列情况做出响应:当前值达到预设值、计数方向改变或计数器外部复位。这些高速计数器事件均可触发中断,以响应中断事件。

高速脉冲输出中断在指定的脉冲数输出完成时触发中断,典型应用为步进电动机控制。

③ 时基中断:包括定时中断和定时器 T32/T96 中断。定时中断有 2 个,分别是定时中断 0 和定时中断 1,定时时间分别对应特殊存储器的 SMB34 和 SMB35,可设置为 1~255 ms,分辨率为 1 ms,当达到定时时间值,执行中断处理程序,通常可使用定时中断来控制模拟量输入采样或执行 PID 回路。定时器中断使用 1 ms 定时器 T32 和 T96,当 T32 或 T96 的当前值等于预设值时,CPU 响应中断,执行中断服务程序。

(2) 中断优先级

在 PLC 应用系统中通常有多个中断事件,当多个中断事件同时向 CPU 申请中断时,要求 CPU 能够将全部中断事件按中断性质和处理的轻重缓急进行排队,并给予优先权。

S7-200 SMART PLC 的 CPU 规定的中断优先级由高到低依次是:通信中断、I/O 中断、定时中断。每类中断的不同中断事件又有不同的优先级。

CPU 响应中断的原则如下。

● 当不同优先级的中断源同时申请中断时,先响应优先级高的中断事件。

● 在相同优先级的中断事件中,CPU 按先来先服务的原则处理中断。

● CPU 任何时刻只执行一个中断服务程序。当 CPU 正在处理某中断,它要一直执行到结束,不会被别的中断服务程序甚至是更高优先级的中断服务程序所打断,新出现的中断事件需要排队,等待处理。

各中断事件及其优先级见表 10-8。

表 10-8   中断事件及其优先级

优先级分组	中断事件号	中断事件描述
通信中断 (最高优先级)	8	端口 0 接收字符
	9	端口 0 发送完成
	23	端口 0 接收信息完成
	24	端口 1 接收信息完成
	25	端口 1 接收字符
	26	端口 1 发送完成
I/O 中断	19	PTO0 脉冲计数完成
	20	PTO1 脉冲计数完成
	34	PTO2 脉冲计数完成
	0	I0.0 上升沿
	2	I0.1 上升沿

续表

优先级分组	中断事件号	中断事件描述
I/O 中断	4	I0.2 上升沿
	6	I0.3 上升沿
	35	I7.0 上升沿（信号板）
	37	I7.1 上升沿（信号板）
	1	10.0 下降沿
	3	I0.1 下降沿
	5	I0.2 下降沿
	7	I0.3 下降沿
	36	I7.0 下升沿（信号板）
	38	I7.1 下升沿（信号板）
	12	HSC0 当前值＝预设值
	27	HSC0 计数方向改变
	28	HSC0 外部复位
	13	HSC1 当前值＝预设值
	14	HSC1 计数方向改变中断
	15	HSC1 外部复位
	16	HSC2 当前值＝预设值
	17	HSC2 计数方向改变
	18	HSC2 外部复位
	32	HSC3 当前值＝预设值
	29	HSC4 当前值＝预设值
	30	HSC4 计数方向改变
	31	HSC4 外部复位
	33	HSC5 当前值＝预设值
	43	HSC5 计数方向改变
	44	HSC5 外部复位
定时中断（最低优先级）	10	定时中断 0 SMB34
	11	定时中断 1 SMB35
	21	定时器 T32 CT＝PT 中断
	22	定时器 T96 CT＝PT 中断

（3）中断服务程序及中断指令

在标签处单击右键,在弹出的菜单中单击"插入"→"中断",即可插入一个新中断服务程序,如图 10-25 所示。

中断指令及其说明见表 10-9。

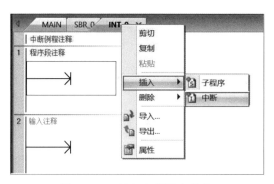

图 10-25　插入中断服务程序

表 10-9　中断指令及其说明

梯形图	语句表	说明
—(ENI)	ENI	中断允许指令:全局性地允许所有被连接的中断事件
—(DISI)	DISI	禁止中断指令:全局性地禁止处理所有的中断事件
ATCH —EN　　ENO— —INT —EVNT	ATCH INT,EVNT	中断连接指令:用来建立中断事件(EVNT)与中断程序编号(INT)之间的联系,并启用中断事件
DTCH —EN　　ENO— —EVNT	DTCH EVNT	中断分离指令:用来解除中断事件(EVNT)与所有中断服务程序之间的联系,并禁用中断事件
CLR_EVNT —EN　　ENO— —EVNT	CEVNT EVNT	清除中断事件指令:从中断队列中移除所有类型为 EVNT 的中断事件。使用该指令可将不需要的中断事件从中断队列中清除
—(RETI)	CRETI	中断有条件返回:根据逻辑操作的条件,从中断程序有条件返回

说明:

● 多个中断事件可以调用同一个中断服务程序,但一个中断事件不能调用多个中断服务程序。

● 中断服务程序执行完毕后,会自动返回。RETI 指令用来在中断服务程序中间,根据逻辑运算结果决定是否返回。

3. 数据运算指令

数据运算指令主要实现数据加、减、乘、除等四则运算,常用的函数变换及实现数据逻辑与、或、取反等逻辑运算。多用于实现按数据的运算结果进行控制的场合,如自动配料系统、工程量的标准化处理、自动修改指针等。

（1）加/减运算指令

加/减运算指令及其说明见表 10-10。

表 10-10 加/减运算指令及其说明

梯形图	语句表	说明
ADD_I / ADD_DI / ADD_R（EN ENO，IN1 OUT，IN2）	+I IN1,OUT +D IN1,OUT +R IN1,OUT	加指令：实现整数、双整数和实数的加法运算 LAD:IN1+IN2=OUT STL:IN1+ OUT=OUT
SUB_I / SUB_DI / SUB_R（EN ENO，IN1 OUT，IN2）	−I IN1,OUT −D IN1,OUT −R IN1,OUT	减指令：实现整数、双整数和实数的减法运算 LAD:IN1−IN2=OUT STL:IN1−OUT=OUT

说明：

● IN1、IN2 指定加数（减数）及被加数（被减数）。如果 OUT 与 IN2 为同一存储器，则在语句表指令中不需要使用数据传送指令，可减少指令条数，从而减少存储空间。

● 操作数的寻址范围要与指令码一致。OUT 不能寻址常数。

● 该指令影响特殊内部寄存器位:SM1.0（零）;SM1.1（溢出）; SM1.2（负）。

● 如果 OUT 与 IN2 不同，将首先执行数据传送指令，将 IN1 传送给 OUT,再执行 IN2+OUT,结果送给 OUT。

（2）乘/除运算指令

乘/除运算指令及其说明见表 10-11。

表 10-11 乘/除运算指令及其说明

梯形图	语句表	说明
MUL_I / MUL_DI / MUL_R（EN ENO，IN1 OUT，IN2）	*I IN1,OUT * D IN1,OUT * R IN1,OUT	乘法指令：实现整数、双整数和实数的乘法运算 LAD:IN1 * IN2=OUT STL:IN1 * OUT=OUT
DIV_I / DIV_DI / DIV_R（EN ENO，IN1 OUT，IN2）	/I IN1,OUT /D IN1,OUT /R IN1,OUT	除法指令：实现整数、双整数和实数的除法运算 LAD:IN1/IN2=OUT STL:IN1 * OUT=OUT
MUL（EN ENO，IN1 OUT，IN2）	MUL IN1, OUT	整数乘法产生双整数:2 个 16 位整数相乘，得到 1 个 32 位整数乘积 LAD:IN1 * IN2=OUT STL:IN1 * OUT=OUT
DIV（EN ENO，IN1 OUT，IN2）	DIV IN1, OUT	带余数的除法指令:2 个 16 位整数相除，得到 1 个 32 位的结果，高 16 位为余数，低 16 位为商 LAD:IN1/IN2=OUT STL:IN1 * OUT=OUT

说明：

● 操作数的寻址范围要与指令码中一致,OUT 不能寻址常数。

● 在梯形图中:IN1 * IN2 = OUT,IN1/IN2 = OUT;在语句表中:IN1 * OUT = OUT, OUT/IN1 = OUT。

● 整数及双整数乘/除法指令,使能输入有效时,将两个 16 位/32 位符号整数相乘/除,并产生一个 32 位积/商,从 OUT 指定的存储单元输出。除法不保留余数,如果乘法输出结果大于一个字,则溢出位 SM1.1 置位为"1"。

● 该指令影响下列特殊存储器位:SM1.0(零);SM1.1(溢出);SM1.2(负);SM1.3(除数为 0)。

参考方案

通过 PLC 可以采集编码器输出脉冲,那么如何根据脉冲计算电动机的实时转速呢? 如果能测量出一定时间内编码器所产生的脉冲数,经过计算就可以得到每分钟所测量的脉冲数,用该脉冲数除以编码器一圈所产生的脉冲数,就可以得到电动机每分钟内转动的圈数。

可以每隔一定的时间采集一次脉冲数,保存该脉冲数,并通过运算,得出转速。采用定时中断进行定时控制,同时将高速计数器清零,重新定时计数。

为了保证转速测量结果的实时性,将定时时间设定为 100 ms,每隔 100 ms 采集一次脉冲数 N。每分钟的脉冲数为 $N_{min} = N \times 10 \times 60$,编码器分辨率为 100P/R,高速计数器计数速率设置为 4 倍率,因此电动机每分钟的转数 $R = N_{min}/400$。

参考方案如下。

(1) 将 I0.0 和 I0.1 的滤波时间改为 3.2 μs 或者更小。

(2) 组态高速计数器。采用高速计数器向导组态高速计数器 0(HSC0),选择模式 9,计数速率选择 4 倍率,生成高速计数器初始化子程序"HSC0_INIT"。

(3) 本项目除主程序外,还有一个子程序"中断初始化"和中断服务程序"读取编码器的脉冲数",程序设计如下。

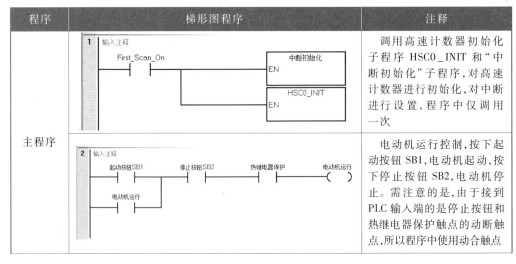

程序	梯形图程序	注释
主程序	（见图）	调用高速计数器初始化子程序 HSC0_INIT 和"中断初始化"子程序,对高速计数器进行初始化,对中断进行设置,程序中仅调用一次
	（见图）	电动机运行控制,按下起动按钮 SB1,电动机起动,按下停止按钮 SB2,电动机停止。需注意的是,由于接到 PLC 输入端的是停止按钮和热继电器保护触点的动断触点,所以程序中使用动合触点

续表

程序	梯形图程序	注释
主程序	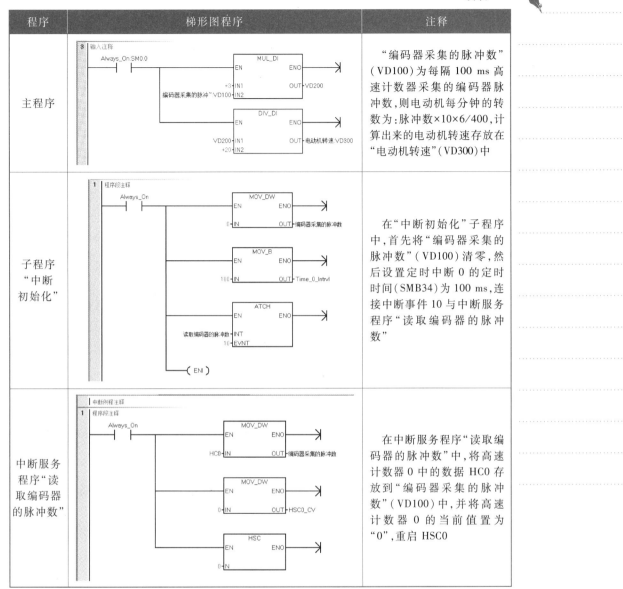	"编码器采集的脉冲数"（VD100）为每隔 100 ms 高速计数器采集的编码器脉冲数,则电动机每分钟的转数为:脉冲数×10×6/400,计算出来的电动机转速存放在"电动机转速"（VD300）中
子程序"中断初始化"		在"中断初始化"子程序中,首先将"编码器采集的脉冲数"（VD100）清零,然后设置定时中断 0 的定时时间（SMB34）为 100 ms,连接中断事件 10 与中断服务程序"读取编码器的脉冲数"
中断服务程序"读取编码器的脉冲数"		在中断服务程序"读取编码器的脉冲数"中,将高速计数器 0 中的数据 HC0 存放到"编码器采集的脉冲数"（VD100）中,并将高速计数器 0 的当前值置为"0",重启 HSC0

任务三　安装与调试

根据三相电动机转速测量 PLC 控制系统的控制要求进行硬件设计与选型,并进行电路安装与调试。

操作视频

三相电动机转速测量 PLC 控制系统编程示例

参考方案

1. 安装流程

（1）按照清单领取电器元件,见表 10-12。

表 10-12　电器元件选型表

硬件	型号	数量	功能描述	备注
按钮	LAY39，Φ22	2	控制信号	PLC 输入
低压断路器	DZ47-63 3P	1	断路保护	
交流接触器	CJX2-0901	1	控制电动机主电路	PLC 输出
电动机	功率自选	1	驱动负载	
热继电器	JR36	1	过热保护	PLC 输入
PLC	CPU SR20　AC/DC/RLY	1	控制器	
编码器	E6A2-CW5C	1	转速转换为脉冲信号	PLC 输入

（2）检验电器元件的好坏。

（3）根据电气原理图进行电器元件布置，需遵循以下规则。

● 电气设备应有足够的电气间隙。

● 电器元件及其组装板的安装结构应尽量考虑进行正面拆装。

● 各电器元件应能单独拆装更换，而不影响其他电器元件及导线束的固定。

● 柜内电器元件的布置要尽量远离主电路、开关电源及变压器，不得直接放置或靠近柜内其他发热元件的对流方向。

● 使用中易于损坏、偶尔需要调整及复位的电器元件，应不经拆卸其他部件便可以接近，以便于更换及调整。

● 低压断路器与熔断器配合使用时，熔断器应安装在电源侧。

● 强、弱电端子应分开布置。

● 断路器和漏电断路器等电器元件的接线端子与线槽直线距离 30 mm。

● 按照比例固定控制柜内的支架。

（4）固定电器元件。

（5）制作线号管。

（6）接线。

2．调试

（1）按照电气原理图检查主电路和控制电路。

（2）检查电源交流电压和直流电压是否正常。

（3）测试输入信号是否正常。

（4）下载程序，进行软硬联调，在程序状态监控状态下，查看初始状态。按下起动按钮 SB1 后，查看程序运行状态，查看"电动机转速"（VD300）中的数据，即电动机转速。按下停止按钮 SB2，所有输出断开，交流接触器断开，查看"电动机转速"（VD300）中的数据是否变为 0。

项目总结

知识方面	1．了解旋转编码器的结构和工作原理 2．掌握高速计数器的指令及相关存储器

续表

知识方面	3. 掌握中断类别及中断指令 4. 掌握高速计数器的向导组态 5. 掌握数据处理相关指令
能力方面	1. 掌握 S7-200 SMART PLC 高速计数器的使用和编程方法 2. 掌握 S7-200 SMART PLC 中断的使用和编程方法
素养方面	1. 通过了解国产器件,树立科技报国的理想 2. 具备严谨精细的职业精神和工作态度 3. 具备团队协作、语言表达及沟通的能力

项目拓展

拓展项目:重复计数

高速计数器的起始预设值为 1 000,当高速计数器 HSC0 的当前值等于预设值 1 000 时,产生中断事件,将预设值改为 2 000,并重新从 0 开始计数,当计数值等于 2 000 时,将预设值改为 1 000,再次重新从 0 计数,并反复执行上述控制过程。设计程序完成上述功能。

思考与练习

一、填空题

1. 增量式编码器 A、B 相位差为_____。

2. S7-200 SMART PLC 中最多有_____个高速计数器。

3. 如选择 HSC5 在模式 10 下工作,则必须用_____作为 A 相脉冲输入端,_____作为 B 相脉冲输入端,_____作为复位端。

4. _____是 HSC0 复位信号有效电平控制位。

5. 高速计数器计数中当实际计数值等于预设值时,会产生_____。

6. S7-200 SMART PLC 有_____个中断事件,每一个中断事件都分配一个编号用于识别,称为_____。

7. 中断事件大致可以分为三大类:_____、_____和_____。

8. S7-200 SMART PLC 规定的中断优先级最高的是_____。

二、判断题

1. S7-200 SMART PLC 中有 5 个高速计数器。(　　)

2. S7-200 SMART PLC 中高速计数器工作模式有 4 大类 6 种模式。(　　)

3. 多个中断事件可以调用同一个中断服务程序,但一个中断事件不能调用多个中断服务程序。(　　)

三、简答题

1. 简述增量式编码器工作原理。

2. E6A2-CW5C 型编码器中 100P/R 代表什么含义?

项目描述

液位控制广泛应用于许多领域。液位是指水体的自由水面高出基面以上的高程，液位的精确测量是液位精确控制的前提。

本项目采用 S7-200 SMART PLC 和 V20 变频器实现水箱液位闭环 PID 运行控制，水箱控制系统如图 11-1 所示。系统有上、下两个水箱，上水箱底部安装有液位传感器，可检测上水箱的液位高度。通过变频器控制水泵将下水箱的水抽到上水箱（两条管路，其中一个管路上安装有一个浮子流量计），上水箱通过箱体下方的三路回水管道流回下水箱，每路均有阀门控制其流量大小，形成一个水循环系统。

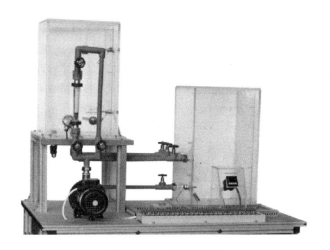

图 11-1　水箱控制系统

控制要求:通过 S7-200 SMART PLC 和 V20 变频器实现液位恒值控制,当外界出现干扰,如出水阀开度变化或上水箱液位设定值变化时,系统能快速响应,实现上水箱水位快速、稳定地达到设定液位高度。完成 V20 变频器参数设置和 PID(比例、积分、微分)参数调试,完成水箱液位闭环 PID 运行控制 PLC 控制系统的硬件设计、安装接线、软件编程、系统调试与检修。

能力目标

1. 掌握 S7-200 SMART PLC 模拟量通道及输入采集、输出转换相关知识。
2. 了解常用二线制传感器的基本原理和接线方式,掌握 V20 变频器基本控制方式和参数设置方法。
3. 掌握 PID 组态和编程方法。
4. 掌握 S7-200 SMART PLC 进行闭环 PID 控制的参数调试方法。

素养目标

1. 具备产品质量意识。
2. 具备精益求精的工匠精神。
3. 具备工程思维和逻辑分析的能力。
4. 具备自主阅读产品技术手册的能力。

项目实施

微课

S7-200 SMART
PLC 的模拟量

任务一　认识 S7-200 SMART PLC 的模拟量

1. 模拟量

在工业控制中,模拟量是连续变化的量,如压力、液位、流量、温度等信号,检测这些信号的传感器均为模拟量传感器,驱动电动阀、调节阀等执行机构的也均为模拟量信号。PLC 的模拟量 I/O 模块功能就是实现 A/D(模/数)转换(模拟量输入)和 D/A(数/模)转换(模拟量输出)。模拟量控制功能是 PLC 重要功能之一,很多模拟量控制系统都采用 PLC 作为控制器。

模拟量输入的 A/D 转换功能就是把工业现场所用的传感器和变送器大部分输出的标准的电流或电压信号,如 4~20 mA 的电流信号和 0~10 V 的电压信号,转换成数字量给 PLC;D/A 转换是将 PLC 的数字输出量转换为模拟电压或电流,再去控制执行机构。

2. S7-200 SMART PLC 的模拟量模块

S7-200 SMART PLC 的 CPU 模块自身都不带模拟量输入和输出点,所以需要扩展模拟量模块或模拟量信号板来实现模拟量信号采集和输出,模拟量的相关信息可查看

CPU 模块技术规范手册。

　　S7-200 SMART PLC 模拟量模块包括模拟量输入模块、模拟量输出模块和模拟量输入/输出模块,信号板包括模拟量输入信号板和输出信号板。另外,温度采集可选用热电阻模块和热电偶模块。S7-200 SMART PLC 模拟量信号模块和信号板相关信息见表 11-1。

表 11-1　S7-200 SMART PLC 模拟量信号模块和信号板

序号	类别	类型	模块型号	通道数	类型	范围	满量程范围(数据字)
1	信号模块	输入	EM AE04	4 路	电压或电流(差动),可 2 个选为一组	±10 V、±5 V、±2.5 V 或 0~20 mA	电压:-27 648~27 648 电流:0~27 648
2			EM AE08	8 路			
3		输出	EM AQ02	2 路	电压或电流	±10 V 或 0~20 mA	电压:-27 648~27 648 电流:0~27 648
4			EM AQ04	4 路			
5		输入/输出	EM AM03	2/1 路	输入:电压或电流(差动),可 2 个选为一组 输出:电压或电流	输入:±10 V、±5 V、±2.5 V 或 0~20 mA 输出:±10 V 或 0~20 mA	输入:-27 648~27 648 输出: 电压:-27 648~27 648 电流:0~27 648
6			EM AM06	4/2 路			
7	信号板	输入	SB AE01	1 路	电压或电流(差动)	±10 V、±5 V、±2.5 V 或 0~20 mA	电压:-27 648~27 648 电流:0~27 648
8		输出	SB AQ01	1 路	电压或电流	±10 V 或 0~20 mA	电压:-27 648~27 648 (-10~10 V) 电流:0~27 648 (0~20 mA)
9	热电阻模块		EM AR02	2 路	模块参考接地的 RTD 和电阻值	参考 S7-200 SMART PLC 系统手册中 RTD 传感器选型表	
10			EM AR04	4 路			
11	热电偶模块		EM AT04	4 路	J、K、T、E 型等	参考 S7-200 SMART PLC 系统手册中热电偶选型表	

　　每个模拟量输入或输出通道的采集信号类型(电压、电流、热电阻、热电偶等)和信号范围及转换数值可查看产品手册,在软件组态过程中进行相关设置。

参考方案

　　在本系统中需要进行液位测量,经过 PLC 内部 PID 运算后输出模拟量信号控制变频器,需要 1 路模拟量输入和 1 路模拟量输出信号,所以选用 EM AM03 模拟量输入/输出模块,如图 11-2 所示,该模块具有 2 路输入和 1 路输出。其中模块上侧为模拟量输入端,0+ 或 1+ 为输入信号的正极,0- 或 1- 为输入信号的负极(公共端),在进行信号接线时需要注意方向。模块下侧 0 和 0M 为模拟量输出端,其中 0 为模拟量输出信号的正极,0M 为模拟量输出的公共端。

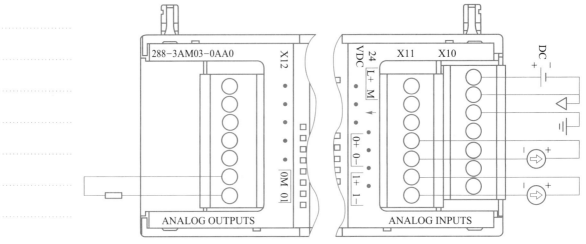

图 11-2　EM AM03 模拟量输入/输出模块

任务二　设计硬件电路

　　通过了解液位传感器的参数和工作原理,以及 V20 变频器的硬件组成、控制方式,完成水箱液位闭环 PID 运行控制 PLC 控制系统的硬件电路设计。

相关知识

1. 液位传感器

水箱的液位检测采用二线制传感器。其相关参数如下。

- 量程:0~500 mm。
- 精度:0.5%FS(FS 为满量程)。
- 输出信号:DC 4~20 mA。
- 电源电压:DC 18~30 V。

　　二线制指现场传感器与控制室仪表连接仅用两根导线,这两根导线既是电源线又是信号线。传感器利用 4~20 mA 信号为自身提供电能,因此一般要求二线制传感器自身(包括传感器在内的全部电路)耗电不大于 3.5 mA。具体接线方法如图 11-3 所示,24 V 电源的正极接传感器的正极,传感器的负极为电流信号的输出端,接控制器的正极,控制器的负极接 24 V 电源负极。

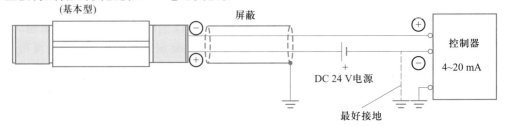

图 11-3　二线制传感器接线方法

2. V20 变频器的控制和参数设置

SINAMICS V20 是西门子基本型变频器(以下简称 V20 变频器),有 7 种尺寸可供选择,输出功率覆盖 0.12~30 kW,主要应用于泵、风机、压缩机、输送机、传动带以及加工制造业中驱动设备、商业电气设备和机械联动轴设备中。

V20 变频器功率不同,对应外形尺寸也不同,分为 FSAA、FSAB、FSA、FSB、FSC、FSD、FSE,其外形如图 11-4 所示,相关尺寸可查手册。

图 11-4　V20 变频器外形

(1) V20 变频器的电气安装

微课

V20 变频器硬件组成和接线

V20 变频器主电路输入电压范围单相交流(1AC)200~240 V 或三相交流(3AC)380~480 V,电源经过开关、保护、控制等器件接到电源输入端,如果为单相输入,则接 L1、L2/N 端;如果为三相输入,则接 L1、L2/N、L3 端。变频器输出端 U、V、W 端接电动机,PE 端作为保护接地端,可根据需要选择接口模块、BOP、制动电阻等相关配件。

如图 11-5 所示为 V20 变频器的实物和端子。主电路电源输入端在变频器上侧,变频器输出至电动机 U、V、W 端、直流电抗器 DC+、DC-和制动电阻 R+、R-在变频器下侧,PE 端子上、下各有一个。正面上部分为变频器显示区域和按键,中间为扩展端口,正面下部分是用户端子。

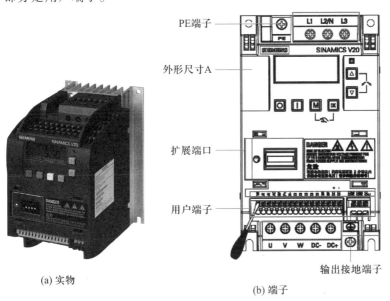

(a) 实物　　　　(b) 端子

图 11-5　V20 变频器的实物和端子

V20 变频器接线图及端子功能见表 11-2。控制电路包括数字量输入、数字量输出、模拟量输入、模拟量输出和通信端口。

表 11–2　V20 变频器接线图及端子功能

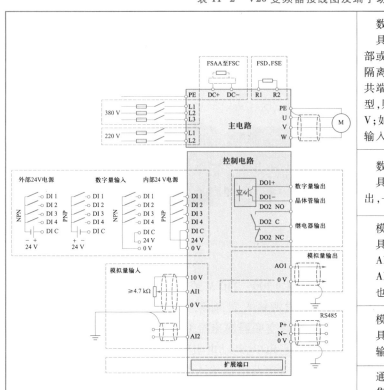

	数字量输入： 　具有 4 路数字量输入端 DI1～DI4，可选内部或外部 24 V 电源，采用 PNP 或 NPN 光电隔离两种方式之一。其中 DIC 端为输入公共端，在图中可以看出，如采用 PNP 输入类型，则将 DIC 接 0 V，输入信号公共端接 24 V；如采用 NPN 输入类型，则将 DIC 接 24 V，输入信号公共端接 0 V
	数字量输出： 　具有 2 组数字量输出，一组是晶体管输出，一组是继电器输出
	模拟量输入： 　具有 2 组模拟量输入：AI1 和 AI2。 AI1：双极性电流/电压模式，12 位分辨率 AI2：单极性电流/电压模式，12 位分辨率也可作为数字量输入
	模拟量输出： 　具有 1 路模拟量输出：AO1 输出范围：0～20 mA
	通信端口： 集成了 USS 和 MODBUS RTU 通信 预设参数定义在连接宏中

　　V20 变频器用户端子如图 11–6 所示，I/O 扩展模块用户端子如图 11–7 所示。I/O 扩展模块（选件）提供额外的 DI 和 DO，和 V20 变频器的 DI 和 DO 技术规格相同。

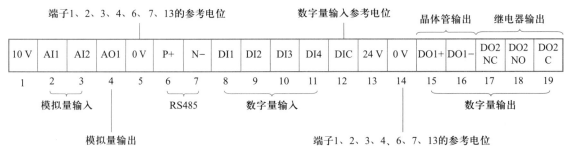

图 11–6　V20 变频器用户端子

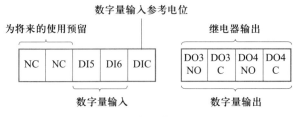

图 11–7　I/O 扩展模块用户端子

（2）V20 变频器的调试

V20 变频器内置基本操作面板（BOP）主要包括 LCD 显示屏、状态 LED、按键。
LCD 显示屏可显示当前运行状态，运行状态图标包括故障、报警、正在运行中、反转、自
动/手动/点动模式。按键包括停止、运行、功能、OK、向上、向下，具体如图 11-8 所示。

微课

V20 变频器的
调试

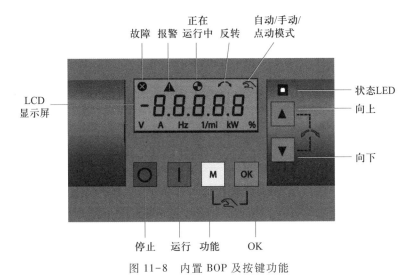

图 11-8　内置 BOP 及按键功能

注：除非特别说明，所有上述按键的操作均为短按（<2 s）。

V20 变频器显示屏状态图标含义见表 11-3。

表 11-3　V20 变频器显示屏状态图标

状态图标	含义
⊗	变频器存在至少一个故障未处理
⚠	变频器存在至少一个未处理报警
⊕	变频器在运行中（电动机转速可能为 0）
⊕（闪烁）	变频器可能被意外上电（例如，霜冻保护模式时）
⤻	电机反转
⌒	变频器处于"手动"模式
⌒（闪烁）	变频器处于"自动"模式

V20 变频器的 BOP 菜单结构和参数设置方法，如图 11-9 所示。V20 变频器上电
后或工厂复位后，显示频率选择菜单，按上、下键选定频率后，如按 OK 键进入设置菜
单，如按功能键则进入显示菜单。设置菜单和显示菜单之间通过 M 键进行切换。在显
示菜单状态下，如按功能键则切换至参数菜单；在参数菜单状态下，如按功能键则切换
至显示菜单。

菜单	描述
50/60 Hz频率选择菜单	此菜单仅在变频器首次上电时或者工厂复位后可见
主菜单	
显示菜单(默认显示)	显示诸如频率、电压、电流、直流母线电压等重要参数的基本监控画面
设置菜单	通过此菜单访问用于快速调试变频器的参数
参数菜单	通过此菜单访问所有可用的变频器参数

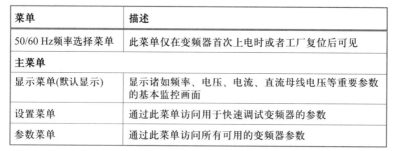

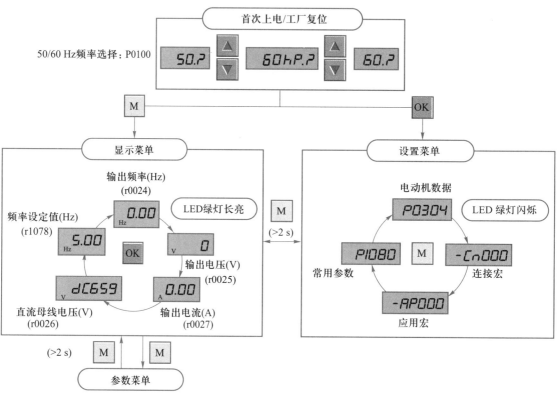

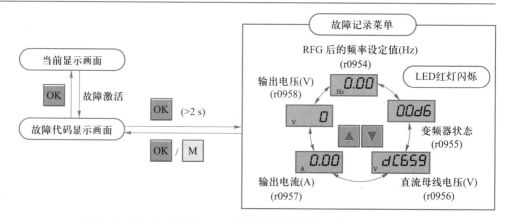

图 11-9   V20 变频器的 BOP 菜单结构和参数设置方法

（3）参数设置

上电前检查：检查电缆是否正确连接，做好安全防范措施，确保电动机和变频器电源电压正常，做好设备固定。

设置 50/60 Hz 频率选择菜单：根据电动机使用地区设置电动机的基础频率，通过设置此菜单确定功率数值（例如，电动机额定功率 P0307）以［kW］或［hp］表达。

50/60 Hz 选择菜单仅在变频器首次开机时或恢复出厂默认设置后（P0970）可见，可通过 BOP 选择频率或者不选择直接退出该菜单，该菜单只有在变频器恢复出厂默认设置后才会再次显示。另外，也可通过设置 P0100 的值选择电动机额定频率。

下面进行恢复出厂设置：

● 接通变频器电源，进入频率选择菜单，选择频率后，按功能键 🅼，进入显示菜单。

● 在显示菜单下，短按功能键 🅼（<2 s），切换至参数菜单。

● 按向上键 🔼 或向下键 🔽，选择 P0010，并按 OK 键 🆗，将 P0010 设置为 30。

● 按向上键 🔼，选择 P0970，并按 OK 键 🆗，将 P0970 设置为 1 或者 21。

电机试运行：可以进行电机转速和方向的测试。在"手动"模式（显示 ⤺ 图标）下，按运行键 🔳 启动，按停止键 ⏹ 停止。通过 🅼 + 🆗 组合键从"手动"切换到"点动"模式，此时 ⤺ 图标闪烁。在"点动"模式下，按运行键 🔳 启动，按运行键 🔳 停止。

快速调试：方法有两种，一是通过设置菜单进行快速调试，二是通过参数菜单进行快速调试。

通过设置菜单进行快速调试，设置菜单主要包括电动机数据、连接宏、应用宏、常用参数 4 个子菜单，如图 11-10 所示。具体步骤如图 11-11 所示。短按运行键 🅼（<2 s），进行设置菜单切换。进入子菜单后，按向上键 🔼 或向下键 🔽 进行参数选择，按 OK 键 🆗 设置参数数值。

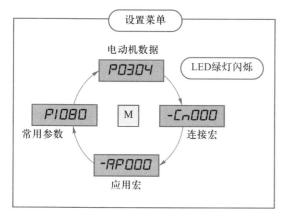

序号	子菜单	功能
1	电动机数据	设置用十快速调试的电动机额定参数
2	连接宏	选择不同控制模式
3	应用宏	选择不同应用场景
4	常用参数	设置必要参数实现性能优化

图 11-10　设置菜单组成

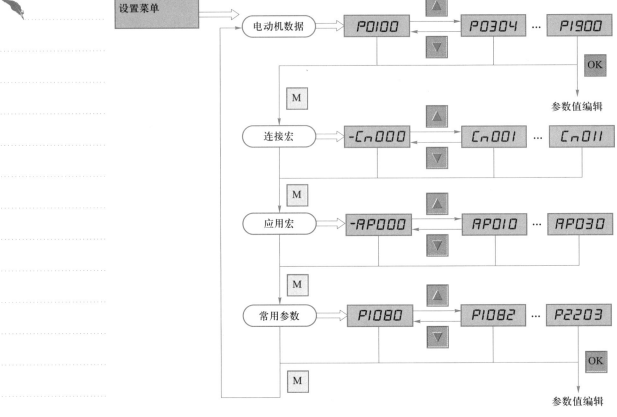

图 11-11   设置菜单步骤

设置电动机数据见表 11-4。

表 11-4   电动机数据

序号	参数	功能	备注
1	P0010 = 1	启动快速调试，使能电动机参数编辑	= 0：就绪；= 1：快速调试；= 2：变频器；= 29：下载；= 30：出厂设置
2	P0100 = 0	电动机频率选择（50/60 Hz）	0 = 欧洲（kW），频率默认值 50 Hz 1 = 北美（hp），频率默认值 60 Hz 2 = 北美（kW），频率默认值 50 Hz
3	P0304［0］	电动机额定电压/V	10 ~ 2000 注意：输入的铭牌数据必须与电动机接线（星形/三角形）一致
4	P0305［0］	电动机额定电流/A	0.01 ~ 10000 注意：输入的铭牌数据必须与电动机接线（星形/三角形）一致
5	P0307［0］	电动机额定功率/（kW）	0.01 ~ 2000.0 如 P0100 = 0 或 2，电动机功率单位为 kW 如 P0100 = 1，电动机功率单位为 hp

续表

序号	参数	功能	备注
6	P0308［0］	电动机额定功率因数（cos φ）	仅当 P0100＝0 或 2 时可见
7	P0309［0］	电动机额定效率/%	仅当 P0100＝1 时可见 此参数设为 0 时内部计算其值
8	P0310［0］	电动机额定频率/Hz	12.0~550.0
9	P0311［0］	电动机额定转速/(r/min)	0~40 000
10	P1900＝2	电动机数据识别	＝0:禁止 ＝2:静止时识别所有参数

设置连接宏。电动机参数设置完成后,按 ■ 键,进行连接宏的设置。当调试变频器时,连接宏设置为一次性设置。在更改上次的连接宏设置前,务必执行以下操作:对变频器进行工厂复位(P0010＝30,P0970＝1),重新进行快速调试操作并更改连接宏。如未执行上述操作,变频器可能会同时接受更改前后所选宏对应的参数设置,从而可能导致变频器非正常运行。

用户可通过表 11-5 所列选择所需要的连接宏来实现标准接线。连接宏值为"Cn000",即连接宏 0。连接宏设置步骤如图 11-12 所示,功能详解见 V20 变频器手册。

设置应用宏。应用宏类型见表 11-6。每个应用宏均针对某个特定的应用提供一组相应的参数设置。在选择了一个应用宏后,变频器会自动应用该宏的设置。应用宏默认值为"AP000",即应用宏 0。如果应用超出表中范围,则可选择最为接近的应用宏并根据需要对参数进行更改。

表 11-5 连接宏类型

连接宏	功能	备注
Cn000	出厂默认设置,不更改任何参数	
Cn001	BOP 为唯一控制源	
Cn002	通过端子控制(PNP/NPN)	
Cn003	固定转速	
Cn004	二进制模式下的固定转速	
Cn005	模拟量输入及固定频率	-Cn000
Cn006	外部按钮控制	Cn001
Cn007	外部按钮与模拟量设定值组合	负号表明此连接宏为当前选定的连接宏
Cn008	PID 控制与模拟量输入参考组合	
Cn009	PID 控制与固定值参考组合	
Cn010	USS 控制	
Cn011	MODBUS RTU 控制	

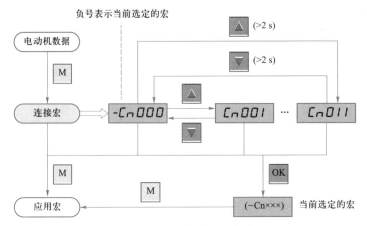

图 11-12　连接宏设置步骤

表 11-6　应用宏类型

连接宏	功能	备注
AP000	出厂默认设置,不更改任何参数	
AP010	普通水泵应用	-AP000
AP020	普通风机应用	AP010
AP021	压缩机应用	负号表明此应用宏为当前选定的应用宏
AP030	传送带应用	

当调试变频器时,应用宏设置为一次性设置。在更改上次的应用宏设置前,务必执行以下操作。

● 对变频器进行工厂复位(P0010 = 30,P0970 = 1)。

● 重新进行快速调试操作并更改应用宏。

如未执行上述操作,变频器可能会同时接受更改前后所选宏对应的参数设置,从而可能导致变频器非正常运行。

设置常用参数。用户可以通过此菜单进行常用参数的设置,从而实现变频器性能优化,具体见表 11-7。

表 11-7　设置常用参数

序号	参数	功能	备注
1	P1080[0]	最小电动机频率/Hz	范围:0.00~550.00(工厂默认值为 0.0)
2	P1082[0]	最大电动机频率/Hz	范围:0.00~550.00(工厂默认值为 50.0)
3	P1120[0]	斜坡上升时间/s	范围:0.00~650.00(工厂默认值为 10.0)
4	P1121[0]	斜坡下降时间/s	范围:0.00~650.00(工厂默认值为 10.0)
5	P1058[0]	正向点动频率/Hz	范围:0.00~550.00(工厂默认值为 5.0)

续表

序号	参数	功能	备注
6	P1059[0]	反向点动频率/Hz	范围:0.00~550.00(工厂默认值为5.0)
7	P1060[0]	点动斜坡上升时间/s	范围:0.00~650.00(工厂默认值为10.0)
8	P1061[0]	点动斜坡下降时间/s	范围:0.00~650.00(工厂默认值为10.0)
9	P1001[0]	固定频率设定值 1/Hz	范围:-550.00~550.00(工厂默认值为10.0)
10	P1002[0]	固定频率设定值 2/Hz	范围:-550.00~550.00(工厂默认值为15.0)
11	P1003[0]	固定频率设定值 3/Hz	范围:-550.00~550.00(工厂默认值为25.0)
12	P2201[0]	固定 PID 频率设定值 1/%	范围:-200.00~200.00(工厂默认值为10.0)
13	P2202[0]	固定 PID 频率设定值 2/%	范围:-200.00~200.00(工厂默认值为20.0)
14	P2203[0]	固定 PID 频率设定值 3/%	范围:-200.00~200.00(工厂默认值为50.0)
15	P3900=3	完成快速调试	=0:不快速调试(不进行电动机数据计算) =1:结束快速调试并执行工厂复位 =2:结束快速调试 =3:结束快速调试,进行电动机数据计算

通过参数菜单进行快速调试,需要手动设置上述所有电动机数据,具体方法参考 V20 变频器产品手册。

参考方案

1. I/O 点分配

在分析水箱液位闭环 PID 运行控制 PLC 控制系统功能的基础上,列出该控制系统需要的输入信号和输出信号。水箱液位闭环 PID 运行控制 PLC 控制系统 I/O 地址分配见表 11-8。

表 11-8　水箱液位闭环 PID 运行控制 PLC 控制系统 I/O 地址分配

输入点(I)			输出点(O)		
序号	输入信号	PLC 输入地址	序号	输出信号	PLC 输出地址
1	系统起动按钮 SB1	I0.0	1	系统上电	Q0.0
2	系统停止按钮 SB2	I0.1	2	水泵起动	Q0.1
3	液位采集	AIW16	3	变频器调速	AQW16

2. 硬件电路设计

水箱液位闭环 PID 运行控制 PLC 控制系统包括主电路和控制电路,其电气原理如图 11-13 所示。

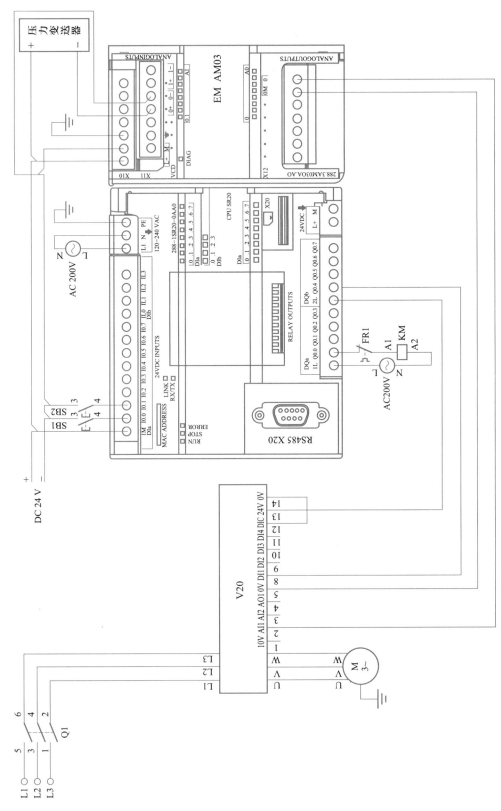

图 11-13　水箱液位闭环 PID 运行控制 PLC 控制系统电气原理图

任务三 PID 组态编程

1. 创建项目,添加 PLC 和模块

双击 ,打开 STEP7 – MicroWIN SMART 软件,在项目树中双击图标

CPU SR20,打开系统块对话框,如图 11-14 所示。在组态窗口,添加 CPU 模块和
模拟量扩展模块 EM AM03(在 EM0 槽),添加后,系统自动分配 I/O 地址。

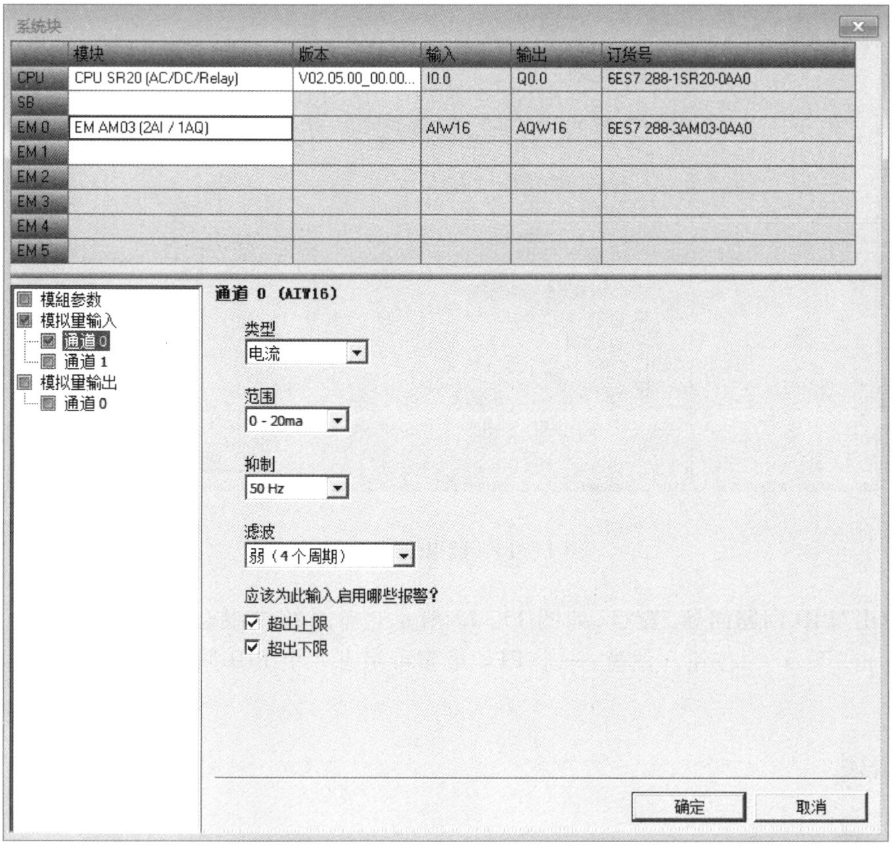

微课

PID 组态编程

	模块	版本	输入	输出	订货号
CPU	CPU SR20 (AC/DC/Relay)	V02.05.00_00.00...	I0.0	Q0.0	6ES7 288-1SR20-0AA0
SB					
EM 0	EM AM03 (2AI / 1AQ)		AIW16	AQW16	6ES7 288-3AM03-0AA0
EM 1					
EM 2					
EM 3					
EM 4					
EM 5					

通道 0 (AIW16)

类型
电流

范围
0 - 20ma

抑制
50 Hz

滤波
弱(4个周期)

应该为此输入启用哪些报警?
☑ 超出上限
☑ 超出下限

确定　取消

图 11-14　创建项目,添加 PLC 和模块

2. 通道设置

在图 11-14 中,设置模拟量输入通道 0,系统中液位传感器输出电流信号,所以此处选择电流类型,范围为 0~20 mA,其他采用默认设置。通道 1 未用,此处不设置。接下来选择模拟量输出通道 0,可以选择电压类型或电流类型,此处选择电压类型,其他采用默认设置,如图 11-15 所示。

3. 进行 PID 组态

在项目树中,选择"向导"→"PID",或在工具菜单中选择 PID 向导,如图 11-16 所

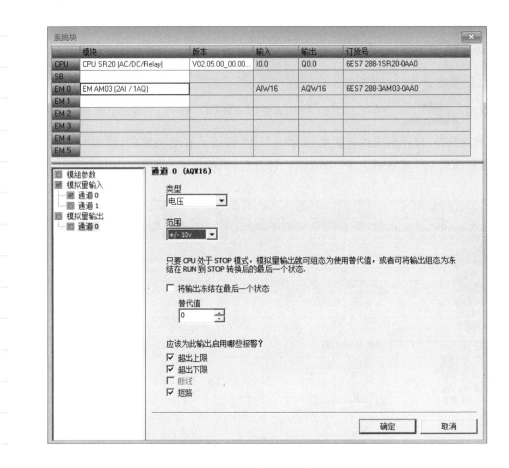

图 11-15　模拟量通道设置

示,弹出"PID 回路向导"窗口,如图 11-17 所示。本系统中组态一个 PID,选择"Loop 0",单击"下一个"按钮。注意:一个 PLC 最多可组态 8 个 PID 回路。

图 11-16　选择 PID 向导

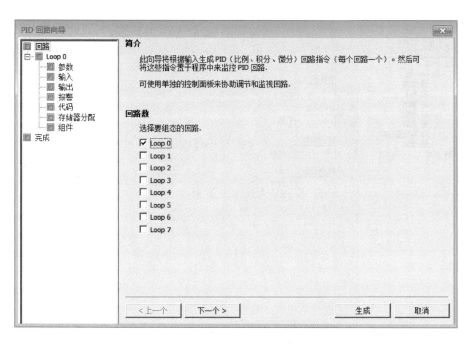

图 11-17 选择 PID 组态回路

4. 回路命名

此处采用默认名称,不进行修改,单击"下一个"按钮,如图 11-18 所示。

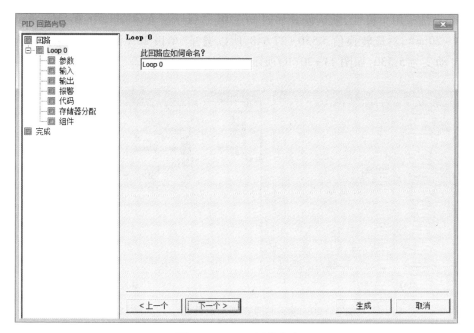

图 11-18 PID 回路命名

5. 参数设置

对增益、采样时间、积分时间、微分时间进行设置,此处暂时不进行修改,在后面调试时再进行修改即可,单击"下一个"按钮,如图 11-19 所示。

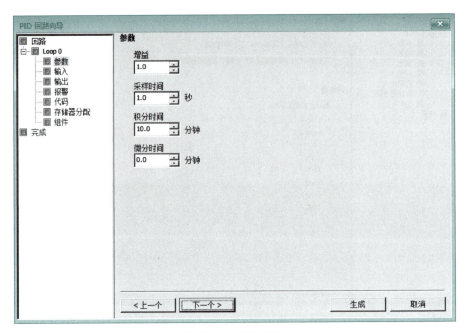

图 11-19 参数设置

6. 输入设置

根据前面设置,模拟量模块输入信号为电流信号,将 0～20 mA 对应转换值 0～27 648,系统采用单极性,默认设置如图 11-20(a)所示。在本项目中,0～500 mm 水位对应 4～20 mA,对应转换值 5 530～27 648,所以选择"单极 20% 偏移量",过程变量标定下限自动变为 5 530,如图 11-20(b)所示。

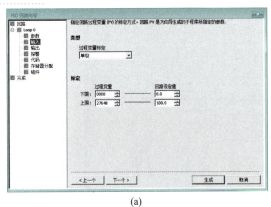 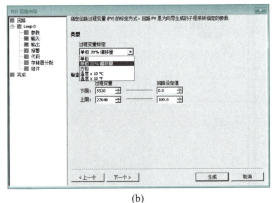

(a)   (b)

图 11-20 输入信号类型标定设置

回路设定值是过程变量与系统设定值的对应关系,本系统中 20 mA 对应 27 648,对应水位高度 500 mm,为了便于与设定值保持一致,此处将 27 648 对应的回路设定值改成 500.0,表示设定值和过程值完全对应,单击"下一个"按钮,如图 11-21 所示。

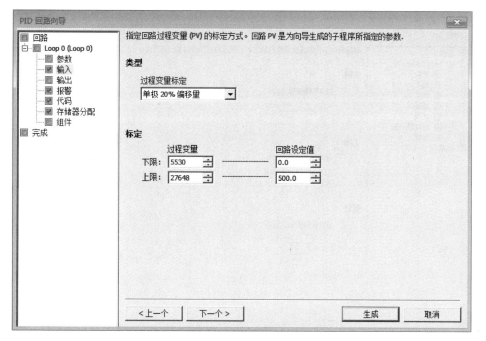

图 11-21　回路设定值设置

7. 输出设置

根据前面设置,模拟量模块输出信号为电压信号,采用单极性,PLC 输出 0~27 648 给定模拟量输出模块,转换成 0~10 V 电压,变频器对应输出频率 0~50 Hz,设置如图 11-22 所示,单击"下一个"按钮。

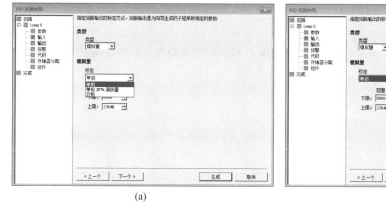　

(a)　　　　　　　　　　　　　　　　　(b)

图 11-22　输出信号类型标定设置

8. 报警设置

根据需要勾选启用下限报警、上限报警和启用模拟量输入错误,单击"下一个"按钮,如图 11-23 所示。

9. 代码

创建初始化 PID 子程序和中断服务程序。根据调试需要可以添加"手动控制",单击"下一个"按钮,如图 11-24 所示。

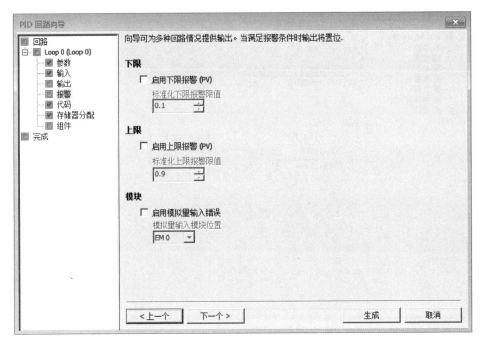

图 11-23　报警设置

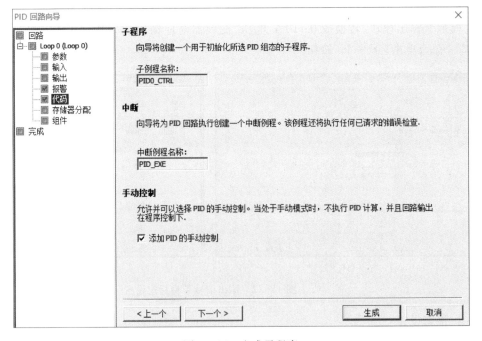

图 11-24　生成子程序

10. 存储器分配

为组态数据分配 120 B 的变量存储器 V。建议使用编号较大的地址，以免与程序使用存储单元重叠。如图 11-25 所示,分配地址 VB1000 开始的 120 B,单击"下一个"
按钮。

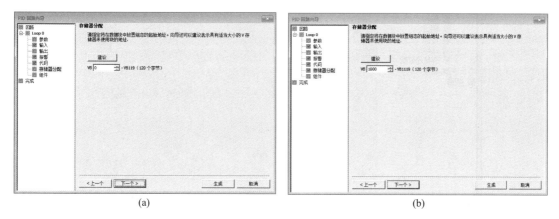

(a)　　　　　　　　　　　　　　　　　(b)

图 11-25　为 PID 分配存储区

11. 组件

根据组态过程,自动生成初始化子程序 PID0_CTRL,该子程序需要在主程序中调
用,单击"下一个"按钮,如图 11-26 所示。

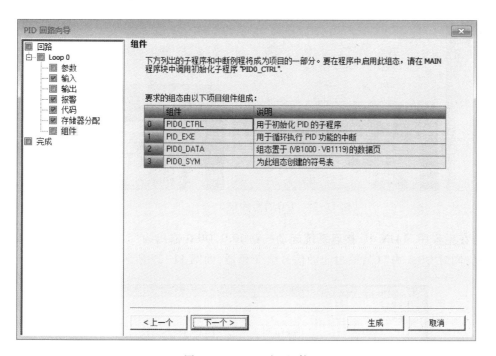

图 11-26　PID 项目组件

完成 PID 组态,生成相应子程序代码,单击"生成"按钮,如图 11-27 所示。

12. 程序编程

在主程序 MAIN 中先定义符号表,打开 I/O 符号表,对 I/O 点进行符号命名,如图
11-28 所示。

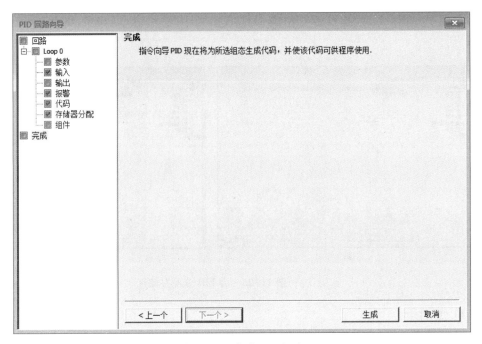

图 11-27　完成 PID 组态

图 11-28　I/O 符号表定义

在主程序 MAIN 中,接通系统起动按钮 I0.0,Q0.0 输出为"1",主电路 V20 变频器上电,同时 Q0.1 为"1",输出起动信号给变频器,如图 11-29 所示。

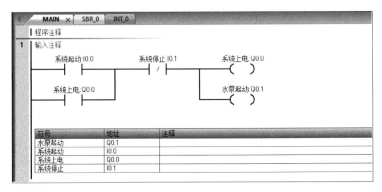

图 11-29　系统起动

在项目树中选择"调用子程序"→"PID0_CTRL"子程序,可以通过双击或者拖拽的方式将其添加到程序编辑器,如图 11-30 所示。

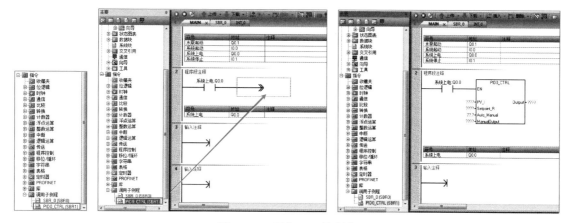

图 11-30 添加 PID 控制块

定义 PID 块的输入和输出点,程序块中 PV_I 端为 PID 过程采样值,将模拟量通道 0 地址 AIW16 写入端口。Setpoint_R 端为 PID 设定值,将 MD20 写入端口。Output 端为 PID 输出,写入模拟量模块地址 AQW16,经 D/A 转换,输出 0~10 V 电压。另外,V10.0 为手自动调节模式切换,VD20 为手动调节模式输出值。为 PID 块分配参数如图 11-31 所示。

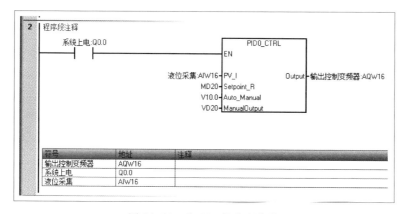

图 11-31 为 PID 块分配参数

任务四 PID 参数调试

程序下载到 PLC 后,选择"项目树"→"工具"→"PID 整定控制面板",如图 11-32 所示。或在 STEP 7-MicroWIN SMART 软件在线的情况下,从主菜单工具中单击 ![icon]，进入 PID 整定控制面板。

在"PID 整定控制面板"的"调节参数"区域勾选"启用手动调节",分别输入增益、积分、微分。增益先设定为 100.0(比例系数),单击"更新 CPU"按钮,将参数值写入

PLC,开始自整定。要进行自整定的回路必须处于自动模式(V10.0 写入 1)。

图 11-32 打开 PID 整定控制面板

注意:在 PID 开始自整定前,整个 PID 控制回路必须工作在相对稳定的状态(过程变量接近设定值,输出不会不规则变化,且回路的输出值在控制范围中心附近变化)。理想状态下,自整定启动时,回路输出值应该在控制范围中心附近。自整定过程在回路的输出中加入一些小的阶跃变化,使得控制过程产生振荡。如果回路输出接近其控制范围的任一限值,自整定过程引入的阶跃变化可能导致输出值超出最小或最大范围限值,如果发生这种情况,可能会生成自整定错误条件,当然也会使推荐值并非最优化。

系统启动后,将 100.0 写入 MD20,作为水位设定值,系统自动调节开始,OUT 输出值 100.0,表示 100% 输出,此时变频器输出频率对应 50 Hz,水位逐渐上升,变频器输出自动调节。液位 PID 参数调试过程如图 11-33 所示。

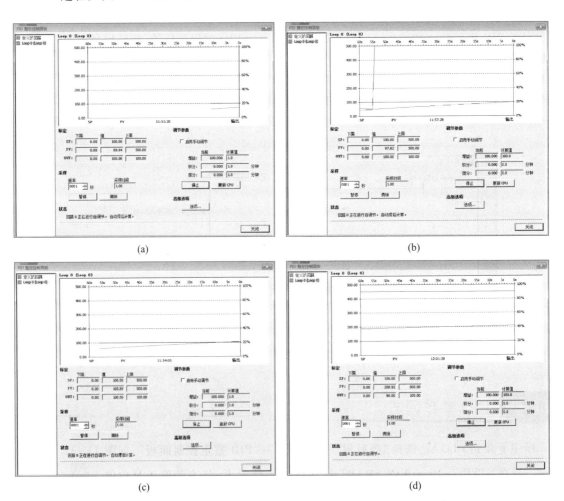

图 11-33 液位 PID 参数调试过程

PID 整定控制面板包含以下字段。

（1）当前值：显示 SP（设定值）、PV（过程变量）、OUT（输出）、采样时间、增益、积分时间和微分时间的值。SP、PV 和 OUT 分别以绿色、红色和蓝色显示；使用相同颜色的图例来标明 SP、PV 和 OUT 的值。

（2）图形显示区：图形显示区中用不同的颜色显示了 PV、SP 和输出值相对于时间的函数。PV 和 SP 共用图形左侧纵轴，输出使用图形右侧的纵轴。

（3）整定参数区：画面左下角是整定参数（分钟）区。在此处显示增益、积分时间和微分时间的值。在计算值列中单击，可对这些值的 3 个源中任意一个源进行修改。

（4）"更新 CPU"：可以使用"更新 CPU"按钮将所显示的增益、积分时间和微分时间值传送到被监视的 PID 回路的 CPU。可以使用"启动"按钮启动自整定序列。一旦自整定序列启动，"启动"按钮将变为"停止"按钮。

将设定值改为 110.0，重新进行系统自动调节，经过一段时间后，系统自动完成 PID 自整定，调节参数显示在整定参数区（增益为 32.01，积分时间为 0.337 分钟），单击"更新 CPU"按钮，将参数写入 PLC，如图 11-34 所示。

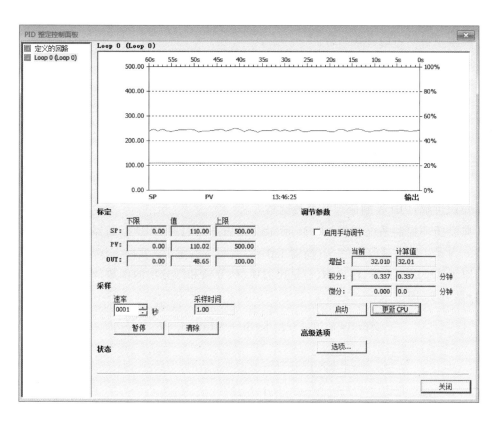

图 11-34　PID 参数自整定值

除了系统自动调节，其他参数整定须自行查阅资料，并阅读项目拓展内容，了解常用参数整定的方法和步骤。

项目总结

知识方面	1. 了解常用二线制传感器的基本原理和接线方式 2. 掌握 S7-200 SMART PLC 模拟量通道及输入采集、输出转换相关知识 3. 掌握 V20 变频器基本控制方式和参数设置方法 4. 掌握 PID 组态和编程方法 5. 掌握 S7-200 SMART PLC 闭环 PID 控制参数调试方法
能力方面	1. 能进行 S7-200 SMART PLC 的模拟量模块和信号板接线和编程 2. 能熟练进行 V20 变频器的参数设置和接线 3. 能进行 PID 的组态、编程和参数调试
素养方面	1. 具备产品质量意识 2. 具备精益求精的工匠精神 3. 具备工程思维和逻辑分析的能力 4. 具备自主阅读手册的能力

对本项目学习的自我总结：

_____

_____

_____

_____

项目拓展

知识讲解：PID 控制原理及参数调整方法

典型闭环控制系统如图 11-35 所示。在稳态运行时，PID 控制器调节输出值，使偏差 e 为零。偏差是设定值 S_p(所需工作点)与过程变量 P_v(实际工作点)之差。PID 控制的原理基于以下方程，输出 $M(t)$ 是比例项、积分项和微分项的函数，输出 = 比例项+积分项+微分项，即

$$M(t) = K_C \cdot e + K_C \int_0^t edt + \text{Minitial} + K_C \cdot \frac{\mathrm{d}e}{\mathrm{d}t}$$

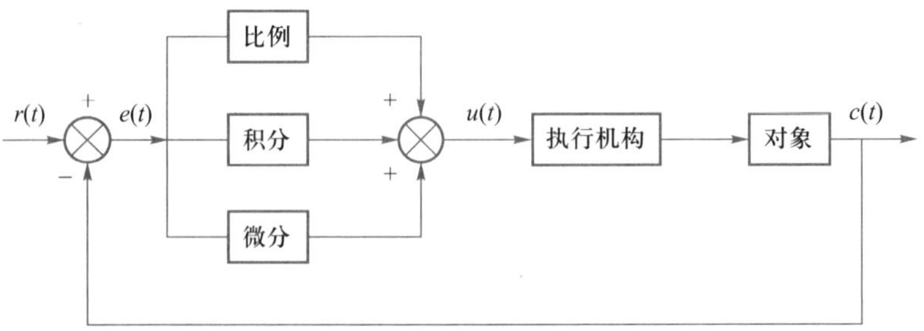

图 11-35　典型闭环控制系统

式中:$M(t)$ 为回路输出(时间的函数);K_C 为回路增益;e 为回路偏差(设定值与过程变量之差);Minitial 为回路输出的初始值。

执行该控制函数,需将连续函数量化为偏差值的周期采样,并随后计算输出。处理采用的相应方程为

$$M_n = K_C \cdot e_n + K_I \cdot e_n + M_X + K_D \cdot (e_n - e_{n-1})$$

式中:M_n 为采样时间 n 时的回路输出计算值;K_C 为回路增益;e_n 为采样时间 n 时的回路偏差值;e_{n-1} 为前一回路偏差值(采样时间 $n-1$ 时);K_I 为积分项的比例常数;M_X 为前一积分项的值(采样时间 $n-1$ 时);K_D 为微分项的比例常数。

经过简化改进后,方程变为

$$M_n = M_{Pn} + M_{In} + M_{Dn}$$

具体参数说明见表 11-9。

表 11-9   PID 三大参数说明

序号	三大参数	具体参数说明
1	比例项 $M_{Pn} = K_C \cdot (S_{Pn} - P_{Vn})$	M_{Pn}:采样时间 n 时回路输出的比例项值 K_C:回路增益 S_{Pn}:采样时间 n 时的设定值 P_{Vn}:采样时间 n 时的过程变量值
2	积分项 $M_{In} = K_C \cdot (T_S/T_I) \cdot (S_{Pn} - P_{Vn}) + M_X$	M_{In}:采样时间 n 时回路输出的积分项值 K_C:回路增益 T_S:回路采样时间 T_I:积分时间(也称为积分时间或复位) S_{Pn}:采样时间 n 时的设定值 P_{Vn}:采样时间 n 时的过程变量值 M_X:采样时间 $n-1$ 时的积分项值(也称为积分和或偏置)
3	微分项 $M_{Dn} = K_C \cdot (T_D/T_S) \cdot (P_{Vn-1} - P_{Vn})$	M_{Dn}:采样时间 n 时回路输出的微分项值 K_C:回路增益 T_S:回路采样时间 T_D:回路的微分周期(也称为微分时间或速率) S_{Pn}:采样时间 n 时的设定值 S_{Pn-1}:采样时间 $n-1$ 时的设定值 P_{Vn}:采样时间 $n-1$ 时的过程变量值 P_{Vn-1}:采样时间 $n-1$ 时的过程变量值

闭环控制系统参数调整相关知识如下。

1. 参数调整一般规则

由各个参数的控制规律可知,比例 P 使反应变快,微分 D 使反应提前,积分 I 使反应滞后。在一定范围内,P、D 值越大,调节的效果越好。各个参数的调节原则如下。

(1)在输出不振荡时,增大比例增益 P。

（2）在输出不振荡时，减小积分时间常数 T_i。

（3）输出不振荡时，增大微分时间常数 T_d。

2. PID 控制器参数整定的方法

理论计算整定法：依据系统的数学模型，经过理论计算确定控制器参数。这种方法所得到的计算数据未必可以直接用，还必须通过工程实际进行调整和修改。

工程整定方法：依赖工程经验，直接在控制系统的试验中进行，此方法简单、易于掌握，在工程实际中被广泛采用。

PID 控制器参数的工程整定方法，主要有临界比例法、反应曲线法和衰减法。3 种方法各有其特点，其共同点都是通过试验，然后按照工程经验公式对控制器参数进行整定。现在一般采用的是临界比例法。

利用临界比例法进行 PID 控制器参数的整定步骤如下。

（1）首先预选择一个足够短的采样周期让系统工作。

（2）仅加入比例控制环节，直到系统对输入的阶跃响应出现临界振荡，记下这时的比例放大系数和临界振荡周期。

（3）在一定的控制度下通过公式计算得到 PID 控制器的参数。

3. 参数调整一般步骤

（1）确定比例增益。确定比例增益 P 时，首先去掉 PID 的积分项和微分项，一般是令 $T_i=0$、$T_d=0$，PID 为纯比例调节。输入设定为系统允许最大值的 $60\%\sim70\%$，由 0 逐渐加大比例增益 P，直至系统出现振荡。再反过来，从此时的比例增益 P 逐渐减小，直至系统振荡消失，记录此时的比例增益 P，设定 PID 的比例增益 P 为当前值的 $60\%\sim70\%$。比例增益 P 调试完成。

（2）确定积分时间常数 T_i。比例增益 P 确定后，设定一个较大的积分时间常数 T_i 的初值，然后逐渐减小 T_i，直至系统出现振荡。之后再反过来，逐渐加大 T_i，直至系统振荡消失。记录此时的 T_i，设定 PID 的积分时间常数 T_i 为当前值的 $150\%\sim180\%$。积分时间常数 T_i 调试完成。

（3）确定微分时间常数 T_d。微分时间常数 T_d 一般不用设定，为 0 即可。若要设定，与确定 P 和 T_i 的方法相同，取不振荡时的 30%。

（4）系统空载、带载联调，再对 PID 参数进行微调，直至满足要求。

思考与练习

1. 简述 PID 控制参数调整方法。

2. 自行查阅手册和视频，学习 S7-200 SMART PLC 与 V20 变频器之间进行 Modbus-RTU 通信和 USS 通信的实现步骤。

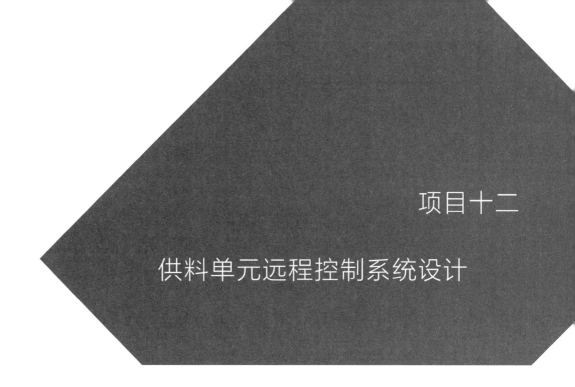

项目十二

供料单元远程控制系统设计

项目描述

供料单元如图 12-1 所示。当主站发出起动信号后,供料单元作为从站,将料仓中待加工工件推至物料台,等待输送单元抓取机械手装置将工件抓取,并送往其他工作单元。供料单元控制系统由两台 S7-200 SMART PLC 实现,其中主站设备发出起动和停止信号,从站实现供料单元物料推料控制。

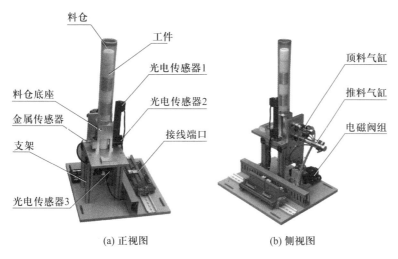

(a) 正视图　　　　(b) 侧视图

图 12-1　供料单元实物图和示意图

控制要求:当按下主站 PLC 起动按钮时,主站将信号发送给从站,从站 PLC 接收到信号后,起动从站运行。当从站物料台上没有物料且料仓有物料时,则将物料推出至物料台上,推料完成后将完成信号发送至主站,主站状态指示灯点亮。将物料取走后,主站状态指示灯熄灭,继续进行推料,如此循环。直至主站停止按钮按下,发出停止信号给从站,系统完成当前工作周期后停止工作。

能力目标

1. 了解供料单元的结构及工作原理。

2. 掌握两个 S7-200 SMART PLC 的 CPU 模块之间进行通信组态、编程和应用的方法。

素养目标

1. 具备 PLC 通信调试过程中分析问题的能力。

2. 具备系统调试过程中排除故障的能力。

项目实施

任务一　设计硬件电路

PLC 通信是指 PLC 与计算机、PLC 与 PLC、PLC 与 HMI(Human Machine Interface, 人机界面)和 PLC 与其他智能设备之间的数据传递。将不同厂家不同类型的设备连接在网络中,相互之间进行通信,是控制系统发展的大趋势。

▓ 相关知识

S7-200 SMART PLC 的 CPU 模块可实现 CPU 模块、编程设备和 HMI 之间的多种通信。

1. S7-200 SMART PLC 通信端口及连接方式

每个 S7-200 SMART PLC 的 CPU 模块都提供一个以太网端口和一个 RS485 端口 (端口 0),可以支持以太网通信、Profibus 通信、串口通信。标准型 CPU 模块额外支持 SB CM01 信号板(端口 1),该信号板可通过 STEP 7-Micro/WIN SMART 软件组态为 RS232 通信端口或 RS485 通信端口,也可在 CPU 模块右侧扩展 EM DP01 模块,该模块为 Profibus-DP 从站模块,可支持 Profibus 通信。通过扩展 CM01 信号板或者 EM DP01 模块,其通信端口数量最多可增至 4 个,可满足小型自动化设备与触摸屏、变频器、伺服驱动器及第三方设备通信的需求。S7-200 SMART PLC 通信端口、通信扩展模块和信号板如图 12-2 所示。

2. S7-200 Smart PLC 支持的通信协议

CPU 模块左上角有以太网接口,支持协议有 S7 协议、开放以太网协议(TCP/IP 协

图 12-2　S7-200 SMART PLC 通信端口、通信扩展模块和信号板

议,ISO 协议,UDP 协议)、Modbus TCP 协议、Profinet 协议等;CPU 模块左下角有 RS485 接口,支持协议有 Modbus RTU、USS、PPI、自由口等协议;CPU 模块中间可添加 SB CM01 通信信号板,支持 RS485/RS232;CPU 模块右侧可扩展 EM DP01 模块,该模块为 Profibus-DP 从站模块,可支持 PROFIBUS 通信。

（1）S7 协议

S7 协议是西门子 S7 系列 PLC 内部集成的一种通信协议,所以只能与西门子内部设备（如 S7-300、S7-1200 系列）进行通信。在本项目中,两个 PLC 的通信即使用本协议。

（2）开放以太网协议

开放以太网协议包括 TCP/IP、ISO、UDP 协议,以 TCP/IP 协议为代表能够在多个不同网络间实现信息传输的协议簇。很多带有以太网接口的设备都支持此类协议,可以实现多个不同品牌组网通信。

（3）Modbus TCP 协议

Modbus TCP 协议是 Modbus 协议的以太网形式,继承了 Modbus 协议的通用性,并发挥了以太网传输速度快的优点,当设备支持此协议时可优先选择。

（4）Profinet 协议

Profinet 协议是 Profibus 国际组织推出的新一代基于工业以太网技术的自动化总线标准,Profinet 为自动化通信领域提供了一个完整的网络解决方案,适用于对数据实时性要求很高的通信场合。

（5）Modbus RTU 协议

Modbus RTU 是一种串行通信协议,是 Modicon 公司（现为施耐德电气 Schneider Electric）于 1979 年为使用 PLC 通信而发表,已经成为工业领域通信协议的业界标准,并且现在是工业电子设备之间常用的连接方式,触摸屏、变频器等设备都支持此协议,通过此协议可以与很多其他设备进行通信。Modbus RTU 协议的优点是通用性好,缺点是主从协议通信效率比较低。对于数据量不是很大、速度要求没那么高的场合可选用此协议。

(6) PPI 协议

PPI 协议是西门子公司专为 S7-200 PLC 开发的通信协议,物理上基于 RS485 口,通过屏蔽双绞线就可以实现 PPI 通信。PPI 协议是一种主-从协议,主站靠 PPI 协议管理的共享连接来与从站通信,主站设备发送要求到从站设备,从站设备响应,从站不能主动发出信息。PPI 协议并不限制与任意一个从站通信的主站数量,但在一个网络中,主站不能超过 32 个。PPI 协议主要用于西门子 STEP7-Micro/WIN 软件上传和下载程序,西门子 HMI 与 PC 通信,S7-200 SMART PLC 之间通信或与西门子变频器、伺服通信等。

(7) 自由口协议

自由口协议指通信双方不支持共同的标准协议,在通信时其中一方根据另一方协议临时编写一个协议,其编写程序比较烦琐,且传输数据不宜过多。

3. 以太网端口连接

S7-200 SMART PLC 的 CPU 模块的以太网端口有两种网络连接方法:直接连接和网络连接。

(1) 直接连接

一个 S7-200 SMART PLC 的 CPU 模块与一个编程设备、HMI 或者另外一个 S7-200 SMART PLC 的 CPU 模块通信时,可直接连接,不需要使用交换机,使用网线直接连接两个设备即可,如图 12-3 所示。

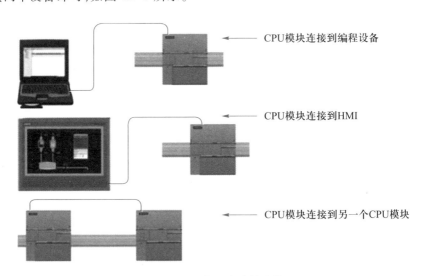

图 12-3   通信设备直接连接

(2) 网络连接

当两个以上的通信设备进行通信时,需要使用交换机来实现网络连接。可以使用导轨安装的西门子 CSM1277 以太网交换机来连接多个 CPU 模块和 HMI 设备。多个通信设备的网络连接如图 12-4 所示。

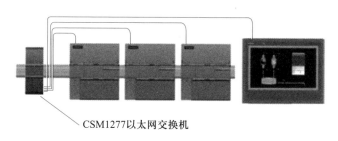

CSM1277以太网交换机

图 12-4　多个通信设备的网络连接

参考方案

使用两台 S7-200 SMART PLC 完成供料单元远程控制系统,其中 1 号 SR20 作为主站设备,发出起动、停止信号,2 号 SR20 作为从站设备,控制供料单元完成相应的动作,两台 PLC 通过交换机与编程计算机进行连接。

（1）主站 SR20 的 I/O 分配表见表 12-1。

表 12-1　主站 SR20 的 I/O 分配表

输入信号		输出信号	
名称	地址	名称	地址
起动按钮	I0.0	物料推出指示灯	Q0.0
停止按钮	I0.1		

（2）从站 SR20 的 I/O 分配表见表 12-2。

表 12-2　从站 SR20 的 I/O 分配表

输入信号		输出信号	
名称	地址	名称	地址
顶料伸出到位	I0.0	推料气缸电磁阀	Q0.0
顶料缩回到位	I0.1	顶料气缸电磁阀	Q0.1
推料缩回到位	I0.2		
推料伸出到位	I0.3		
料仓有料	I0.4		
物料台有料	I0.5		

供料单元远程控制系统主、从站电气原理图如图 12-5 所示。

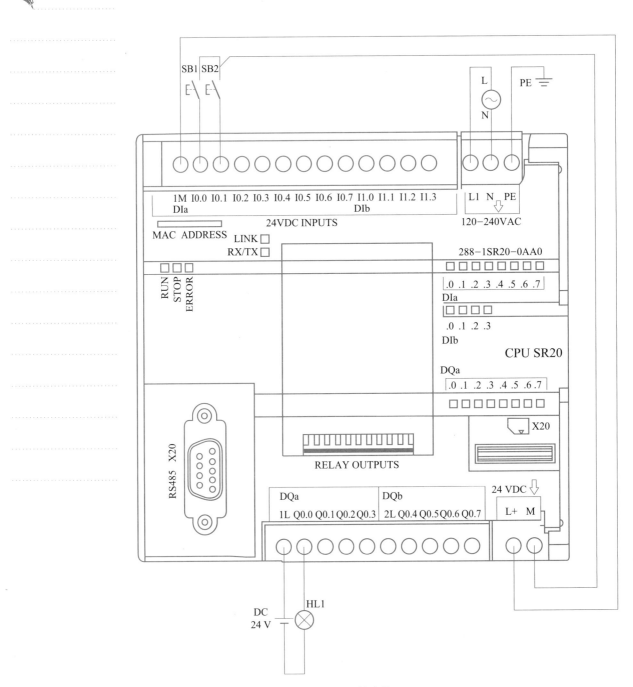

(a) 主站

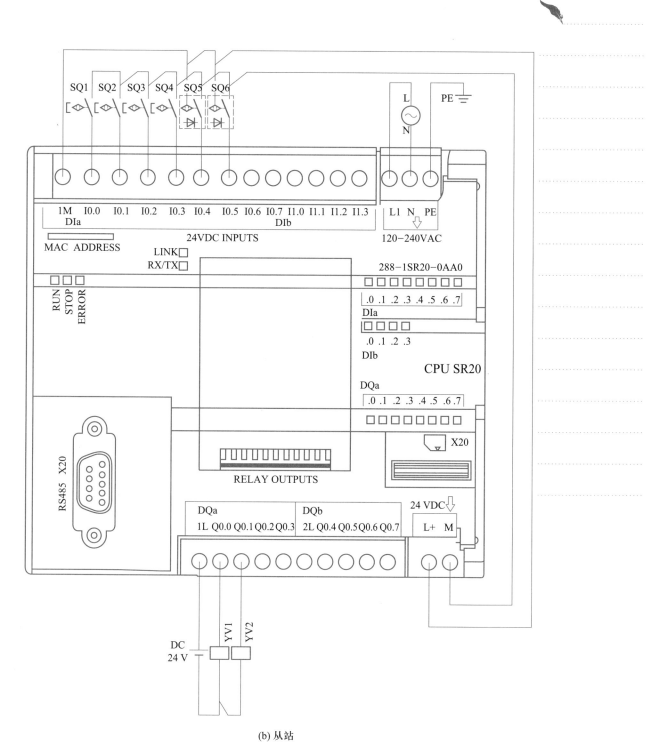

(b) 从站

图 12-5　供料单元远程控制系统主、从站电气原理图

| 任务二 | 设计与调试程序 |

接下来进行供料单元远程控制系统 PLC 之间的网络组态与通信编程调试。

相关知识

在 STEP 7-Micro/WIN SMART 软件中,可使用 GET/PUT 向导简化以太网网络通信操作的组态。该向导将询问用户的初始化选项,并根据用户的选择生成完整的组态。网络操作最多可用于 24 个 CPU 模块以太网通信,也可以为单个 CPU 模块组态多个以太网通信操作。

编程计算机 IP 地址为 192.168.0.1,主站 IP 地址为 192.168.0.4,从站 IP 地址为 192.168.0.6,在硬件组态时进行 IP 地址的修改。

具体 GET/PUT 组态向导过程如下。

(1)进行硬件组态。在软件中添加 CPU-SR20,设置 IP 地址为 192.168.0.4,保存项目名称为:本地 PLC 主站设备,如图 12-6 所示。

(2)在项目树中单击"向导",找到" GET/PUT ",如图 12-7 所示。

微课

GET/PUT 组态向导

图 12-6　组态主站 SR20

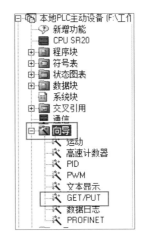

图 12-7　找到 GET/PUT

(3)双击" Get/Put ",打开"Get/Put 向导"对话框,如图 12-8 所示。

(4)单击"添加"按钮,创建操作" Operation "" Operation02 ",分别修改操作名称为" OperationM "(表示主站设备)和" OperationS "(表示从站设备),如图 12-9 所示。

(5)添加注释。给两个操作添加注释"Get 操作"和"Put 操作",如图 12-10 所示。

(6)单击" OperationM ",进入其参数设置界面,如图 12-11 所示。

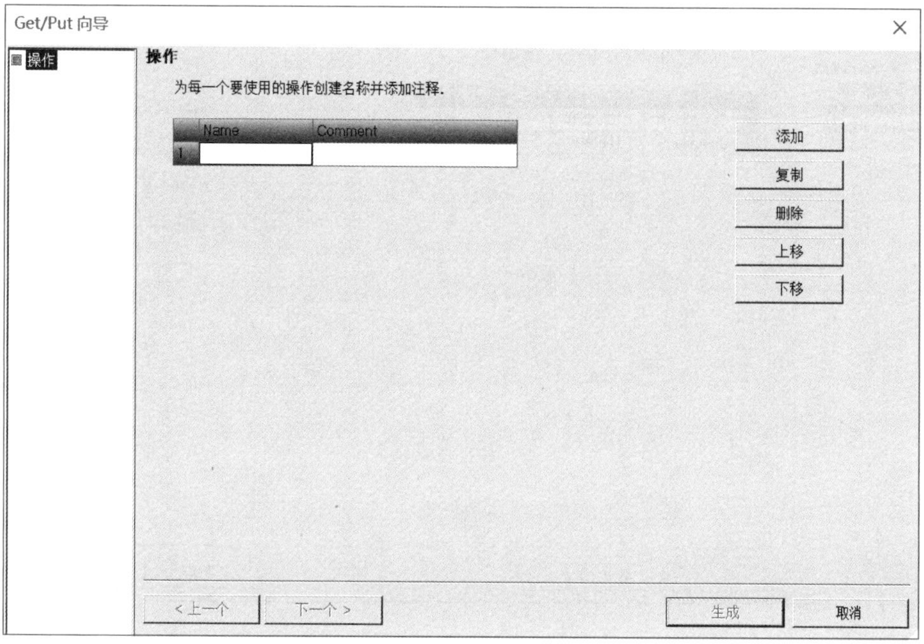

图 12-8　"Get/Put 向导"对话框

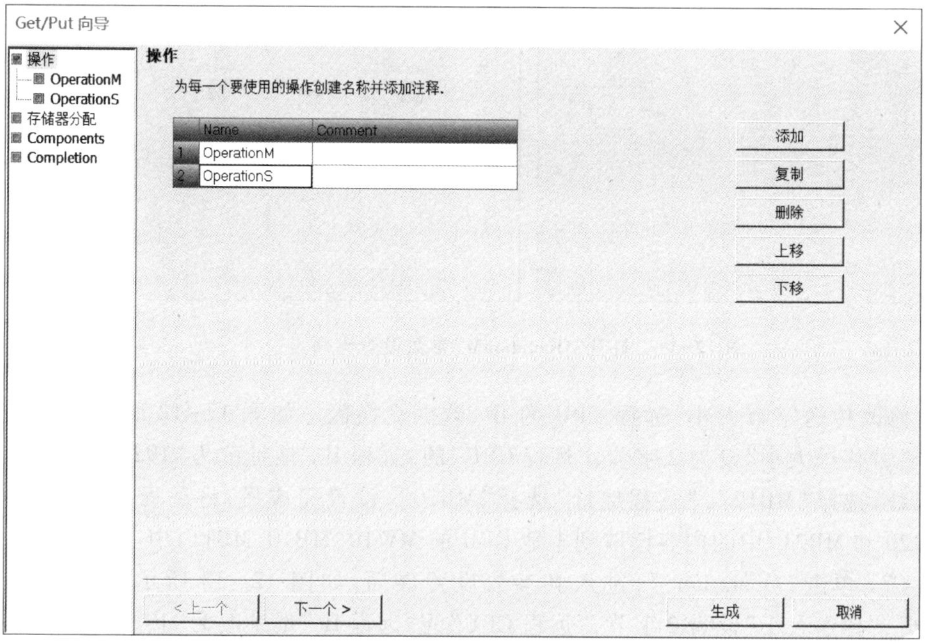

图 12-9　添加操作

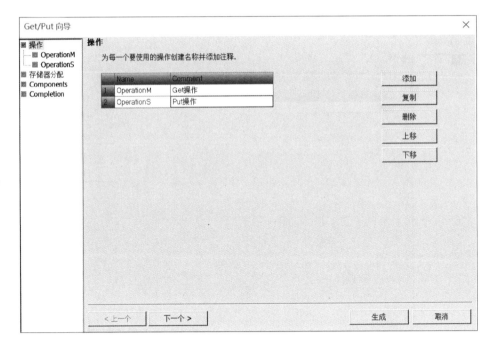

图 12-10　添加注释

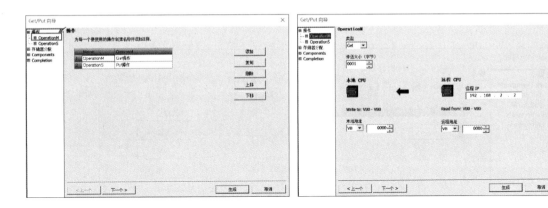

图 12-11　打开"OperationM"参数设置界面

　　修改传送字节大小、远程 CPU 的 IP、数据交换区。如图 12-12 所示,类型选择
"Get","传送大小"设为 2 字节,"远程 CPU"的"远程 IP"地址改为"192.168.0.6","本
地地址"选择"MB10","远程地址"选择"MB20",设置完成后,将远程 CPU 的 MW20
(MB20 和 MB21)中的内容读取到本地 CPU 的 MW10(MB10、MB11)中。

　　(7) 单击"OperationS",进入其参数设置界面,如图 12-13 所示,"类型"选择
"Put","传送大小"设为 2 字节,"远程 CPU"的"远程 IP"地址改为"192.168.0.6","本
地地址"选择"MB12","远程地址"选择"MB22",设置完成后,将本地 CPU 的 MW12
(MB12 和 MB13)中的内容发送到远程 CPU 的 MW22(MB22、MB23)中。

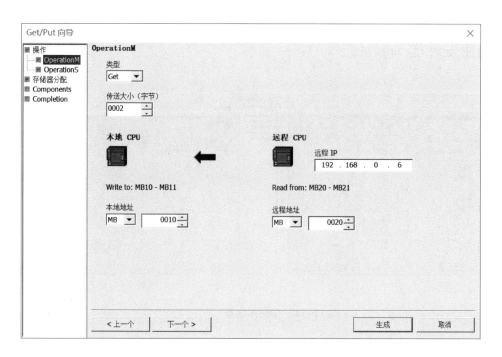

图 12-12　主站读取参数设置

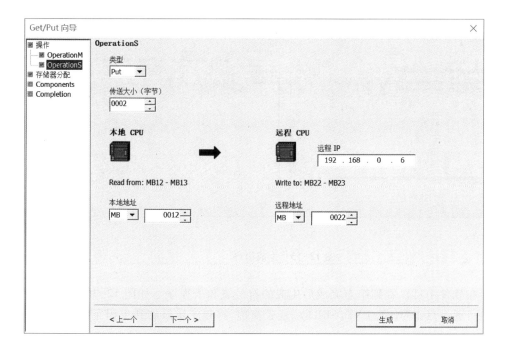

图 12-13　设置 Put 参数

（8）单击左侧列表中的"存储器分配"，进入其设置界面，为 GET/PUT 通信分配存储器，要保证程序中未重复地址。可单击"建议"按钮调整存储器范围或直接输入存储器地址，如图 12-14 所示。

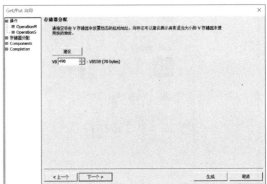

图 12-14   分配存储器

（9）如图 12-15 所示，GET/PUT 向导生成的项目组件包括 1 个控制网络操作"NET_EXE"子程序、1 个长度为 70 字节的"NET_DataBlock"数据块和 1 个"NET_SYMS"符号表。选择"Completion"组件，单击"生成"按钮，向导生成项目组件添加到项目中。

图 12-15   生成组件

在软件中可以看到组态完成后生成的符号表和子程序。如图 12-16 所示。

可通过双击"NET_EXE(SBR1)"或者拖拽，将程序块添加到主程序中，如图 12-17 所示。

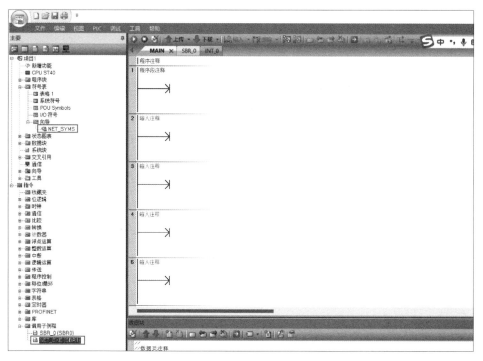

图 12-16 生成符号表和子程序

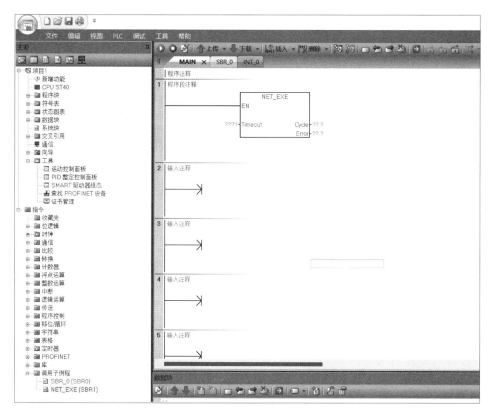

图 12-17 将子程序添加到主程序中

调用时需要在每个扫描周期使用 SM0.0 调用此程序。该程序块的接口:Timeout 是设置超时定时时间,Cycle 是周期参数,Error 是错误参数。

参考方案

1. 通信数据交换信息

通过向导组态 S7-200 SMART PLC 的通信,主站设备"OperationM"和从站设备"OperationS"的数据交换区见表 12-3。

表 12-3　主站与从站的数据交换区

主站	发送区 MW12	接收区 MW22	从站
	接收区 MW10	发送区 MW20	

2. 程序设计

在项目树中展开"调用子例程"文件夹,将自动生成的网络读写指令添加到程序编辑器,如图 12-18 所示。

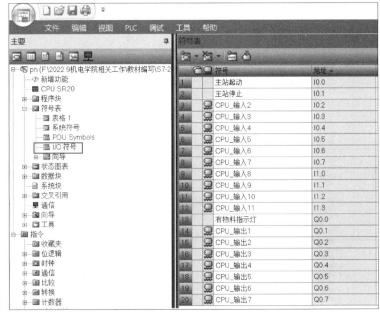

图 12-18　向导生成网络读写指令及主站符号表

（1）主站 SR20 程序

主站 SR20 程序如图 12-19 所示，调用 S7 通信向导组态生成的网络读写指令 NET_EXE，当主站起动按钮按下后，主站发送区 M12.0 变为 ON，将信号发送给从站，从站接收区 M22.0 变为 ON。当主站接收到从站完成信号后，M10.0 变为 ON，则点亮有物料指示灯 Q0.0。

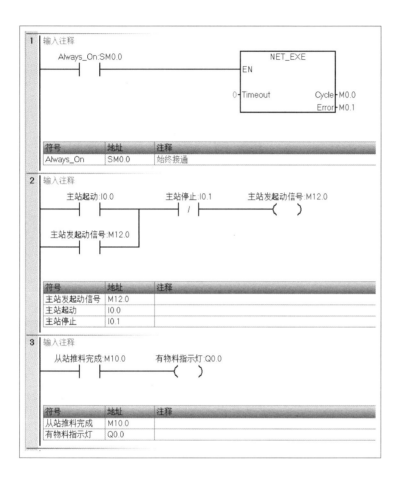

图 12-19　主站 SR20 程序

（2）从站 SR20 程序

从站符号表如图 12-20 所示。

当从站接收到主站发出的起动信号，M22.0 动合触点闭合。当料仓有料、物料台无料、顶料气缸缩回且推料气缸缩回时，顶料气缸伸出顶住次底层的物料，然后推料气缸伸出，将底层物料推出，推料气缸伸出到位且定时时间到达后，推料气缸缩回；推料气缸缩回到位后，顶料气缸缩回。当物料台检测有工件时，从站 M20.0 线圈得电，将信号传送至主站，主站 M10.0 变为"1"。如果没有停止信号将继续执行，完成一个周期，检测到停止信号后，返回初始步。从站 SR20 不用设置，只需编写如下程序。

图 12-20 从站符号表

梯形图程序	注释
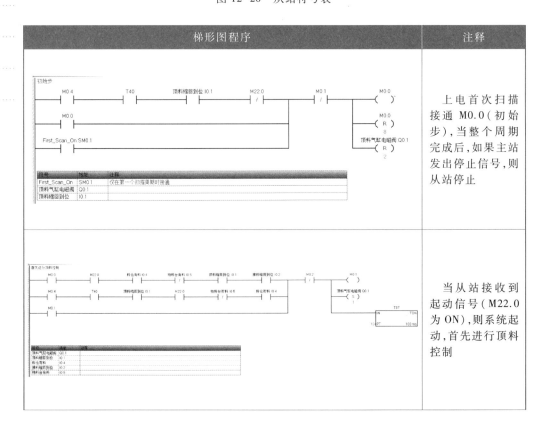	上电首次扫描接通 M0.0(初始步),当整个周期完成后,如果主站发出停止信号,则从站停止
	当从站接收到起动信号(M22.0 为 ON),则系统起动,首先进行顶料控制

续表

梯形图程序	注释
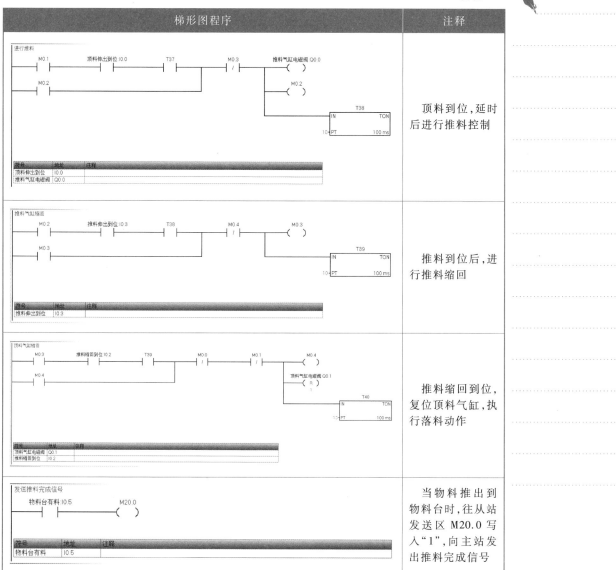	顶料到位,延时后进行推料控制
	推料到位后,进行推料缩回
	推料缩回到位,复位顶料气缸,执行落料动作
	当物料推出到物料台时,往从站发送区 M20.0 写入"1",向主站发出推料完成信号

项目总结

知识方面	1. 了解 S7-200 SMART PLC 通信功能和分类 2. 掌握 S7-200 SMART PLC 的以太网通信组态和编程方法
能力方面	1. 掌握以太网通信的设置、编程、调试方法 2. 能够进行通信故障的分析和诊断方法
素养方面	1. 具备 PLC 通信调试过程中分析问题的能力 2. 具备系统调试过程中排除故障的能力

对本项目学习的自我总结:

_____

_____

_____

_____

项目拓展

知识拓展一:PUT/GET 指令格式

S7-200 SMART CPU 提供了 PUT/GET 指令,用于 S7-200 SMART PLC 的 CPU 模块之间的以太网通信,见表 12-4。PUT/GET 指令只需要在主动建立连接的 CPU 模块中调用执行,被动建立连接的 CPU 模块不需要进行通信编程。PUT/GET 指令中 TABLE 参数用于定义远程 CPU 模块的 IP 地址、本地 CPU 模块和远程 CPU 模块的数据区域以及通信长度。PUT 和 GET 指令的 TABLE 参数定义见表 12-5,错误代码见表 12-6。

表 12-4 PUT 和 GET 指令

LAD/FBD	STL	描述
PUT EN ENO TABLE	PUT TABLE	PUT 指令启动以太网端口上的通信操作,将数据写入远程设备。PUT 指令可向远程设备写入最多 212 字节的数据
GET EN ENO TABLE	GET TABLE	GET 指令启动以太网端口上的通信操作,从远程设备获取数据。GET 指令可从远程设备读取最多 222 个字节的数据

表 12-5 PUT 和 GET 指令的 TABLE 参数定义

字节偏移量	Bit 7	Bit 6	Bit 5	Bit 4	Bit 3	Bit 2	Bit 1	Bit 0
0	D	A	E	0	错误代码			
1								
2								
3			远程 CPU 模块的 IP 地址					
4								
5			预留(必须设置为 0)					
6			预留(必须设置为 0)					

续表

字节偏移量	Bit 7	Bit 6	Bit 5	Bit 4	Bit 3	Bit 2	Bit 1	Bit 0
7								
8	指向远程 CPU 模块通信数据区域的地址指针							
9	（允许数据区域包括:I、Q、M、V）							
10								
11	通信数据长度							
12								
13	指向本地 CPU 模块通信数据区域的地址指针							
14	（允许数据区域包括:I、Q、M、V）							
15								

表中注释如下

● D:通信完成标志位,通信已经成功完成或者通信发生错误。

● A:通信已经激活标志位。

● E:通信发生错误,错误原因需要查询错误代码4。

● 错误代码:见表 12-6 中 PUT 和 GET 指令 TABLE 参数的错误代码。

● 通信数据长度:需要访问远程 CPU 模块通信数据的字节数,PUT 指令可向远程设备写入最多 212 字节的数据,GET 指令可从远程设备读取最多 222 字节的数据。

表 12-6　PUT 和 GET 指令 TABLE 参数的错误代码

错误代码	描述
0	通信无错误
1	PUT/GETTABLE 参数表中存在非法参数: 本地 CPU 通信区域不包括 I、Q、M 或 V 本地 CPU 不足以提供请求的数据长度 对于 GET 指令数据长度为零或大于 222 字节;对于 PUT 指令数据长度大于 212 字节 远程 CPU 通信区域不包括 I、Q、M 或 V 远程 CPU 的 IP 地址是非法的（0.0.0.0) 远程 CPU 的 IP 地址为广播地址或组播地址 远程 CPU 的 IP 地址与本地 CPU 模块的 IP 地址相同 远程 CPU 的 IP 地址位于不同的子网
2	同一时刻处于激活状态的 PUT/GET 指令过多(仅允许 16 个)
3	无可以连接资源,当前所有的连接都在处理未完成的数据请求(S7-200 SAMRT PLC 的 CPU 主动连接资源数为 8 个)

错误代码	描述
4	从远程 CPU 模块返回的错误: 请求或发送的数据过多 STOP 模式下不允许对 Q 存储器执行写入操作 存储区处于写保护状态
5	与远程 CPU 模块之间无可用连接: 远程 CPU 模块无可用的被动连接资源(S7-200 SMART PLC 的 CPU 模块被动连接资源数为 8 个) 与远程 CPU 模块之间的连接丢失(远程 CPU 模块断电或者物理断开)
6~9	预留

知识拓展二:通信资源数量

S7-200 SMART PLC 的 CPU 模块以太网端口含有 8 个 PUT/GET 主动连接资源和 8 个 PUT/GET 被动连接资源。例如:CPU1 调用 PUT/GET 指令与 CPU2~CPU9 建立 8 主动连接的同时,可以与 CPU10~CPU17 建立 8 被动连接(CPU10~CPU17 调用 PUT/GET 指令),所以 CPU1 可以同时与 16 台 CPU 模块(CPU2~CPU17)建立连接。

(1)主动连接资源和被动连接资源

调用 PUT/GET 指令的 CPU 模块占用主动连接资源,相应的远程 CPU 模块占用被动连接资源。

(2)8 个 PUT/GET 主动连接资源

S7-200 SMART PLC 的程序中可以包含远多于 8 个 PUT/GET 指令的调用,但是在同一时刻最多只能激活 8 个 PUT/GET 连接资源。

同一时刻对同一个远程 CPU 模块的多个 PUT/GET 指令的调用,只会占用本地 CPU 模块的一个主动连接资源和远程 CPU 模块的一个被动连接资源。本地 CPU 模块与远程 CPU 模块之间只会建立一条连接通道,同一时刻触发的多个 PUT/GET 指令将会在这条连接通道上顺序执行。

同一时刻最多能对 8 个不同 IP 地址的远程 CPU 模块进行 PUT/GET 指令的调用,第 9 个远程 CPU 模块的 PUT/GET 指令调用将报错"无可用连接资源"。已经成功建立的连接将被保持,直到远程 CPU 模块断电或者物理断开。

(3)8 个 PUT/GET 被动连接资源

S7-200 SMART PLC 调用 PUT/GET 指令,执行主动连接的同时也可以被动地被其他远程 CPU 模块进行通信读写。

S7-200 SMART PLC 最多可以与被 8 个不同 IP 地址的远程 CPU 进行建立被动连接。已经成功建立的连接将被保持,直到远程 CPU 模块断电或者物理断开。

思考与练习

1. 自学 S7-200 SMART PLC 实时时钟指令。

● S7-200 SMART PLC 的硬件实时时钟可以提供年、月、日、时、分、秒的日期/时间数据。

● CPU CR40/CR60 等紧凑型 CPU 模块没有内置的实时时钟,其他标准型 CPU 模块支持内置的实时时钟,CPU 断电状态下可保持 7 天。

● S7-200 SMART PLC 的时钟精度是 ±120 秒/月。

● S7-200 SMART PLC 靠内置超级电容为实时时钟提供缓冲电源,保持时间的典型值为 7 天,最小值为 6 天。缓冲电源放电完毕后,再次上电后时钟将停止在默认值,并不开始走动。

注意:因紧凑型 CPU 模块无内置超级电容,所以实时时钟无缓冲电源,尽管用户可以使用 READ_RTC 和 SET_RTC 指令设置日期/时间数据,但是当 CPU CR40/CR60 断电并再次上电时,这些日期/时间数据会丢失,上电后日期时间数据会被初始化为 2000 年 1 月 1 日。

2. 程序设计。

如图 12-21 所示,CPU1 为主动端,其 IP 地址为 192.168.2.100,调用 PUT/GET 指令;CPU2 为被动端,其 IP 地址为 192.168.2.101,不须调用 PUT/GET 指令,网络配置如图 12-23 所示。通信任务是把 CPU1 的实时时钟信息写入 CPU2 中,把 CPU2 中的实时时钟信息读写到 CPU1 中。根据上述控制要求,进行程序设计。

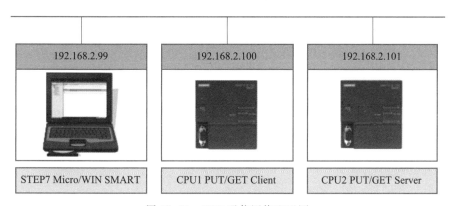

图 12-21 CPU 通信网络配置图

项目描述

　　自动化生产线上的装配单元如图 13-1 所示。装配机械手是整个装配单元的核心,装配单元的工作任务是把料仓中的小圆柱工件(黑、白两种颜色)装入物料台上的半成品工件,当装配机械手正下方的回转物料台上有物料,且半成品工件定位机构传感器检测到该机构有工件的情况下,机械手从初始状态(手爪伸出气缸在缩回位置,手爪提升气缸在提起位置)开始执行装配操作过程。完成一次工作任务。装配机械手的具体工作顺序为:下降→夹紧→上升→伸出→下降→松开→上升→缩回。

　　控制要求:

　　1. 装配单元采用两种模式:自动模式和手动模式,两种模式之间可以进行切换。

　　2. 手动模式用来控制机械手的单步运行,设置"手爪夹紧"和"手爪松开""手爪下降"和"手爪上升""手爪伸出"和"手爪缩回"6 个按钮,分别对应 3个指示灯:"夹紧""下降"和"伸出"。

图 13-1　装配单元

　　3. 自动模式用来实现自动连续装配,设置起动按钮、停止按钮以及运行指示灯。按下起动按钮,机械手按照工作顺序自动运行,运行过程中,按下停止按钮,机械手完成一个周期工作之后停止。指示灯运行时为绿灯,停止时为红灯。

　　4. 两种模式界面上设计"退出"按钮,即可以退出当前运行状态。

任务要求：通过触摸屏和 PLC 实现装配单元运行控制，完成其 PLC 控制系统的硬件设计、安装接线、项目组态、PLC 软件编程、系统调试与检修。

能力目标

1. 了解触摸屏的基本功能、基本工作原理及常用触摸屏的分类。

2. 能够进行昆仑通态触摸屏与 S7-200 SMART PLC 的通信设置及硬件接线，学会使用昆仑通态触摸屏的组态软件。

3. 掌握基于触摸屏的装配单元运行控制系统设计、硬件接线、软件编程和系统调试。

素养目标

1. 具备在较复杂 PLC 控制系统设计中综合分析、应用的能力。

2. 具有科技报国的热情。

3. 具备自主学习的能力。

4. 能利用系统手册、软件、网络等资源，阅读和查找项目相关资料。

项目实施

| 任务一 | 设计硬件电路 |

在了解人机界面及其结构和工作原理的基础上，设计基于触摸屏的装配单元运行控制系统硬件电路。

相关知识

1. 触摸屏概述

人机界面（Human Machine Interface, HMI）又称为人机接口，泛指计算机与操作人员交换信息的设备。在 PLC 控制系统中，触摸屏（人机界面中的一种）一般是操作人员与 PLC 之间进行对话的接口设备，是操作人员与 PLC 之间双向沟通的桥梁。触摸屏最基本的功能是用监控画面显示 PLC 中开关量的状态和寄存器中数字变量的值，用设置画面向 PLC 发出开关量命令，并修改 PLC 寄存器中的参数。触摸屏以图形形式显示所连接 PLC 的操作状态、当前过程数据以及故障信息，并且接收操作人员发出的各种命令和设置的参数，并将其传送到 PLC。近年来触摸屏的应用越来越广泛，已经成为现代工业控制系统不可缺少的设备之一。

按工业现场环境应用来设计的触摸屏，是 PLC 的最佳搭档，要求其稳定性和可靠性与 PLC 相当，正面的防护等级为 IP65，背面的防护等级为 IP20，能够在恶劣的工业环境中长时间连续运行。

（1）基本工作原理及分类

触摸屏是一种透明的绝对定位系统，它能给出手指触摸处的绝对坐标，用户用手指或其他物体触摸时，触摸位置的坐标信息被触摸屏控制器检测到，并通过通信接口将其传送到 PLC，从而得到输入的信息。

触摸屏系统一般包括两个部分：触摸检测装置和触摸屏控制器。触摸检测装置安装在显示器的显示表面，用于检测用户的触摸位置，再将该处的信息传送给触摸屏控制器。触摸屏控制器的主要作用是接收来自触摸点检测装置的触摸信息，并将它转换成触点坐标送给 CPU 模块。它同时能接收 CPU 模块发来的命令并加以执行。

根据其工作原理和传输信息的介质不同，通常把触摸屏分为电阻式、表面声波式、电容式和红外线式几类。其中电阻式触摸屏不怕灰尘、水汽和油污，可以用各种物体来触摸，或者在它的表面上写字画画，比较适合工业控制领域及办公室内有限的人使用；表面声波式触摸屏非常稳定，不受温度、湿度等环境因素影响，寿命长（可触摸约5000万次），透光率和清晰度高，没有色彩失真和漂移，安装后无须再进行校准，有极好的防刮性，能承受各种粗暴的触摸，最适合公共场所使用；电容式触摸屏具有分辨率高、反应灵敏、触感好、防水、防尘、防晒等特点，透光率和清晰度优于电阻式触摸屏，不及表面声波式触摸屏，且存在色彩失真问题；红外线式触摸屏不受电流、电压和静电干扰，适宜恶劣的环境条件，但是分辨率较低，易受外界光线变化的影响。

（2）触摸屏通信功能

触摸屏配备有通信接口，能与各主要生产厂家的 PLC 通信，还可以与运行组态软件的计算机通信，通信接口的个数和种类与触摸屏的型号有关。在触摸屏和组态软件中选择通信协议，设置通信参数，即可实现一台触摸屏与多台 PLC 通信，或多台触摸屏与一台 PLC 通信。

（3）触摸屏画面组态

可用触摸屏组态软件来生成满足用户要求的监控画面，通过显示界面，用文字或图形动态地显示 PLC 中开关量的状态和数字量的数值；通过输入界面，将操作人员的开关量命令和数字量设定值传送到 PLC。

2. 昆仑通态触摸屏简介

昆仑通态触摸屏产品系列如图 13-2 所示。

图 13-2 昆仑通态触摸屏产品系列

本项目选用型号为 TPC7062Ti 的触摸屏，是一套以 Cortex-A8 CPU 为核心（主频600 MHz）的高性能嵌入式一体化触摸屏，该产品设计采用高亮度 TFT 液晶显示屏（分辨率为 800×480），四线电阻式触摸屏（分辨率为 4096×4096），同时还预装了 MCGS 嵌入式组态软件(运行版),具备强大的图像显示和数据处理功能。

(1) 触摸屏外观和硬件接口

TPC7062Ti 型触摸屏外观如图 13-3 所示,接口说明如图 13-4 所示,其电源插头和串口接头如图 13-5 所示。

图 13-3　TPC7062Ti 型触摸屏外观

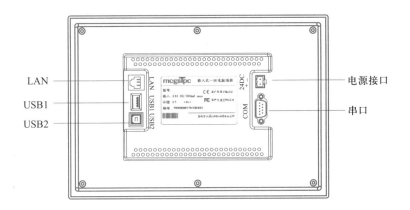

项目	TPC7062TD/TX	TPC7062Ti	TPC1061TD	TPC1061Ti
LAN(RJ45)	无	10 M/100 M自适应		
串口(DB9)	1×RS232，1×RS485			
USB1(主口)	1×USB2.0			
USB2(从口)	有			
电源接口	24±20%VDC			

图 13-4　触摸屏接口说明

(2) MCGS 组态软件

MCGS 组态软件是一套基于 Windows 平台的用于快速构造和生成上位机监控系统的组态软件系统,主要完成现场数据的采集与监测、前端数据的处理与控制。MCGS 组态软件主要分为 MCGS 通用版、MCGS 网络版、MCGS 嵌入版和 MCGS PRO 版,如图 13-6 所示。

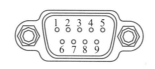

接口	PIN	引脚定义
COM1	2	RS232 RXD
	3	RS232 TXD
	5	GND
COM2	7	RS485 +
	8	RS485 −

引脚
1—电源正
2—电源负

图 13-5 电源插头和串口接头

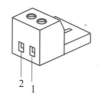

图 13-6 昆仑通态触摸屏的组态软件版本

MCGS 通用版和 MCGS 网络版,用于个人计算机(PC),可将组态好的工程直接在 PC 上运行,需要加密狗才能长时间运行。MCGS 通用版指的是运行在 PC 上的单机版本,而 MCGS 网络版是属于 C/S(客户端/服务器)结构,客户端只需要使用标准的 IE 浏览器就可以实现对服务器的浏览和控制,整个网络系统只需一套网络版软件(包括通用版所有功能),客户端不须装 MCGS 的任何软件,即可完成整个网络监控系统。

MCGS 嵌入版和 MCGS PRO 版指的是完成工程后,下载到 MCGS 组态软件配套触摸屏上的版本。MCGS PRO 最大程度保留了 MCGS 嵌入版的软件界面风格,基于全新的硬件平台和软件架构,除了基本软件运行效率和变量数上限的提升,还加入众多全新的功能支持。安装 MCGS PRO 开发环境,可以跟 MCGS 嵌入版开发环境同时存在,不冲突,直接将工程文件扩展名从 .MCE 修改为 .MCP 后,就可以使用 MCGS PRO 版软件打开工程。

本项目选用的触摸屏型号为 TPC7062Ti,对应使用 MCGS 嵌入版。

参考方案

1. 触摸屏与 PLC 硬件连接

S7-200 SMART PLC 与昆仑通态触摸屏通过网络交换机进行以太网通信,编程计算机也通过网络交换机与 PLC 和触摸屏进行通信,完成组态和程序下载。装配单元系统网络架构图,如图 13-7 所示。

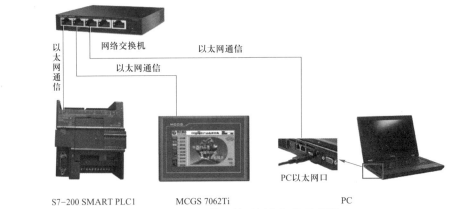

图 13-7　装配单元网络架构示意图

2. 装配单元电气设计

（1）I/O 地址分配

在分析基于触摸屏的装配单元运行控制系统的控制要求基础上，列出该控制系统需要的输入点和输出点，见表 13-1。

表 13-1　I/O 地址分配

输入点（I）			输出点（O）		
序号	输入外部设备	PLC 输入地址	序号	输出外部设备	PLC 输出地址
1	物料不足检测	I0.0	1	挡料电磁阀	Q0.0
2	物料有无检测	I0.1	2	顶料电磁阀	Q0.1
3	物料左检测	I0.2	3	回转电磁阀	Q0.2
4	物料右检测	I0.3	4	加工压头电磁阀	Q0.3
5	物料台检测	I0.4	5	手爪下降电磁阀	Q0.4
6	顶料到位检测	I0.5	6	手爪伸出电磁阀	Q0.5
7	顶料复位检测	I0.6	7	红色警示灯	Q0.6
8	挡料状态检测	I0.7	8	黄色警示灯	Q0.7
9	落料状态检测	I1.0	9	绿色警示灯	Q1.0
10	旋转缸左限位	I1.1	10	未用	Q1.1
11	旋转缸右限位	I1.2	11	未用	Q1.2
12	手爪夹紧检测	I1.3	12	未用	Q1.3
13	手爪下降到位	I1.4	13	未用	Q1.4
14	手爪上升到位	I1.5	14	黄色指示灯	Q1.5
15	手爪缩回到位	I1.6	15	绿色指示灯	Q1.6
16	手爪伸出到位	I1.7	16	红色指示灯	Q1.7
17	未用	I2.0	17		
18	未用	I2.1	18		
19	未用	I2.2	19		
20	未用	I2.3	20		
21	停止按钮	I2.4	21		
22	起动按钮	I2.5	22		
23	急停按钮	I2.6	23		
24	单机/联机	I2.7	24		

（2）基于触摸屏的装配单元运行控制系统电气原理图如图 13-8 所示。

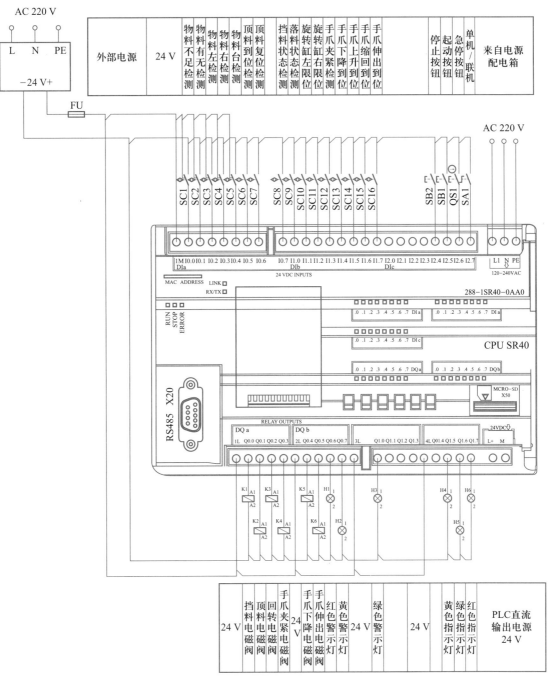

图 13-8　基于触摸屏的装配单元运行控制系统电气原理图

任务二　设计与调试程序

在 STEP 7-Micro/WIN SMART 软件中进行程序设计。

📝 参考方案

打开 STEP 7-Micro/WIN SMART 软件,其项目树中的符号表如图 13-9 所示。系统符号为软件预定义的特殊功能存储器,如图 13-10 所示。

图 13-9　项目树中的符号表

符号	地址	注释
Always_On	SM0.0	始终接通
First_Scan_On	SM0.1	仅在第一个扫描周期时接通
Retentive_Lost	SM0.2	在保持性数据丢失时开启一个周期
RUN_Power_Up	SM0.3	从上电进入 RUN 模式时,接通一个扫描周期
Clock_60s	SM0.4	针对 1 分钟的周期时间, 时钟脉冲接通 30 s, 断开 30 s
Clock_1s	SM0.5	针对 1 s 的周期时间, 时钟脉冲接通 0.5 s, 断开 0.5 s
Clock_Scan	SM0.6	扫描周期时钟, 一个周期接通, 下一个周期断开
RTC_Lost	SM0.7	如果系统时间在上电时丢失, 则该位将接通一个扫描周期
Result_0	SM1.0	特定指令的运算结果 =0 时, 置位为 1
Overflow_Illegal	SM1.1	特定指令执行结果溢出或数值非法时, 置位为 1
Neg_Result	SM1.2	当数学运算产生负数结果时, 置位为 1
Divide_By_0	SM1.3	尝试除以零时, 置位为 1
Table_Overflow	SM1.4	当填充表指令尝试过度填充表格时, 置位为 1
Not_BCD	SM1.6	尝试将非 BCD 数值转换为二进制数值时, 置位为 1
Not_Hex	SM1.7	当 ASCII 数值无法被转换为有效十六进制数值时, 置位为 1
Receive_Char	SMB2	包含在自由端口通信过程中从端口 0 或端口 1 接收的各字符
Parity_Err	SM3.0	当端口 0 或端口 1 接收到的字符中有奇偶校验错误时, 针对端口 0 或端口 1 进行置位
Comm_Int_Ovr	SM4.0	如果通信中断列溢出 (仅用中断例程), 则置位为 1

表格 1 | 系统符号 | POU Symbols | I/O 符号

图 13-10　系统符号

根据基于触摸屏的装配单元运行控制系统要求,定义 I/O 符号表如图 13-11(a)所示,并结合触摸屏画面设计,定义相关变量如图 13-11(b)所示。

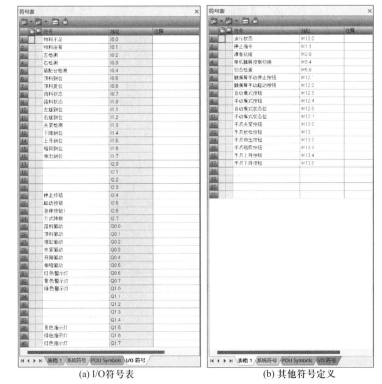

(a) I/O符号表　　　　　　　　(b) 其他符号定义

图 13-11　变量符号表

　　整个项目程序分主程序和子程序,将落料控制功能、抓取控制功能和指示灯分别设计独立的子程序。

1. 主程序 Main

梯形图程序	注释
	程序段 1:急停控制设计; 程序段 2:上电第一个扫描周期进行程序初始化 程序段 3:调用指示灯子程序 程序段 4:选择控制方式,按钮控制或触摸屏控制 程序段 5~7:初始位置检测

续表

梯形图程序	注释
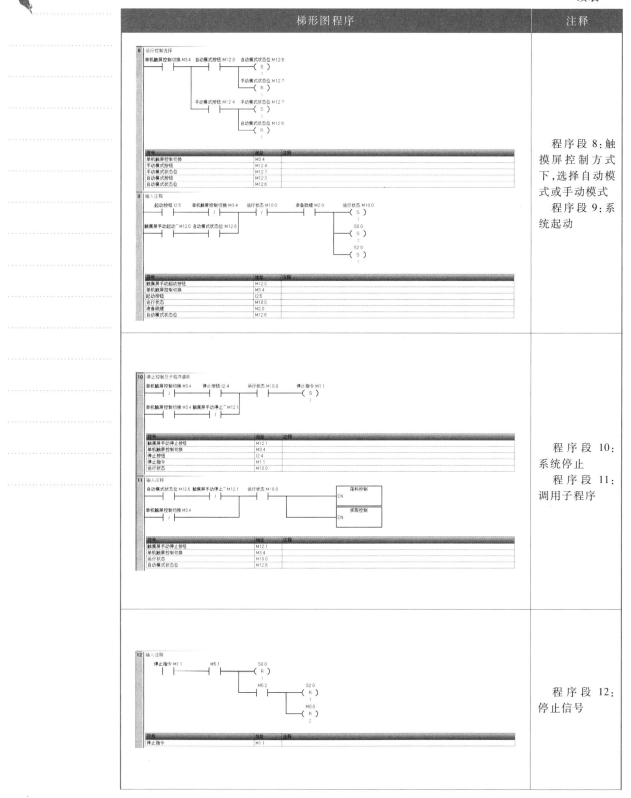	程序段 8：触摸屏控制方式下，选择自动模式或手动模式 程序段 9：系统起动 程序段 10：系统停止 程序段 11：调用子程序 程序段 12：停止信号

续表

梯形图程序	注释
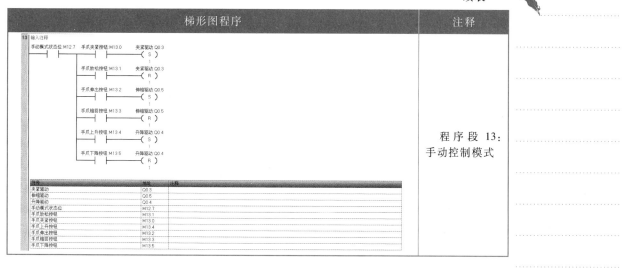	程序段 13：手动控制模式

2. 落料控制子程序

梯形图程序	注释
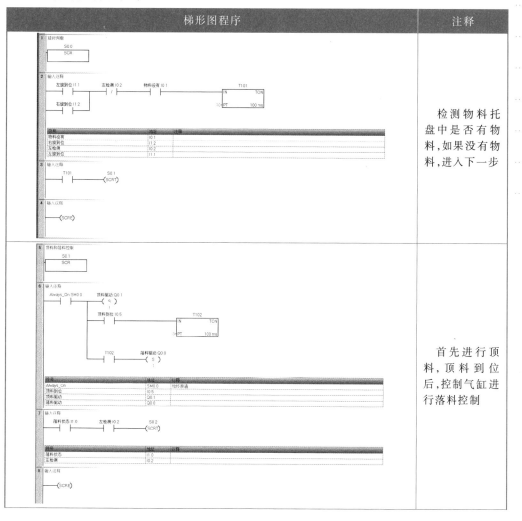	检测物料托盘中是否有物料，如果没有物料，进入下一步 首先进行顶料，顶料到位后，控制气缸进行落料控制

续表

梯形图程序	注释
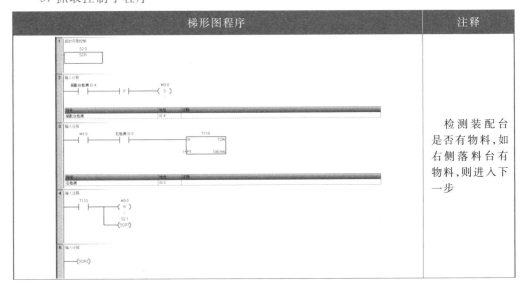	落料完成后,落料驱动复位,挡料气缸伸出,此时顶料气缸松开,完成物料下落操作
	判断旋转料盘中是否有料,如果左边有料,就执行右旋操作,如果右边没有料,就执行左旋操作

3. 抓取控制子程序

梯形图程序	注释
	检测装配台是否有物料,如右侧落料台有物料,则进入下一步

续表

梯形图程序	注释
6　升降和夹紧控制 　　S2.1 　　SCR 7　输入注释 Always_On SM0.0　　升降驱动 Q0.4 　　┤├──────────（ S ） 　　　　　　　　　　　　1 　　　　　　　下降到位 I1.4　夹紧驱动 Q0.3 　　　　　　　┤├──────（ S ） 　　　　　　　　　　　　　1 　　　　　　　夹紧检测 I1.3　　　　　T111 　　　　　　　┤├────────IN　　TON 　　　　　　　　　　　　　　5-PT　　100 ms 　　　　　　　T111　　　　　S2.2 　　　　　　　┤├──────（SCRT） 符号｜地址｜注释 Always_On｜SM0.0｜始终接通 夹紧检测｜I1.3｜ 夹紧驱动｜Q0.3｜ 升降驱动｜Q0.4｜ 下降到位｜I1.4｜ 8　输入注释 　　──（SCRE）	首先抓取气缸下降,下降到位,进行夹紧,夹紧到位执行下一步
S2.2 　　SCR 输入注释 缩回到位 I1.6　下降到位 I1.4　升降驱动 Q0.4 ┤├──────┤├──────（ R ） 　　　　　　　　　　　　　　　1 符号｜地址｜注释 升降驱动｜Q0.4｜ 缩回到位｜I1.6｜ 下降到位｜I1.4｜ 输入注释 Always_On SM0.0　上升到位 I1.5　伸缩驱动 Q0.5 ┤├──────┤├──────（ S ） 　　　　　　　　　　　　　　　1 　　　　　　伸出到位 I1.7　　　　T112 　　　　　　┤├────────IN　　TON 　　　　　　　　　　　　　　3-PT　100 ms 　　　　　　T112　　　升降驱动 Q0.4 　　　　　　┤├──────（ S ） 　　　　　　下降到位 I1.4　伸出到位 I1.7　夹紧驱动 Q0.3 　　　　　　┤├──────┤├──────（ R ） 　　　　　　　　　　　　　　　　　　1 　　　　　　夹紧检测 I1.3　　　S2.3 　　　　　　┤/├──────（SCRT） 符号｜地址｜注释 Always_On｜SM0.0｜始终接通 夹紧检测｜I1.3｜ 夹紧驱动｜Q0.3｜ 上升到位｜I1.5｜ 伸出到位｜I1.7｜ 伸缩驱动｜Q0.5｜ 升降驱动｜Q0.4｜ 下降到位｜I1.4｜ 12　输入注释 　　──（SCRE）	夹紧物料后气缸上升,上升到位,气缸伸出,伸出到位,气缸下降,下降到位则手爪松开

续表

梯形图程序	注释
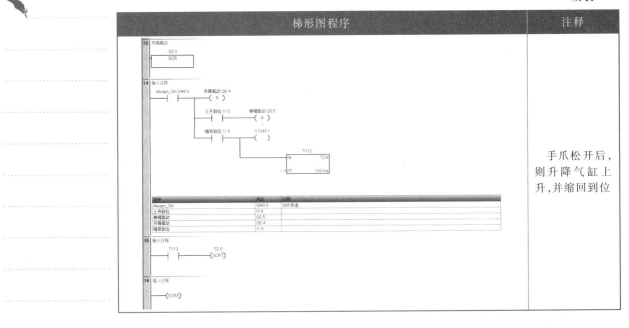	手爪松开后,则升降气缸上升,并缩回到位

4. 子程序:指示灯

梯形图程序	注释
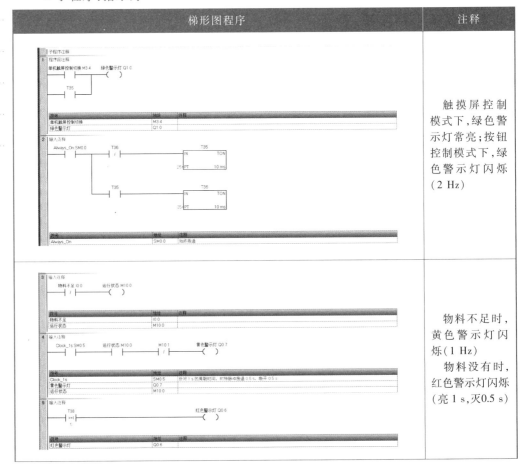	触摸屏控制模式下,绿色警示灯常亮;按钮控制模式下,绿色警示灯闪烁(2 Hz)
	物料不足时,黄色警示灯闪烁(1 Hz) 物料没有时,红色警示灯闪烁(亮 1 s,灭0.5 s)

续表

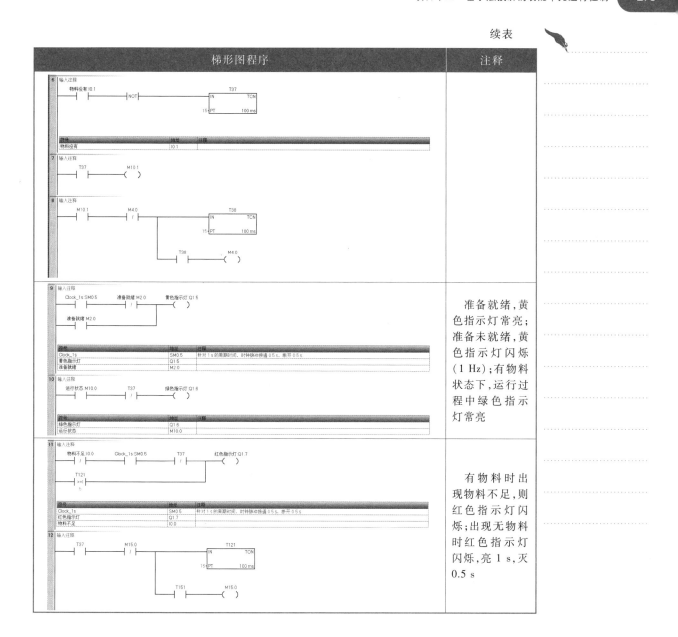

梯形图程序	注释

注释栏：

（第9、10项）准备就绪,黄色指示灯常亮；准备未就绪,黄色指示灯闪烁（1 Hz）；有物料状态下,运行过程中绿色指示灯常亮

（第11、12项）有物料时出现物料不足,则红色指示灯闪烁；出现无物料时红色指示灯闪烁,亮 1 s,灭 0.5 s

任务三　触摸屏组态画面设计

　　下面通过学习触摸屏软件的安装及软件使用的方法,完成装配单元运行控制系统触摸屏组态画面设计。

相关知识

　　1. 软件安装

双击 MCGS 触摸屏最新的软件安装文件包中的应用程序"Setup"开始安装 MCGS

软件,如图 13-12 所示。在安装程序窗口中,依次单击"下一步"按钮,其中只需选择安装目录,如图 13-13 所示。

☐ 📁 ActiveX	2023/4/30 19:47	文件夹
📁 Bin	2023/4/30 19:47	文件夹
📁 Config	2023/4/30 19:47	文件夹
📁 Drivers	2023/4/30 19:47	文件夹
📁 Emulator	2023/4/30 19:47	文件夹
📁 Help	2023/4/30 19:47	文件夹
📁 Lib	2023/4/30 19:47	文件夹
📁 Ocx	2023/4/30 19:47	文件夹
📁 Other	2023/4/30 19:47	文件夹
📁 Res	2023/4/30 19:47	文件夹
📁 Samples	2023/4/30 19:47	文件夹
📁 Tools	2023/4/30 19:47	文件夹
📁 USBDrv	2023/4/30 19:47	文件夹
📁 通讯驱动	2023/4/30 19:47	文件夹
📄 autorun	2013/7/22 10:43	安装信息	1 KB
🖲 Mcgs	2009/2/13 17:37	ICO 文件	1 KB
🖳 Setup	2017/12/26 23:47	应用程序	109 KB

图 13-12　软件安装包

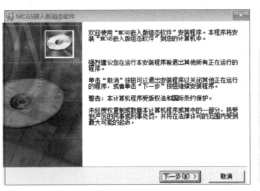

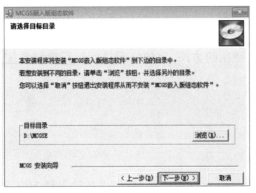

图 13-13　软件安装过程

主程序安装完成后,进入驱动安装程序,如图 13-14 所示,选择所有驱动,单击"下一步"按钮进行安装。

安装过程完成后,系统将弹出对话框提示安装完成,选择立即重新启动计算机,Windows 操作系统桌面上添加了图 13-15 所示的两个快捷方式图标:MCGSE(MCGS 嵌入版)组态环境和 MCGSE 模拟运行环境。

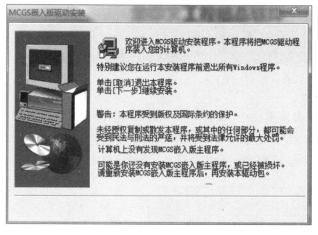

图 13-14　驱动安装

图 13-15　MCGSE(MCGS 嵌入版)组态环境和 MCGSE 模拟运行环境图标

2. 新建工程

(1)双击 图标,打开 MCGS 组态软件主界面,如图 13-16 所示。

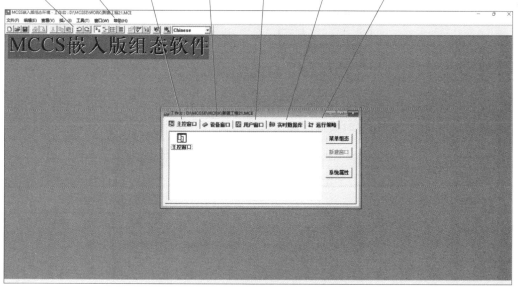

图 13-16　MCGS 组态软件主界面

使用如图 13-17 所示的菜单和工具栏可以访问组态触摸屏所需全部功能。通过单击菜单命令,可打开下拉菜单进行功能选择;当鼠标指针移动到某个命令上时,将出现对应的工具提示,通过单击工具栏图标可进行相关功能操作。

图 13-17　菜单和工具栏

(2)单击工具栏中图标 或单击菜单栏中"文件"→"新建工程",系统弹出"新建工程设置"对话框,如图 13-18 所示,在该对话框中可以选择实际使用的触摸屏型号,此处选择 TPC7062Ti。在该对话框中也可修改画面的背景色,设置网格的列宽和行高。

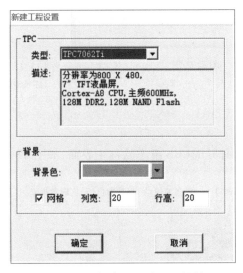

图 13-18　"新建工程设置"对话框

(3)单击"确定"按钮,系统弹出如图 13-19 所示"新建工程"对话框,包括主控窗口、设备窗口、用户窗口、实时数据库和运行策略。

图 13-19　"新建工程"对话框

（4）主控窗口是工程的主窗口或主框架,选择"主控窗口",如图 13-20 所示,单击"系统属性"按钮,系统弹出"主控窗口属性设置"对话框,如图 13-21 所示,主要的组态操作包括:定义工程名称、编制工程菜单、设计封面图形、确定自动启动窗口、设定动画刷新周期、指定数据库存盘文件名称及存盘时间等。

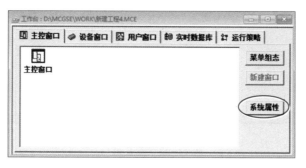

图 13-20　选择"主控窗口"

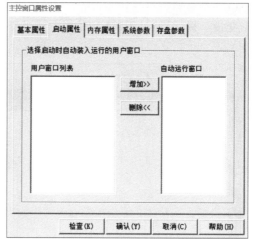

图 13-21　主控窗口属性设置

（5）设备窗口是连接和驱动外部设备的工作环境,如图 13-22 所示。

图 13-22　设备窗口

单击"设备组态"按钮,系统弹出"设备组态:设备窗口",如图 13-23 所示,在本窗口内配置数据采集与控制输出设备,添加设备驱动程序,定义连接与驱动设备用的数据变量。提示:通过工具栏中 🔧 图标可打开和关闭设备工具箱。

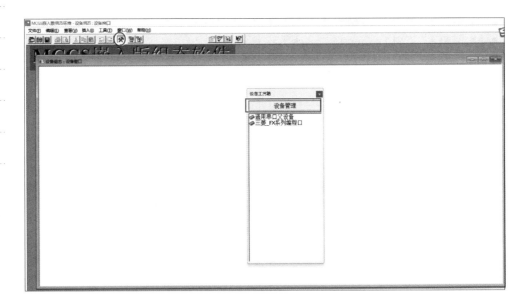

图 13-23　"设备组态:设备窗口"

在图 13-23 中,单击"设备管理"按钮,系统弹出如图 13-24 所示对话框。

依次选择"所有设备"→"PLC"→"西门子"→"Smart200",找到"西门子_Smart200",如图 13-25(a)所示,双击将其添加到右侧,如图 13-25(b)所示。

添加完驱动,单击"确认"按钮,在"设备工具箱"→"设备管理"中,已经添加完成驱动,如图 13-26(a)所示。双击将驱动添加到设备窗口中,如图 13-26(b)所示。

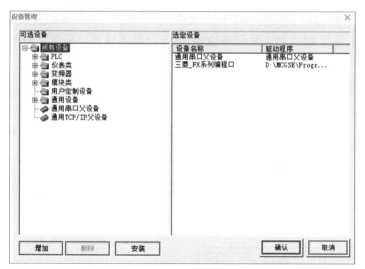

图 13-24　设备管理

(a) 选择驱动

(b) 双击添加驱动

图 13-25　添加 PLC 驱动

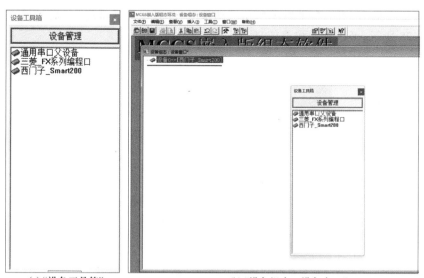

(a) "设备工具箱"　　　　　(b) "设备组态：设备窗口"

图 13-26　完成驱动添加

双击"设备 0-[西门子_Smart200]"驱动,系统弹出"设备编辑窗口",如图 13-27 所示,根据触摸屏和 PLC 的实际设备地址,修改设备属性值。其中本地 IP 地址为触摸屏地址,该地址需要跟触摸屏设备地址一致,此处修改为 192.168.0.10。远端 IP 地址为 PLC 的 IP 地址,该地址通过 PLC 编程软件修改,此处修改为 192.168.0.20。

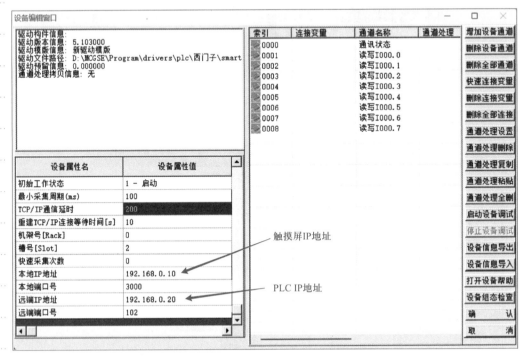

图 13-27　"设备编辑窗口"

3. 触摸屏 IP 地址设置

触摸屏上电后,当屏幕上出现启动滚动条时,此时按住屏幕进入"启动属性"窗口,如图 13-28 所示,可以查看相关信息,设置相关参数。

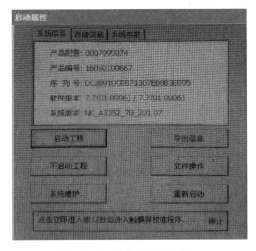

图 13-28　"启动属性"窗口

如图 13-29 所示,单击"系统维护"→"设置系统参数",进入"TPC 系统设置"窗口,选择"IP 地址"。

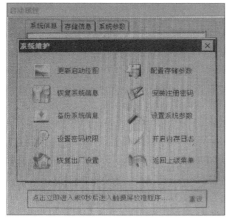 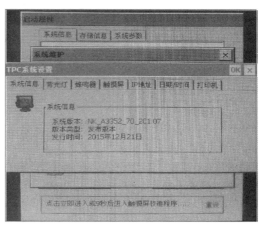

(a)　　　　　　　　　　　　　　(b)

图 13-29　进入"TPC 系统设置"窗口系统设置

如图 13-30 所示,设置触摸屏 IP 地址,该地址要与 PLC 的 IP 地址在同一网段,即 192.168.0.××× ,与图 13-27 设备编辑窗口的本地 IP 地址要一致。修改后,依次单击"设置"按钮和"OK"按钮,再单击"关闭"按钮,退出设置界面。

图 13-30　IP 地址设置

4. 用户窗口

用户窗口主要用于设置工程中人机交互的界面,可以设计制作不同的显示画面、报警输出、数据与曲线图表等,如图 13-31(a)所示。单击"新建窗口"按钮,可以增加一个窗口 0,如图 13-31(b)所示。

选中窗口 0,单击"动画组态"按钮,系统弹出"动画组态窗口 0",进行画面组态,如图 13-32(a)所示。单击"窗口属性"按钮,系统弹出"用户窗口属性设置"窗口,进行属性设置,如图 13-32(b)所示。

(a) 选择用户窗口

(b) 新建窗口

图 13-31　新建用户窗口

(a) 画面组态窗口

(b) 窗口属性设置

图 13-32　窗口组态及属性设置

5. 实时数据库

实时数据库是工程各个部分的数据交换与处理中心,将 MCGS 工程各部分连接成有机整体。如图 13-33 所示,在实时数据库中定义不同类型和名称的变量,作为数据采集、处理、输出控制、动画连接及设备驱动的对象。

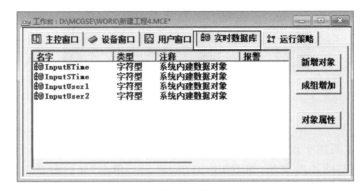

图 13-33　实时数据库

选中某一个变量,比如"InputUser2",单击"新增对象"按钮,则增加一个变量"InputUser3",如图 13-34 所示。

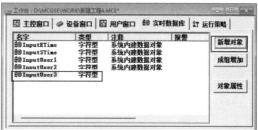

图 13-34　新增对象

如需增加多个变量,可以单击"成组增加"按钮,设置对象名称、对象类型和增加的个数,如图 13-35 所示。

图 13-35　成组增加数据对象

单击"确认"按钮,完成增加,如图 13-36 所示,可以看到实时数据库中增加了 3 个开关类型的变量,根据需要可对变量名称进行修改。

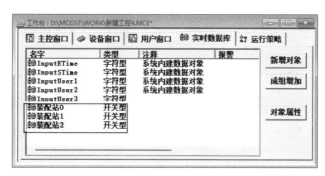

图 13-36　成组增加 3 个数据对象

6. 运行策略

运行策略窗口完成工程运行流程的控制,如图 13-37(a)所示,默认有启动策略、退出策略和循环策略。启动策略是系统开始运行时自动调用一次,退出策略是退出系统时自动调用一次,循环策略是按照设定的时间循环运行,具体时间在策略属性中可进行修改,如图 13-37(b)所示。

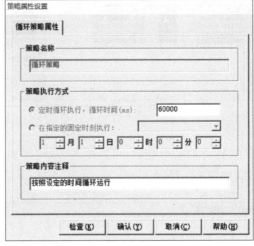

(a) 运行策略　　　　　　　　　　　(b) 循环策略属性

图 13-37　运行策略

单击"新增策略"按钮,可以选择新增不同策略类型,包括用户策略、循环策略、报警策略、事件策略和热键策略,如图 13-38 所示。

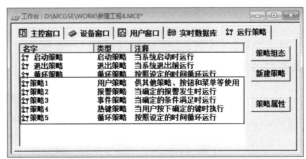

图 13-38　新增运行策略

在图 13-38 中,选中"策略 1",单击"策略组态"按钮,打开"策略组态:策略 1"窗口,如图 13-39 所示。

在图 13-39 的方框处右击,在弹出的菜单中选择"新增策略行",如图 13-40(a)所示,即可新增策略行,如图 13-40(b)所示。

双击新增策略行中的图标,可以分别设置策略条件和具体执行操作,如图 13-41所示。

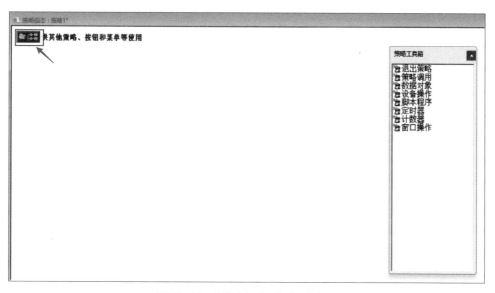

图 13-39 "策略组态:策略 1"窗口

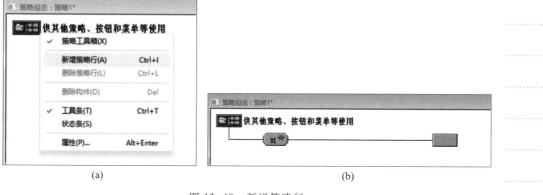

(a)   (b)

图 13-40 新增策略行

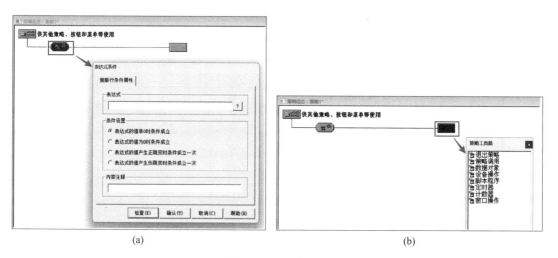

(a)   (b)

图 13-41 组态策略

参考方案

1. 创建项目

启动 MCGS 嵌入版,选择"文件"→"新建工程",如图 13-42(a)所示,在弹出的对话框中,选择触摸屏型号"TPC7062Ti",单击"确定"按钮,如图 13-42(b)所示。

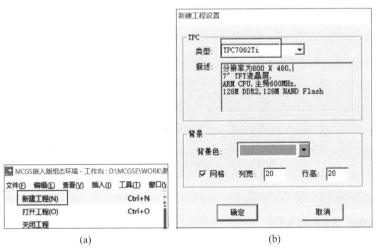

图 13-42　新建工程

2. 添加设备驱动

打开设备窗口,添加设备及驱动"西门子 smart200",并进行组态设置。在设备编辑窗口中找到"本地 IP 地址"和"远端 IP 地址",如图 13-43 所示。

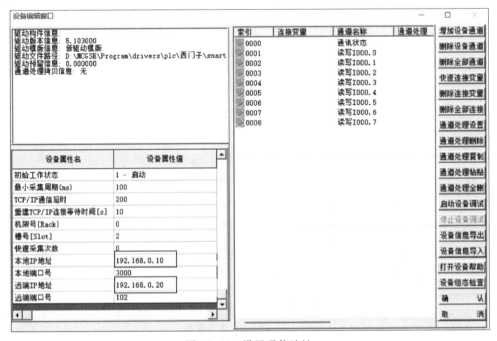

图 13-43　设置通信地址

3. 建立变量连接

在图 13-44(a)中单击"增加设备通道"按钮,系统弹出图 13-44(b)所示对话框。

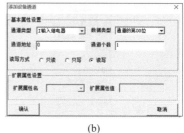

(a)　　　　　　　　　　　　　　　　　(b)

图 13-44　增加设备通道

下面以添加通道 M3.4 为例介绍"添加设备通道"的方法,如图 13-45 所示。"通道类型"选择"M 内部继电器";"通道地址"选择"3";"数据类型"选择"通道的第 04位";"通道个数"选择"1"。

图 13-45　设备通道设置方法

单击"确认"按钮,返回设备编辑窗口,如图 13-46 所示。单击"确认"按钮,关闭该窗口。

继续关闭设备组态窗口,按照提示进行保存操作,如图 13-47 所示。

在图 13-48(a)中选择"实时数据库",单击"新增对象"按钮,则在选中的变量下方,新增一个变量,如图 13-48(b)所示。

双击该变量,系统弹出图 13-49(a)所示对话框。将对象类型修改为"开关",对象名称改为"单机触屏控制切换变量",如图 13-49(b)所示。

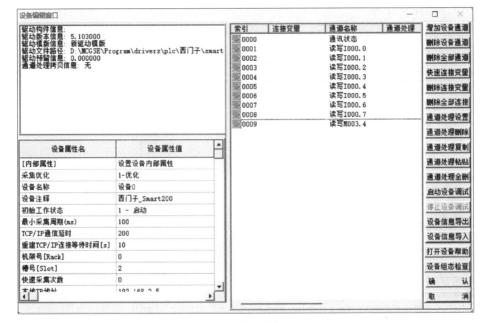

图 13-46　设备编辑窗口

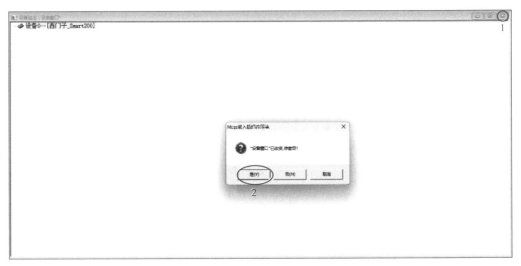

图 13-47　关闭设备组态窗口并保存

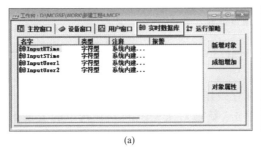

(a)

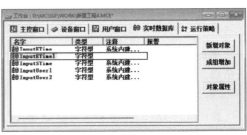

(b)

图 13-48　新增对象

图 13-49　数据对象属性设置

在图 13-49 中单击"确认"按钮,关闭当前窗口,完成变量的添加,如图 13-50 所示。

图 13-50　添加变量

如图 13-51 所示,在设备编辑窗口,双击通道"读写 M003.4",系统弹出图 13-52 (a)所示对话框。

图 13-51　双击打开设备通道

在图13-52(a)窗口中,单击下方"单机触屏控制切换变量"。如图13-52(b)所示,此时选择变量处已完成变量添加,单击"确认"返回。

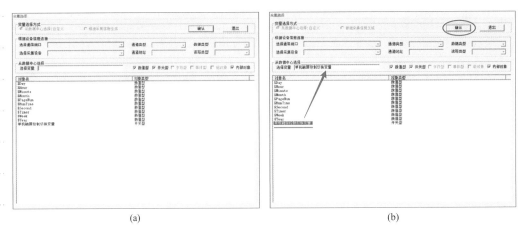

(a)　　　　　　　　　　　　　　(b)

图 13-52　添加实时数据库中变量

如图13-53所示,完成了变量和设备通道的连接,变量"单机触屏控制切换变量"就是 M3.4。触摸屏上涉及的其他变量都可以通过此方法,添加通道并进行变量连接。

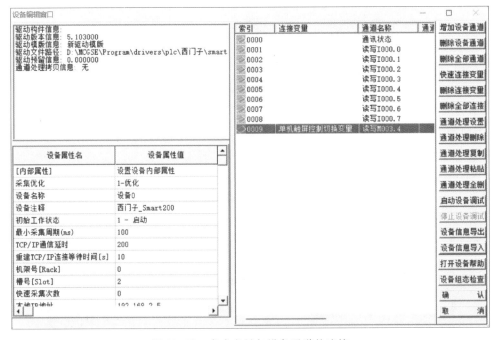

图 13-53　完成变量与设备通道的连接

触摸屏上涉及的其他变量都可以通过此方法,添加通道并进行变量连接。

4. 画面组态

如图13-54所示,单击用户窗口的"新建窗口"按钮,新建两个用户窗口:窗口0和窗口1。

图 13-54 新建用户窗口

双击"窗口 0",打开"动画组态窗口 0",即窗口 0 主界面,如图 13-55 所示。双击空白处打开"用户窗口属性设置",窗口名称修改为"手动模式",根据需要修改窗口背景,如图 13-56 所示。

图 13-55 窗口 0 主界面

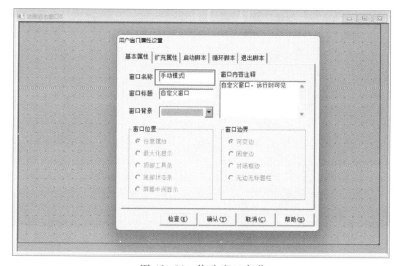

图 13-56 修改窗口名称

单击"确认"按钮,完成窗口 0 名称修改,如图 13-57 所示。自动模式窗口按照同样方法进行修改。

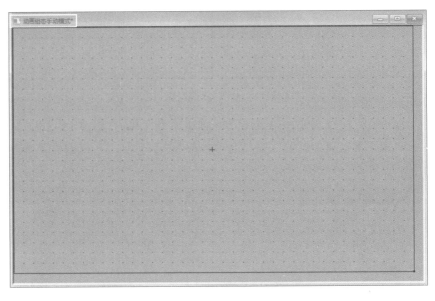

图 13-57　窗口名称修改完成

5. 添加文本

如图 13-58 所示,单击组态软件工具栏的工具箱,工具箱中有用于画面组态需要的各种元件、对象等工具。常用工具对象如图 13-59 所示。

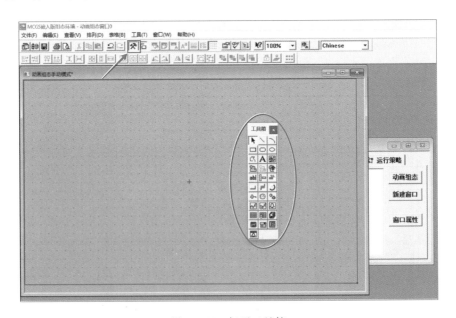

图 13-58　打开工具箱

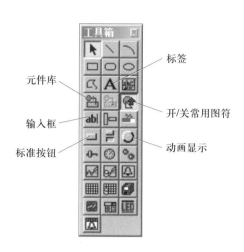

图 13-59 工具箱常用工具对象

单击工具箱中的"标签"图标,在窗口中拖动,画出一个输入框,在此可以直接输入文字,如图 13-60 所示。

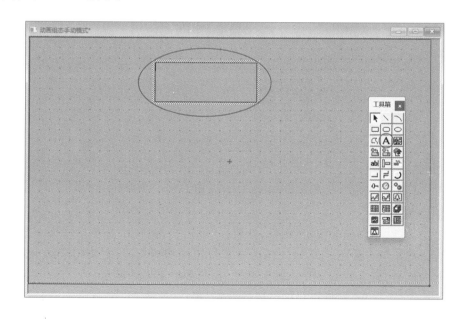

图 13-60 插入标签对象

在"标签"上右击,系统弹出"标签动画组态属性设置"对话框,如图 13-61 所示,可以设置文本的字体、大小、颜色、背景颜色、填充样式、边框的有无和颜色、垂直放置或水平放置、水平和垂直方向居中或偏向某一方等。组态的文本可复制、粘贴。

窗口文本添加如图 13-62 和图 13-63 所示。

(a)   (b)

图 13-61   "标签动画组态属性设置"对话框

图 13-62   添加"手动模式"文本   图 13-63   添加"自动模式"文本

6. 组态按钮

单击工具箱中的"标准按钮"图标,然后在"动画组态窗口"选择按钮大小范围,画面中的按钮对象与连接在 PLC 输入端的物理按钮的功能相同,主要用来给 PLC 提供开关量输入信号,通过 PLC 程序来控制生产过程,如图 13-64 所示。

双击按钮后,打开"标准按钮构件属性设置"窗口,如图 13-65 所示,可更改按钮显示文本内容、按钮颜色、位置、文本格式等。

按照添加按钮的方法,在两个画面中分别添加相关按钮,如图 13-66 所示。

下面以设置"触摸屏手动启动"按钮为例,具体介绍按钮动作组态设置方法。首先按照前面介绍的方法进行通道添加和变量连接,如图 13-67 所示。

双击"起动"按钮,打开"标准按钮构件属性设置"窗口,选择"操作属性",勾选"数据对象值操作"后选择"按 1 松 0",如图 13-68 所示。

单击右侧 <kbd>?</kbd> 按钮,选择按钮所要连接的变量,如图 13-69 所示,双击选择变量,将变量和按钮进行连接。

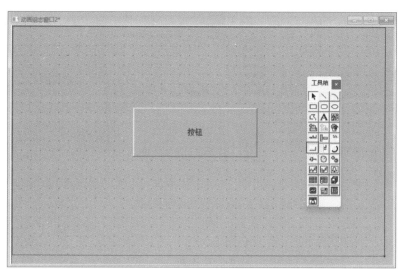

图 13-64 添加按钮

图 13-65 按钮的常规属性组态

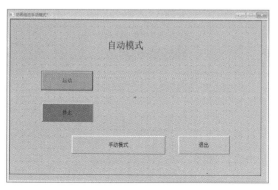 

图 13-66 在两个画面中添加按钮

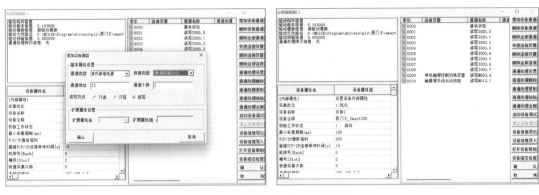

图 13-67　触摸屏手动起动变量连接

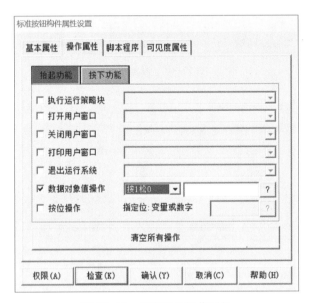

图 13-68　组态按钮操作属性

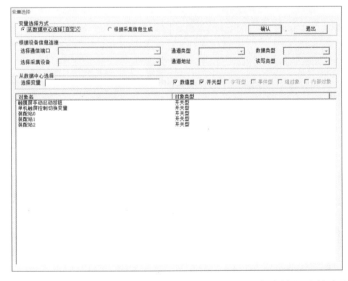

图 13-69　完成按钮连接变量

按照上面的步骤,完成自动模式和手动模式下所有按钮组态。接下来,组态页面切换按钮,以手动模式窗口的"自动模式"按钮组态为例。

双击按钮,打开"标准按钮构建属性设置"窗口,选择"操作属性",勾选"打开用户窗口",选择"自动模式",如图13-70所示,单击"确认"按钮,关闭窗口。

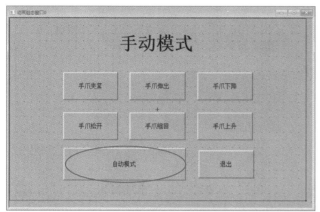 

图13-70　"自动模式"按钮组态设置

接下来组态"退出"按钮,以手动模式窗口的"退出"按钮为例。

双击按钮打开"标准按钮构建属性设置"窗口,选择"操作属性",勾选"关闭用户窗口",选择"手动模式",如图13-71所示,单击"确认"按钮,按照同样的方法,对手动模式中的"停止"按钮进行组态。

图13-71　组态"退出"按钮

7. 组态指示灯

如图13-72所示,单击工具箱中"插入元件"图标,系统弹出"对象元件库管理"对话框,单击图形对象库中的指示灯,选择"指示灯 1",单击"确定"按钮,将"指示灯 1"
添加到动画组态窗口。

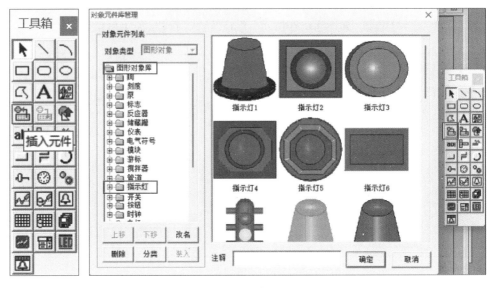

图 13-72 添加指示灯

双击指示灯,系统弹出"单元属性设置"对话框,单击 ? 按钮,如图 13-73 所示。
进入"变量选择"对话框,连接对应变量,如图 13-74 所示。

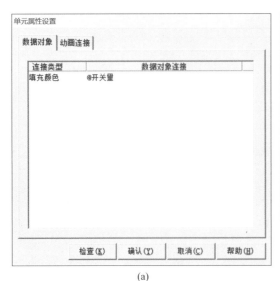

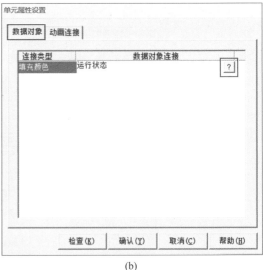

(a)   (b)

图 13-73 指示灯属性设置

同理,在手动运行画面中,3 个指示灯分别显示手爪夹紧/松开、手爪伸出/缩回、手
爪下降/上升等状态,具体变量连接组态如图 13-75~图 13-77 所示。

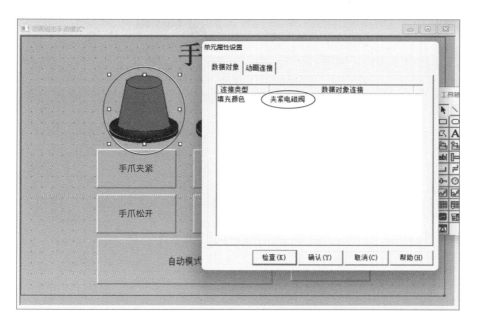

图 13-74 连接对应变量

图 13-75 夹紧指示灯连接变量

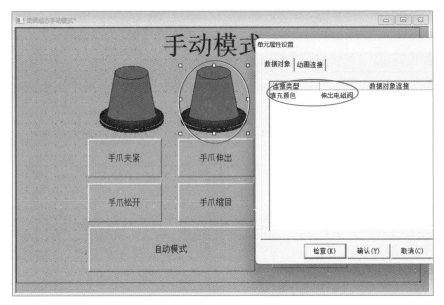

图 13-76　伸出指示灯连接变量

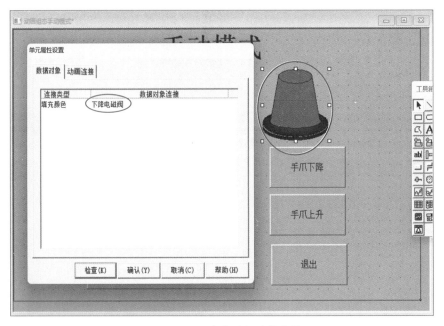

图 13-77　下降指示灯连接变量

8. 项目下载与运行

　　如图 13-78 所示,组态完成后,依次单击工具栏中的"组态检查"和"下载工程并进入运行环境"图标。

图 13-78　组态检查和下载工程

如图 13-79 所示,系统弹出"下载配置"对话框,单击"连机运行"按钮,连接方式选择"TCP/IP 网络",目标机名为触摸屏 IP 地址。设置完成后,单击"工程下载"按钮。下载完成后显示"工程下载完成",项目可以正常运行。

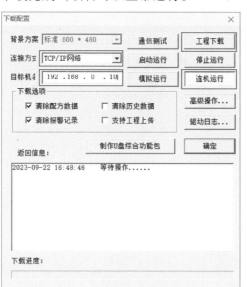

图 13-79　下载配置

项目总结

知识方面	1. 了解触摸屏的基本功能、基本工作原理及常用触摸屏的分类 2. 了解触摸屏各种接口 3. 掌握组态软件中组态变量、画面、按钮、指示灯等的方法
能力方面	1. 掌握触摸屏与 PLC 通信方式的设置 2. 利用组态软件组态变量、画面、按钮、文本域、指示灯等的方法 3. 基于触摸屏的装配单元运行控制系统安装调试的方法等
素养方面	1. 具备在较复杂 PLC 控制系统设计中的综合分析、应用能力 2. 具备科技报国的热情 3. 具备自主学习能力

对本项目学习自我总结:

思考与练习

1. 触摸屏与 PLC 之间都有哪几种通信方式? 如何设置?
2. 如何进行触摸屏的报警组态?

参考文献

[1] 廖常初.S7-200 SMART PLC 应用教程[M].北京:机械工业出版社,2019.

[2] 徐宁,赵丽君.西门子 S7-200 SMART PLC 编程及应用[M].北京:清华大学出版社,2021.

[3] 廖常初.S7-200 SMART PLC 编程及应用[M].北京:机械工业出版社,2023.

[4] 西门子(中国)有限公司.深入浅出西门子 S7-200 SMART PLC[M].北京:北京航空航天大学出版社,2018.

[5] 向晓汉.S7-200 SMART PLC 完全精通教程[M].北京:机械工业出版社,2013.

[6] 韩相争.西门子 S7-200 SMART PLC 编程从入门到实践[M].北京:化学工业出版社,2021.

[7] 蔡杏山.图解西门子 S7-200 SMART PLC 快速入门与提高[M].北京:电子工业出版社,2018.

[8] 北岛李工.西门子 S7-200 SMART PLC 应用技术—编程+通信+装调+案例[M].北京:化学工业出版社,2020.

[9] 工控帮教研组.西门子 S7-200 SMART PLC 编程技术[M].北京:电子工业出版社,2018.

[10] 李长军.零基础学西门子 S7-200 SMART PLC[M].北京:机械工业出版社,2021.

[11] 李林涛.西门子 S7-200 SMART PLC 从入门到精通[M].北京:机械工业出版社,2022.

郑重声明

高等教育出版社依法对本书享有专有出版权。任何未经许可的复制、销售行为均违反《中华人民共和国著作权法》,其行为人将承担相应的民事责任和行政责任;构成犯罪的,将被依法追究刑事责任。为了维护市场秩序,保护读者的合法权益,避免读者误用盗版书造成不良后果,我社将配合行政执法部门和司法机关对违法犯罪的单位和个人进行严厉打击。社会各界人士如发现上述侵权行为,希望及时举报,我社将奖励举报有功人员。

反盗版举报电话　　(010)58581999　58582371

反盗版举报邮箱　　dd@ hep.com.cn

通信地址　北京市西城区德外大街 4 号　高等教育出版社法律事务部

邮政编码　100120

读者意见反馈

为收集对教材的意见建议,进一步完善教材编写并做好服务工作,读者可将对本教材的意见建议通过如下渠道反馈至我社。

咨询电话　400-810-0598

反馈邮箱　gjdzfwb@ pub.hep.cn

通信地址　北京市朝阳区惠新东街 4 号富盛大厦 1 座

　　　　　高等教育出版社总编辑办公室

邮政编码　100029